高职高专教育国家级精品规划教材
普通高等教育“十一五”国家级规划教材
中国水利教育协会策划组织

水利水电工程造价与招投标

（第3版）

（营改增修订版）

主　编　梁建林　薛　桦　侯林峰
副主编　廖明菊　于海云　张营营
主　审　张海娥　吴伟民

黄河水利出版社
·郑州·

内容提要

本书是高职高专教育国家级精品规划教材，是普通高等教育“十一五”国家级规划教材，是按照教育部对高职高专教育的教学基本要求和相关专业课程标准，在中国水利教育协会的精心组织和指导下编写完成的。全书共分十一个项目，主要介绍水利水电工程概预算编制原理和方法，水利工程建设各阶段造价文件编制内容和方法，水利工程清单计价的编制，以及施工阶段造价管理等。全书主要包括水利工程基本建设与工程造价，工程造价的项目划分与费用构成，工程定额，基础单价，建筑与安装工程单价，水利工程初步设计概算编制，其他工程造价文件编制，水利水电工程施工招标投标阶段造价，水利工程施工阶段工程造价管理，竣工结算与项目竣工决算，水利水电工程造价软件应用等内容。

本书作为高职高专水利水电建筑工程、水利工程、水利工程施工技术、水利工程造价、水利工程监理等专业教材，也可作为水利工程造价人员培训用书，还可供水利类院校专业教师以及水利工程技术人员和造价管理人员参考。

图书在版编目(CIP)数据

水利水电工程造价与招投标/梁建林，薛桦，侯林峰主编. —3版. —郑州：黄河水利出版社，2015.12 (2018.4修订重印)

高职高专教育国家级精品规划教材

ISBN 978-7-5509-1310-3

Ⅰ.①水… Ⅱ.①梁… ②薛… ③侯… Ⅲ.①水利水电工程-工程造价-高等职业教育-教材②水利水电工程-招标-高等职业教育-教材③水利水电工程-投标-高等职业教育-教材 Ⅳ.①TV512

中国版本图书馆CIP数据核字(2015)第299321号

组稿编辑：王路平　电话：0371-66022212　E-mail：hhslwlp@163.com

出版社：黄河水利出版社

网址：www.yrcp.com

地址：河南省郑州市顺河路黄委会综合楼14层　邮政编码：450003

发行单位：黄河水利出版社

发行部电话：0371-66026940、66020550、66028024、66022620(传真)

E-mail：hhslcbs@126.com

承印单位：河南承创印务有限公司

开本：787 mm×1 092 mm　1/16

印张：19.25

字数：450千字　印数：4 101—8 000

版次：2003年6月第1版　2015年12月第3版　印次：2018年4月第2次印刷

2009年6月第2版　2018年4月修订

定价：38.00元

第 3 版前言

本书是贯彻落实《国家中长期教育改革和发展规划纲要(2010~2020 年)》、《国务院关于加快发展现代职业教育的决定》(国发〔2014〕19 号)、《现代职业教育体系建设规划(2014~2020 年)》和《水利部教育部关于进一步推进水利职业教育改革发展的意见》(水人事〔2013〕121 号)等文件精神,在中国水利教育协会的精心组织和指导下,由中国水利教育协会职业技术教育分会高等职业教育教学研究会组织编写的高职高专教育国家级精品规划教材。该套教材以学生能力培养为主线,体现出实用性、实践性、创新性的教材特色,是一套理论联系实际、教学面向生产的精品规划教材。

根据水利水电工程定额和编制规定的变化,本书第 1 版于 2003 年出版,主要依据《水利工程概算定额》(1988)、《水利工程预算定额》(1986)以及(1998)15 号编规编制,第 2 版教材于 2009 年 6 月出版,主要依据《水利建筑工程概算定额》(2002)、《水利建筑工程预算定额》(2002)以及(2002)116 号编规编制。自教材出版以来,因其通俗易懂,全面系统,应用性知识突出,可操作性强等特点,受到全国高职高专院校水利类专业广大师生的喜爱。随着我国水利工程造价模式的改革与完善,特别是根据水利部 2014 年颁布的《水利工程建设概(估)算编制规定》(〔2014〕429 号)的有关规定,为进一步满足教学需要,应广大读者的要求,编者在第 2 版的基础上对原教材内容进行了全面修订、补充和完善。

本次再版,根据本课程的培养目标和水利部 2014 年颁布的《水利工程建设概(估)算编制规定》(〔2014〕429 号)的有关规定,结合当前水利工程造价的发展状况,力求内容适应水利工程造价发展需求,反映新标准,加强实用性,突出项目化教学、工程背景案例分析,以解决工程实际问题。

2018 年 4 月,根据水利部办公厅印发的《水利工程营业税改征增值税计价依据调整方法》(办水总〔2016〕132 号)规定,对本书相关内容进行了修订、补充和完善。

本书结合水利部颁布的新的编规以及法律法规编制,主要特点有:内容新,实用性强;突出高等职业技术教育的特点,项目化任务驱动,适应高职高专教学;个别项目例举了一定数量工程案例,便于"教、学、练、做"一体化教学。本书紧密结合工程实践介绍水利工程各阶段造价管理的方法,以适应不同岗位造价管理人员的需要;整体框架设计和内容组织,突出"教学、职业岗位培训、工程实际应用"三位一体。本书在编写过程中,注重对内容删繁就简,叙述简明、由浅入深,依托工程案例、思考题,紧密结合工程实际,以便于读者理解和掌握。本书共分十一个项目,各项目开篇指明项目重点,项目内穿插案例分析,项目后附有一定数量的思考题和案例分析题,有助于读者学后即练,边学边练。

由于各地人工、材料等价格不同,各省和自治区定额和编规不同,本书难以归纳,但造价原理相同,各院校可以根据当地情况和规定加以补充和修正,望读者结合水利水电概预算定额(2002)学习。

本书编写人员及编写分工如下:黄河水利职业技术学院梁建林编写绪论、项目一、项目九，长江工程职业技术学院侯林峰编写项目二、附录一，济南市历城黄河河务局张峰编写项目三、附录三，山西水利职业技术学院薛桦编写项目四，黄河水利职业技术学院张营营编写项目五，淮河水利水电开发有限公司赵冲编写项目六，内蒙古机电职业技术学院于海云编写项目七、附录二，济南市黄河工程局霍亮编写项目八、附录四，广西水利电力职业技术学院廖明菊编写项目十，四川锦瑞青山科技有限公司白锋、任富君编写项目十一。本书由梁建林、薛桦、侯林峰担任主编，梁建林负责全书框架设计和统稿；由廖明菊、于海云、张营营担任副主编；由安徽水利水电职业技术学院张海娥、福建水利电力职业技术学院吴伟民担任主审。

本书水利工程造价软件由四川锦瑞青山科技有限公司提供，在此谨致感谢！

由于本次编写时间仓促，对于本书中存在的缺点和疏漏，恳请广大读者批评指正。

编　者

2018 年 4 月

目　录

绪 论

本项目重点

1. 了解水利水电工程造价的意义。
2. 熟悉我国水利水电工程造价管理的发展阶段。

随着我国社会主义市场经济体制的建立,在建设领域推行以项目法人责任制、建设监理制和招标投标制等为主要内容的建设管理制度已初见成效,并将逐步规范化。建设项目投资与造价管理也正在这一体制形成和发展过程中得以逐渐完善和发展。

本书系统地介绍了我国水利水电工程造价的理论和方法,论述了水利水电工程招标投标工作与工程造价的关系,以期使水利水电工程投资获得最佳的经济效益。

一、我国水利水电工程投资概况

水利水电工程建设在国民经济发展中占有十分重要的地位,由于我国的水量在空间和时间上的分配很不均匀,从而造成洪涝、干旱灾害频繁。历史上,我国人民在同水害做斗争的过程中,取得了丰富的经验和成就,建成了如四川都江堰、陕西郑国渠、京杭大运河、新疆坎儿井等一大批水利工程。从新中国成立至 2010 年,我国水利水电工程建设得到飞速发展,建设了一大批万亩以上灌区和大、中、小型水库,黄河小浪底工程、长江三峡工程、小湾水电站、溪洛渡水电站等大型水利枢纽已建成发电,南水北调工程东线和中线已完工。对长江、黄河等流域治理投入了大量的建设资金。2000 ~ 2010 年,国家又加大了病险水库除险加固工程建设投资。特别是 2011 年中央一号文件提出,加大对民生水利工程、生态水利工程的投资力度,将在今后十年投入建设资金 4 万亿元。2018 年政府工作报告指出,水利在建投资规模达到 1 万亿元。预测准、管好、用好这些巨大的建设资金,有效地控制投资,充分发挥其最大的经济效益,对我国的经济建设具有重要的意义。

二、水利水电工程造价的重要意义

水利水电工程造价在水利水电基本建设过程中具有十分重要的意义。

(1)为建设项目决策提供了科学依据。建设项目在投资决策之前要进行深入细致的可行性研究,充分论证建设项目技术上的可行性和经济上的合理性,作为经济分析重要基础的投资估算为项目决策提供了科学依据。

(2)为建设项目前期投资控制提供了科学的方法。在工程项目的可行性研究和初步设计阶段,控制工程规模、设计标准、工程范围时,应通过技术经济比较的方法优化设计方案,对工程投资进行前期控制。

(3)为建设项目提供了合理的工程投资规模和宏观控制目标。初步设计概算是有关部门控制投资规模的主要依据,概算编制的准确程度直接影响工程建设的进展情况和投资效果,工程建设期间不得任意突破概算投资额,这是国家或业主进行宏观控制的目标。

(4)为筹措建设资金提供了依据。随着水利投资体制和建设管理体制改革的不断深化,水利水电工程建设投资方式正向着多元化的格局发展,主要有各级政府财政投资、贷款、集资、利用外资和动员社会力量参与水利水电基本建设投资等形式。各种投资所占的比例与工程总投资密切相关,如果投资总额不准确或比例失调,必然影响建设资金的到位,水利工程造价为利用各种方式筹措建设资金提供了基本依据。

(5)为推行工程招标投标制提供了必要条件。招标投标制是水利水电工程建设管理制度改革的重要内容,合理的标底为选择最优承包商提供了重要依据,合理的报价有效地避免了盲目要价和竞相压价等不正当竞争行为,也为工程建设的顺利进行打下了良好的基础。

(6)提供科学的工程造价实施控制方法。科学的造价实施控制方法调整了客观因素对工程投资的影响,避免了主观因素对工程投资的影响。在工程招标投标过程中,可以避免盲目要价和竞相压价等不正当竞争行为,为规范业主和承包商之间的权利和义务提供了科学的投资控制方法。

(7)为科学反映工程实际造价提供了依据。竣工决算是反映工程实际造价和投资效果的技术经济报告,编制竣工决算的主要依据是设计概算、合同及其调价、结算等资料。

(8)为基本建设审计提供了基础资料。概预算文件、合同及其调价、结算等资料是审查财务收支账目真实、合法与否的重要基础资料。

三、工程造价管理的发展

(一)国外工程造价管理的发展

现代工程造价管理源于资本主义社会化大生产的出现。美国工程师泰勒(1856～1915)在企业管理过程中,制定工时定额,采用有差别的计件工资制,被称为“科学管理之父”。19世纪,以英国为首的资本主义国家在工程建设中开始推行招标投标制,这一制度需要工料测量师在工程项目设计完成之后而又尚未开展建设施工之前,为业主或承包商进行整个工程工作量的测量和工程造价的预算,以便为项目招标者(业主)确定标底,并为项目承包者确定投标书的报价。从此,工程造价管理逐步形成了独立的专业。

从20世纪40年代开始,由于资本主义经济学的发展,许多经济学的原理开始被应用到了工程造价管理领域。工程造价开始向重视投资效益的评估、重视工程项目的经济与财务分析等方向发展。

从20世纪50年代开始到80年代,是工程造价管理在理论、方法与实践等各方面的发展阶段。各国纷纷成立了工程管理协会,各国的造价工程师协会也开始进行造价工程师执业资格认证工作,并在大专院校建立了相应的学科。

20世纪80年代末和90年代初,工程造价管理理论与实践的研究进入了综合与集成阶段。这一时期,以英国工程造价管理学界为主,提出了“全生命周期造价管理”的工程项目投资评估和造价管理的理论与方法。

这个发展过程归纳起来有以下特点:

(1)从事后算账发展到事先算账。

(2)从被动地反映设计和施工发展到能动地影响设计和施工。

(3)从依附于施工者或建筑师发展成为一个独立的专业。

(4)从全过程造价管理发展到全面造价管理阶段。

(二)我国工程造价管理的发展

我国唐宋年间的著作中已有关于定额的明确记载,如"皆量出以为入,定额以给资""诸路上供、岁有定额"等,这说明我国古代就已有利用定额进行资金控制的先例。新中国成立以来,我国工程造价这一学科随着社会的发展经历了一个曲折的过程。

1.概预算管理制度建立时期(1949~1957年)

新中国成立初期,国民经济尚处于恢复时期,还没有工程概预算制度,工程建设采用实报实销的办法。1951~1957年,国家主要着手建立社会主义性质的概预算制度,当时主要是借鉴苏联的经验,先后确定了概预算在建设中的作用,规定在不同设计阶段必须编制概算或预算;确定了概预算编制的原则、内容、方法,概预算的编制、审批、审定修正办法;确定了概预算的编制根据。1951~1952年,政务院财经委员会相继颁发了《基本建设工作程序暂行办法》和《基本建设工作暂行办法》。

2.概预算管理制度削弱时期(1958~1976年)

1958年"大跃进"期间,由于受极"左"思想的干扰,只讲政治,不讲经济,造成"设计无概算,施工无预算,竣工无决算",投资失控的严重局面。施工企业的计划利润被废除,建设单位和承包单位不分,工程决算后,多退少补,实报实销。1966~1976年,概预算制度被完全否定,概预算在工程建设中根本不起作用,专业人员改行,大量资料流失。

3.概预算管理制度恢复重建时期(1977~1991年)

中共十一届三中全会以来,随着经济体制的改革,投资制度也进行了一系列改革,国家重新整顿,建立健全概预算制度,重申设计要有概算、施工要有预算、竣工要有决算的"三算"对比原则。1978年国家建设委员会、国家计划委员会、财政部共同制定和颁发了《关于加强基本建设概、预、决算管理工作的几项规定》。1982年国家计划委员会颁发了《关于加强基本建设经济定额、标准、规范等基础工作的通知》,1983年国家计划委员会和中国人民建设银行总行联合颁发了《关于改进工程建设概预算工作的若干规定》等文件。到1983年,全国制定和修订工程建设概预算定额已达142种。1986~1988年,原水利电力部先后重新颁发了《水利水电工程预算定额》《水利水电工程设备安装工程预算定额》《水利水电工程设备安装工程概算定额》《水利水电工程概算定额》及配套文件。

4.工程造价管理制度改革与发展时期(1992年以来)

20世纪90年代以来,工程造价制度逐步发展和完善,实现了从静态投资管理向动态投资管理的转变、从自营建设向招标方式的转变、从微观控制向宏观控制的转变。适合不同时期、不同地域的概(估)算办法、费用标准和工程定额相继颁发。随着水利水电工程建设管理与国际接轨,工程造价由单纯的定额法向实物量法预测工程造价发展。工程造价由业主委托社会上的专门机构,如设计咨询公司、造价师事务所等进行预测,新兴的工程造价管理制度正在逐步形成。

2000年以来,为了适应当前水利水电工程建设飞速发展的要求,适应当前社会生产力水平,经过十几年来工程造价经验总结,2002年经国家发展计划委员会批准,水利部颁发了新的《水利工程设计概(估)算编制规定》《水利建筑工程预算定额》《水利建筑工程概算定额》《水利工程施工机械台时费定额》《水利水电设备安装工程预算定额》《水利水电设备安装工程概算定额》,分别以水总〔2002〕116号文、水建管〔1999〕523号文、水总〔2014〕429号文颁发。为适应社会主义市场经济体制改革的需要,更好地与国际通用工程计价办法接轨,合理确定水力发电投资,控制水电工程造价,2000年12月国家电力公司组织制定了《水电工程"实物法"概算编制导则(试行)》(〔2000〕800号文,简称《导则》),该《导则》作为我国水电工程项目一种新的工程计价办法,要求各建设、设计咨询和施工等单位积极推广应用。由水利部、国家电力公司和国家工商行政管理局联合颁发的《水利水电工程施工合同和招标文件示范文本》(GF—2000—0208),于2000年2月颁发实行,被水利水电施工企业称为"中国水利水电工程施工的FIDIC",2009年水利部又组织编制了《水利水电工程标准施工招标资格预审文件》和《水利水电工程标准施工招标文件》,自2010年2月1日起施行。为了适应社会主义市场经济的发展和水利工程基本建设投资管理的需要,提高概(估)算编制质量,合理确定工程投资,根据《建筑安装工程费用项目组成》(住房和城乡建设部、财政部建标〔2013〕44号)等国家有关政策文件,结合近几年水利工程自身行业的特点,在水利部水总〔2002〕116号文颁布《水利工程设计概(估)算编制规定》的基础上,修订形成了新的《水利工程设计概(估)算编制规定》(水总〔2014〕429号文,简称《编规》)。2016年结合营业税改征增值税,水利部颁发了《水利工程营业税改征增值税计价依据调整办法》(办水总〔2016〕132号)。这些文件及定额的颁发,将使我国水利水电建设的投资管理更加规范化、制度化,使水利水电建设的投资市场管理健康有序的发展。

虽然现阶段全面造价管理的理论和技术尚未成熟,但是全面造价管理是面向未来的,是21世纪工程造价管理的主流方向,也就是:

(1)工程项目全过程造价管理。

(2)工程项目全要素造价管理。

(3)工程项目全风险造价管理。

(4)工程项目全团队造价管理。

四、课程特点及学习方法

本课程是经济性、政策性、实践性较强的一门综合性应用学科。

(1)经济性。经济性是指在工程造价编制过程中要牢固树立经济效益的观念。工程概预算文件和工程招标投标文件是工程建设项目的技术经济文件,因此在编制过程中要精打细算、准确、合理。

(2)政策性。政策性是指工程造价和工程招标投标要依据国家和地方主管部门颁发的定额、编制办法、费用标准、法令法规,有关内容反映在本书各项目、任务中,工程造价人员应熟悉这些内容,并能在实际工作中贯彻执行。

(3)实践性。由于本课程实践性很强,课程内容应理论联系实际,所以书中列举了很多实例,使学生能了解和掌握工程造价与工程招标投标的业务工作及科学方法。

本课程与水利水电工程施工、水工建筑物、建筑材料等课程密切相关,学好本课程要求具备较全面的专业知识;牢固树立经济效益的观念;熟悉国家或地区有关部门颁发的法令、法规,密切联系工程实际,科学编制工程造价。

本课程的学习方法如下:

重点掌握本课程的基本理论、基本方法、基本知识。理解各种费用的内涵,熟悉工程定额和编制工程造价应注意的问题。

本书列举了许多例题和案例,应结合基本理论知识来加深理解。要注意各项目、任务之间的联系,系统地掌握本课程的内容。

为了加深对课程内容的掌握,除完成各项目的思考与计算题外,还可通过概预算课程设计和模拟招标投标实训,巩固所学知识。

思考题

1. 水利水电工程造价的意义有哪些?
2. 我国水利水电工程造价管理的发展经历了哪几个阶段?
3. 21 世纪水利工程造价的主流方向是什么?

项目一 水利工程基本建设与工程造价

本项目重点

1. 了解基本建设的分类、工作内容。
2. 掌握基本建设程序。
3. 掌握水利水电工程建设不同阶段工程造价文件的作用。
4. 掌握预测工程造价的基本方法。

任务一 基本建设

一、基本建设的概念

基本建设是形成固定资产的生产活动。固定资产是指在其有效使用期内重复使用而不改变其实物形态的主要劳动资料,它是人们生产和生活的必要物质条件。固定资产根据它在生产和使用过程中所处的地位和作用的社会属性,可分为生产性固定资产和非生产性固定资产两大类。前者是指在生产过程中发挥作用的劳动资料,如工厂、矿山、油田、电站、铁路、水库、海港、码头、路桥工程等;后者是指在较长时间内直接为人民的物质文化生活服务的物质资料,如住宅、学校、医院、体育活动中心和其他生活福利设施等。

人类要生存和发展,就必须进行简单再生产和扩大再生产。前者是指在原来的规模上重复进行;后者是指扩大原来的规模,使生产能力有所提高。从理论上讲,这种生产活动包括固定资产的新建、扩建、改建、迁建、恢复建等多种形式。每一种形式又包含了固定资产形成过程中的建筑、安装、设备购置以及与此相联系的其他生产和管理活动等工作内容。

固定资产的简单再生产是通过固定资产的大修理和固定资产的更新改造等形式来实现的。大修理和更新改造是为了恢复原有性能而对固定资产的主要组成部分进行修理和更换,是对固定资产的某些部分进行修复和更新。固定资产的扩大再生产是通过新建、扩建、改建、迁建及恢复建等形式来实现的。

新建是指从无到有、平地起家的新开始建设项目。有的建设项目原有规模较小,扩大规模后,其新增加的固定资产价值超过原有固定资产价值的3倍,也属于新建项目。

扩建是指原有企业和事业单位,为扩大原有产品生产能力和效益,增加新产品的生产能力而新建的一些主要车间和其他固定资产等。

改建是指原有企业或事业单位为了提高生产效率,改进产品质量,降能节耗,改变产品结构等而对固定资产的工艺流程进行整体性的技术改造。

迁建是指由于环境因素、使用因素等导致固定资产的地点变化的重新建设。

恢复建是指原有的固定资产由于遭受自然力或战争破坏而按原来规模、面貌重新建起来的项目。

固定资产的此类生产活动属于基本建设。虽然固定资产的简单再生产和扩大再生产有不同的含义与形式,但在现实经济生活中它们是相互交错、紧密联系的统一体。

由此可见,基本建设不仅包括固定资产的外延扩大再生产,也包含了固定资产的内涵扩大再生产。不仅新建、扩建、恢复建属于基本建设,恢复修理、更新改造也属于基本建设,这是理论上关于基本建设的科学概念。

二、基本建设项目的分类

基本建设项目是指按照一个总体设计进行施工,经济上实行统一核算,行政上实行统一管理的基本建设单位。基本建设是由一个个基本建设项目组成的,基本建设项目根据不同的分类方式有诸多类型。

(一)按建设项目性质分类

建设项目按性质可分为新建、扩建、改建、恢复建和迁建。

(二)按投资额构成分类

按投资额构成的内容不同,基本建设项目可分为建筑安装工程投资、设备工(器)具投资和其他基本建设投资。

(三)按建设用途分类

按基本建设工程的用途不同,基本建设项目可分为生产性建设项目和非生产性建设项目。生产性建设项目如工业建设、水利建设、运输建设等;非生产性建设项目如住宅建设、卫生建设、公用事业建设等。

(四)按建设规模分类

按建设总规模和总投资的大小,基本建设项目可分为大型建设项目、中型建设项目及小型建设项目。

(五)按建设阶段分类

根据建设项目所处的不同建设阶段,基本建设项目可分为预备项目(探讨项目)、筹建项目(前期工作项目)、施工项目、建成投产项目及收尾项目等。

三、基本建设的工作内容

基本建设的工作内容有:

(1)建筑安装工程。是基本建设工作的重要组成部分,建筑行业通过建筑安装活动生产出建筑产品,形成固定资产。建筑安装工程包括建筑工程和安装工程。建筑工程包括各种建筑物、房屋、设备基础等的建造工作。安装工程包括生产、动力、起重、运输、输配电等需要安装的各种机电设备和金属结构设备的安装、试车等工作。

(2)设备工(器)具购置。是指建设单位因建设项目的需要进行采购或自制达到固定资产标准的机电设备、金属结构设备、工具、器具等的购置工作。

(3)其他基本建设工作。凡不属于以上两项的基本建设工作,如勘测、设计、科学试验、淹没及迁移赔偿、水库清理、施工队伍转移及生产准备等项工作。

四、基本建设程序

工程项目建设的各阶段、各环节、各项工作之间存在着一定的不可违反的先后顺序。基本建设程序是指基本建设项目从决策、设计、施工到竣工验收整个工作进行过程中各阶段及其工作所必须遵循的先后次序与步骤。它所反映的是在基本建设过程中各有关部门之间一环扣一环的紧密联系和工作中相互协调、相互配合的工作关系。基本建设是一项十分复杂的工作,它涉及面广,需要内外各有关部门协作配合的环节多。要完成一项工程,需要多方面的工作,有些是前后衔接的,有些是左右配合的,更有些是相互交叉的。因而这些工作必须按照一定的程序和先后次序依次进行,才能确保基本建设工作的顺利进行。否则,违反了基本建设程序将会造成无法挽回的经济损失。例如,不做可行性研究,就轻率决策定案;没有搞清水文、地质情况就仓促开工;边勘察、边设计、边施工等,不仅浪费了投资,也降低了质量,更严重的是,建设项目迟迟不能发挥效益,即"工期马拉松,投资无底洞,质量无保证"。因此,基本建设程序是遵循客观规律、经济规律以获得最大效益的科学方法,必须严格地按基本建设程序办事。

根据我国基本建设实践,水利水电工程的基本建设程序为:根据资源条件和国民经济长远发展规划,进行流域规划或河段规划,提出项目建议书;进行可行性研究和项目评估,编制可行性研究报告;可行性研究报告批准后,进行初步设计;初步设计经过审批,项目列入国家基本建设年度计划;进行施工准备和设备订货;开工报告批准后正式施工;建成后进行验收投产;生产运行一定时间后,对建设项目进行后评价。其程序如图 1-1 所示。

水利水电工程基本建设程序的具体工作内容如下。

(一)流域规划

流域规划就是根据该流域的水资源条件和国家长远计划,以及该地区水利水电工程建设发展的要求,提出该流域水资源的梯级开发和综合利用的最优方案。对该流域的自然地理、经济状况等进行全面、系统的调查研究,初步确定流域内可能的建设位置,分析各个坝址的建设条件,拟订梯级布置方案、工程规模、工程效益等,进行多方案分析比较,选定合理的梯级开发方案,并推荐近期开发的工程项目。

(二)项目建议书

项目建议书是在流域规划的基础上,由主管部门提出建设项目的轮廓设想,从宏观上衡量分析项目建设的必要性和可能性,分析建设条件是否具备,是否值得投入资金和人力。

项目建议书编制一般由政府委托有相应资质的设计单位承担,并按国家现行规定权限向主管部门申报审批。项目建议书被批准后,由政府向社会公布,若有投资建设意向,则组建项目法人筹备机构,进行可行性研究工作。

(三)可行性研究

可行性研究是项目能否成立的基础,这个阶段的成果是可行性研究报告。它是运用现代技术科学、经济科学和管理工程学等,对项目进行技术经济分析的综合性工作。其任务是研究兴建某个建设项目在技术上是否可行,经济效益上是否显著,财务上是否能够盈利;建设中要动用多少人力、物力和资金;建设工期的长短,如何筹集建设资金等重大问

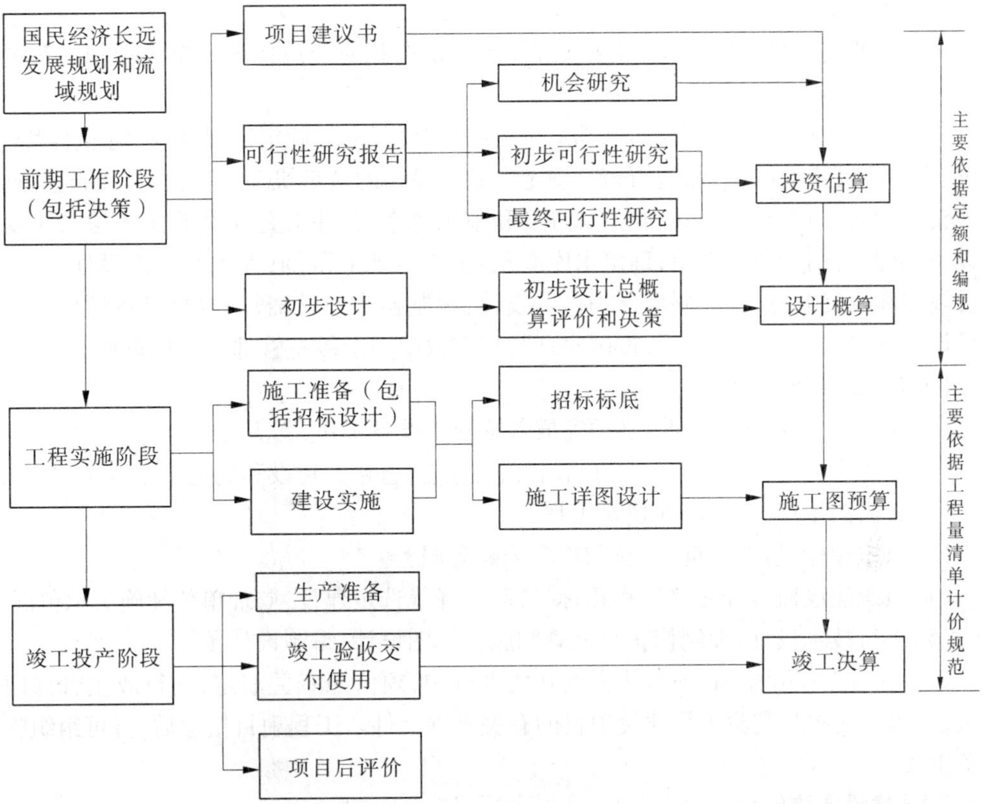

图1-1 水利水电工程项目建设程序简图

题。因此，可行性研究是进行建设项目决策的主要依据。

水利水电工程项目的可行性研究是在流域（河段）规划的基础上，组织各方面的专家、学者对拟建项目的建设条件进行全方位多方面的综合论证比较。例如，三峡工程就涉及许多部门和专业，甚至整个流域的生态环境、文物古迹、军事等学科。

可行性研究报告由项目主管部门委托工程咨询单位或组织专家进行评估，并综合行业归口部门、投资机构、项目法人等方面的意见进行审批。项目的可行性研究报告批准后，应正式成立项目法人，并按项目法人责任制实行项目管理。

美国在20世纪30年代开发田纳西密西西比河时，就提出要加强可行性研究的内容，为项目的正确决策起到了良好作用。通常国外所指的可行性研究，大致包括机会研究、初步可行性研究和可行性研究三个阶段。

机会研究主要是鉴别投资机会，对拟建项目的投资方向提出建议，并确定是否有必要作进一步研究，其深度较浅。

初步可行性研究是对项目的进一步研究，以便有较可靠的依据，以确定拟建项目是否有必要兴建，是否要进行专题补充研究。

可行性研究也称为最终可行性研究，通过进一步调查研究，对拟建项目的投资额、工程效益、环境评价、移民拆迁等提出分析和建议，为投资或项目兴建决策提供可靠的技术经济依据。

（四）初步设计

可行性研究报告批准后，项目法人应择优选定有相应资质的设计单位承担工程的勘测设计工作。

初步设计是在可行性研究的基础上进行的，主要任务是确定工程规模；确定工程总体布置、主要建筑物的结构型式及布置；确定电站或泵站的机组机型、装机容量和布置；选定对外交通方案、施工导流方式、施工总进度和施工总布置、主要建筑物施工方法及主要施工设备、资源需用量及其来源；确定水库淹没、工程占地的范围，提出水库淹没处理、移民安置规划和投资概算；提出环境保护措施设计；编制初步设计概算；复核经济评价等。初步设计由项目法人组织审查后，按国家现行规定权限向上级主管部门申报审批。

（五）施工准备阶段

项目在主体工程开工之前，必须完成各项施工准备工作，其主要内容包括：

（1）施工现场的征地、拆迁，施工用水、电、通信、道路的建设和场地平整等工程。

（2）必需的生产、生活临时建筑工程。

（3）组织招标设计、咨询、设备和物资采购等服务。

（4）组织建设监理和主体工程招标投标，并择优选定建设、监理单位和施工承包商。

（5）进行技术设计，编制修正总概算和施工详图设计，编制设计预算。

施工准备工作开始前，项目法人或其代理机构，须依照有关规定，向行政主管部门办理报建手续，须同时交验工程建设项目的有关批准文件。工程项目报建后，方可组织施工准备工作。

（六）建设实施阶段

建设实施阶段是指主体工程的建设实施。项目法人按照批准的建设文件，组织工程建设，保证项目建设目标的实现。

项目法人或其代理机构，必须按审批权限，向主管部门提出主体工程开工申请报告，经批准后，主体工程方可正式开工。主体工程开工须具备以下条件：

（1）前期工程各阶段文件已按规定批准，施工详图设计可以满足初期主体工程施工需要。

（2）建设项目已列入国家或地方水利水电工程建设投资年度计划，年度建设资金已落实。

（3）主体工程招标已经决标，工程承包合同已经签订，并得到主管部门同意。

（4）现场施工准备和征地移民等建设外部条件能够满足主体工程开工需要。

（5）建设管理模式已经确定，投资主体与项目主体的管理关系已经理顺。

（6）项目建设所需全部投资来源已经明确，且投资结构合理。

（7）项目产品的销售已由用户承诺，并确定了定价原则。

（七）生产准备阶段

生产准备是项目投产前所要进行的一项重要工作，是建设阶段转入生产经营的必要条件。项目法人应按照建管结合和项目法人责任制的要求，适时做好有关生产准备工作，其主要内容一般包括：

（1）生产组织准备。建立生产经营的管理机构及其相应管理制度。

(2)招收和培训人员。按照生产运营的要求,配备生产管理人员,并通过多种形式的培训,提高人员素质,使之能满足运营要求。

(3)生产技术准备。主要包括技术资料的汇总、运行技术方案的制订、岗位操作规程的制订和新技术准备。

(4)生产物资准备。主要是落实投产运营所需要的原材料、协作产品、工器具、备品备件和其他协作配合条件的准备。

(5)正常的生活福利设施准备。

(6)及时具体落实产品销售合同协议的签订,提高生产经营效益,为偿还债务和资产的保值增值创造条件。

(八)竣工验收

竣工验收是工程完成建设目标的标志,是全面考核基本建设成果、检验设计和工程质量的重要步骤。竣工验收合格的项目即从基本建设转入生产或使用。

当建设项目的建设内容全部完成,经过单位工程验收,符合设计要求,并按水利基本建设项目档案管理的有关规定,完成了档案资料的整理工作;在完成竣工报告、竣工决算等必需文件的编制后,项目法人按照有关规定向验收主管部门提出申请,根据《水利水电建设工程验收规程》(SL 223—2008)组织验收。

竣工决算编制完成后,须由审计机关组织竣工审计,其审计报告作为竣工验收的基本资料。

对工程规模较大、技术较复杂的建设项目可先进行初步验收;不合格的工程不予验收;有遗留问题必须有具体处理意见,且有限期处理的明确要求并落实责任人。

(九)后评价

建设项目竣工投产后,一般经过1~2年生产运营后要进行一次系统的项目后评价。主要内容包括:

(1)影响评价。指项目投产后对各方面的影响进行的评价。

(2)经济效益评价。指对项目投资、国民经济效益、财务效益、技术进步和规模效益、可行性研究深度等方面进行的评价。

(3)过程评价。指对项目立项、设计、施工、建设管理、竣工投产、生产运营等全过程进行的评价。

项目后评价工作一般按三个层次组织实施,即项目法人的自我评价、项目行业的评价、计划部门(或主要投资方)的评价。

建设项目后评价工作必须遵循客观、公正、科学的原则,做到分析合理、评价公正。

以上所述基本建设程序的九项内容,既是我国对水利水电工程建设程序的基本要求,也基本反映了水利水电工程建设工作的全过程。

五、基本建设投资控制

在基本建设领域内,以货币形式表示的投入就是基本建设投资,其产出品就是构成固定资产的建筑产品。基本建设要投入大量的资金,因此要有计划地进行安排。对于一个具体基本建设项目,有总投资额和分年度投资额。正确地估计建设项目投资和拟订投资计划不仅能确保项目本身顺利建成,而且对整个国家和部门的基本建设投资规模的有效控制都具有重要意义;正确估算项目的投资不仅为项目建设过程中的费用控制提供了依据,为建设银行拨款或贷款提供了依据,而且可避免因计划资金缺口而停工待料、拖延工期,又可防止敞口花钱等浪费现象,从而保证项目建设获得良好的经济效益。

预测估算建设项目的投资是本书研究的中心问题,估算和控制项目投资随项目的规划深度不同分阶段进行。可行性研究要编制投资估算,为国家选定近期开发项目和进一步进行初步设计提供决策依据。初步设计和技术设计分别编制总概算和修正总概算,它是确定和控制投资、编制基本建设计划、编制工程招标标底和执行概算、实行项目投资包干、考核工程造价和工程经济合理性的依据。

任务二　工程造价文件

一、工程造价的概念

工程造价是基本建设项目建设造价的简称,包括两层含义,即建设项目的建设成本和工程承发包价格。建设成本是对业主而言的,工程承发包价格是对应于发包方、承包方双方而言的。

工程造价就是给基本建设项目这种特殊的产品定价,水利水电工程建设过程中的各阶段由于工作深度及要求不同,所以各阶段工程造价文件的类型也不同。

二、工程造价文件的类型

基本建设是一项十分复杂的工作,整个工程的建设过程是一个庞大的系统工程,它涉及多专业、多学科、多部门和不同的单项工程,在各个不同的设计阶段所体现的工作内容也不尽相同,因此工程造价文件的类型也不尽一样。水利水电工程造价文件的类型主要有以下几种:

(1)在区域规划和工程规划阶段,工程造价文件的表现形式是投资框算。

(2)在可行性研究阶段,工程造价文件的表现形式是投资估算。

(3)在初步设计阶段,工程造价文件的表现形式是投资概算(或称设计概算);个别复杂的工程需要进行技术设计,在该阶段工程造价文件的表现形式是修正概算。

(4)在招标设计阶段,工程造价文件的表现形式是执行概算,并应据此编制招标标底(国外称为工程师预算)。施工企业(厂家)要根据项目法人提供的招标文件编制投标报价。

(5)在施工图设计阶段,工程造价文件的表现形式是施工图预算(或称设计预算)。

(6)在竣工验收过程中,工程造价文件的表现形式为竣工决算。

三、水利工程造价文件

水利水电工程建设过程各阶段由于工作深度不同、要求不同,其工程造价文件类型也不同。现行的工程造价文件类型主要有投资估算、设计概算、项目管理预算、标底与报价、竣工结算和竣工决算等。

（一）投资估算

投资估算是项目建议书及可行性研究阶段对建设工程造价的预测，应充分考虑各种可能的需要、风险、价格上涨等因素，要打足投资，不留缺口，适当留余地。投资估算是项目建议书及可行性研究报告的重要组成部分，是项目法人为选定近期开发项目做出科学决策和进行初步设计的重要依据。投资估算是工程造价全过程管理的“龙头”，抓好这个“龙头”有十分重要的意义。

（二）设计概算

设计概算是初步设计阶段对建设工程造价的预测，是初步设计文件的重要组成部分。初步设计概算静态总投资原则上不得突破已批准的可行性研究投资估算静态总投资。由于工程项目基本条件变化，引起工程规模、标准、设计方案、工程量改变，其静态总投资超过可行性研究相应估算静态总投资在15%以下时，要对工程变化内容和增加投资提出专题报告，超过15%（含15%）时，必须重新编制可行性研究报告并按原程序报批。

由于初步设计阶段对建筑物的布置、结构型式、主要尺寸以及机电设备的型号、规格等均已确定，所以概算对建设工程造价不是一般的测算，而是带有定位性质的测算。经批准的设计概算是国家确定和控制工程建设投资规模，政府有关部门对工程项目造价进行审计和监督，项目法人筹措工程建设资金和管理工程项目造价的依据，也是编制建设计划，编制项目管理预算和标底，考核工程造价和竣工结算、竣工决算以及项目法人向银行贷款的依据。概算经批准后，相隔2年及2年以上工程未开工的，工程项目法人应委托设计单位对概算进行重编，并报原审查单位审批。

建设项目实施过程中，由于某些原因造成工程投资突破批准概算投资的，项目法人可以要求编制调整概算。

利用外资建设的水利水电工程项目，设计单位还应编制包括内资和外资全部工程投资的总概算（简称外资概算）。外资概算也是初步设计的组成部分。

外资概算的编制一般应按两个步骤进行。第一步：按国内概算的编制办法和规定，完成全内资概算的编制；第二步：按已确定的外资来源、投向和投资，可参照《水利水电工程利用外资概算编制办法（采购型）》（能源水规〔1992〕362号）编制外资概算。

（三）项目管理预算

由项目法人（或建设单位）委托具有相应资质的水利工程造价咨询单位，在批准的初步设计概算静态投资限额之内，依据水利部《水利工程建设实施阶段造价管理办法》中的附件1《水利工程项目管理预算编制办法》编制项目管理预算。在编制项目管理预算时，执行“总量控制、合理调整”的原则，根据工程建设情况、分标项目，对初步设计概算各单项、单位、分部工程的量、价进行合理调整，以利于在工程建设中对工程造价进行管理和控制。

（四）修改概算

由于水利水电工程受自然、地质条件变化的影响很大，加之建设工期长，受物价变动等因素的影响也较大，因此对设计概算的修改是正常的，其目的是对在编制设计概算时所确定或所依据的某些发生变化了的条件和内容进行修改，以代替原来编制的设计概算。但由于变化的内容多种多样，因而修改的形式也是多种多样的。

（1）概算调整书形式，主要适用于对设计概算的局部修改，如设备、材料价格变动的调整。

(2)补充概算形式(也称追加概算),主要适用于设计需修改或增加一个或几个项目。

(3)修改概算书形式,主要适用于修改范围广、内容较多的工程。

(4)概算重编本形式,主要适用于原设计概算的编制原则、采用的标准发生变化,需重新编制设计概算以代替原设计概算。

(五)修正概算

修正概算是对个别复杂的项目进行技术设计,而在这个设计阶段编制的设计概算为修正概算,它仍须由原设计概算审批机关批准,它的作用与设计概算是相同的。

(六)标底与报价

标底是招标人对发包工程项目投资的预期价格,标底要反映社会平均先进水平,符合工程市场经济环境,它可用来测算和科学评价投标报价的合理性,作为评标的重要参考。标底一般是由项目法人委托具有相应资质的水利工程造价咨询单位,根据招标文件、图纸,按有关规定,结合该工程的具体情况,计算出的合理工程价格。标底的主要作用是招标单位对招标工程所需投资的自我测算,明确自己在发包工程上应承担的财务义务。标底也是衡量投标单位标价的准绳和评标的重要参考尺度。

报价,即投标报价,是施工企业(或厂家)对建安工程施工产品(或机电、金属结构设备)的自主定价。相对国家定价、标准价而言,它反映的是企业平均先进水平,体现了企业的经营管理和技术、装备水平,不得低于企业成本价。

(七)施工图预算

施工图预算是由设计单位在施工图设计阶段编制的,通常也称为设计预算。其作用主要是建设单位落实安排设备、材料采购及定货,安排施工进度,组织施工力量,进行现场施工技术管理等项工作的依据。

(八)施工预算

施工预算是承担项目施工的单位根据施工工序而自行编制的人工、材料、机械台时耗用量及其费用总额,即单位工程成本。它主要用于施工企业内部人、材、机的计划管理,是控制成本和班组经济核算的依据。

(九)竣工结算和竣工决算

竣工结算是施工单位与建设单位对承建工程项目的最终结算(施工过程中的结算属中间结算),竣工结算与竣工决算的主要区别有两点:一是范围,竣工结算的范围只是承包工程项目,是基本建设项目的局部,而竣工决算的范围是基本建设项目的整体;二是成本内容,竣工结算只是承包合同范围内的预算成本,而竣工决算是完整的预算成本,它还要计入工程建设的其他费用开支、水库淹没处理、水土保持及环境保护工程费用和建设期还贷利息等工程成本与费用。由此可见,竣工结算是竣工决算的基础,只有先做好竣工结算,才有条件编制竣工决算。

竣工决算是建设单位向国家(或项目法人)汇报建设成果和财务状况的总结性文件,是竣工验收报告的重要组成部分,它反映了工程的实际造价。竣工决算由建设单位负责编制。

竣工决算是建设单位向管理单位移交财产,考核工程项目投资,分析投资效果的依据。编好竣工决算对促进竣工投产,积累技术经济资料有重要意义。

以上是国内工程造价文件的类型,与国外的工程造价文件的类型不大相同。如英国、美国，从项目规划选址到项目招标阶段，工程造价文件分五种类型，依次为概念性估算、初步估算、控制性估算、工程师估算（或称工程师概算）、标底估算等。工作深度由粗到精，允许的误差由大到小，分别约为±20%、±15%、±10%、±5%、±5%。

任务三　建筑安装工程造价的基本方法

基本建设项目主要由建筑和安装工程构成，准确、合理地进行建筑和安装工程造价的编制，对预测整个建设项目的工程造价具有重要意义。目前，国内外预测建筑和安装工程造价的基本方法有综合指标法、单价法和实物量法三种。

一、综合指标法

在项目建议书编制阶段，由于设计深度不足，只能提出概括性的项目，确定不出具体项目的工程量，在这种条件下，编制投资估算时常采用综合指标法。综合指标法的特点是概括性强，不需做具体分析。如大坝混凝土综合指标，包括坝体、溢流面、闸墩、胸墙、导流墙、工作桥、消力池、护坦、海漫等；综合指标中包括人工费、材料费、机械使用费及其他费用，并考虑了一定的扩大系数。在编制设计概算时水利水电工程的其他永久性专业工程，如铁路、公路、桥梁、供电线路、房屋建筑工程等，也可采用综合指标法编制设计概算。

二、单价法（定额法）

单价法是新中国成立至今我国一直沿用的一种编制建筑和安装工程造价的方法，由于此方法多采用套定额计算工程单价，故又称定额法。本书主要介绍的工程造价的编制方法为单价法。日本、德国也采用单价法，但无统一的定额和规定的取费标准。

单价法是将建筑和安装工程按工程性质、部位划分为若干个分部分项工程，其划分的粗细程度应与所采用的定额相适应，根据定额给定的分部分项工程所需的人工、材料、机械台时数量乘以相应人、材、机的价格，求得人工费、材料费和机械使用费，再按有关规定的其他直接费、现场经费、间接费、企业利润和税金的取费标准，计算出工程单价。各分部分项工程的工程量分别乘以相应的工程单价，然后合计求得工程造价。

单价法计算简单、方便。但由于定额标准反映的是一定时期和一定地区范围的“共性”，与各个具体工程项目的自然条件、施工条件及各种影响因素的“个性”之间存在差异，有时甚至差异还很大。

三、实物量法

实物量法预测工程造价是根据确定的工程项目、施工方案及劳动组合，计算各种资源（人、材、机）的消耗量，用当地资源的预算价格分别乘以相应的消耗量，求得完成工程项目的基本直接费用。其他费用的计算过程和单价法类似。实物量法编制工程造价的关键是施工规划，该方法编制工程造价的一般程序如下所述。

（一）直接费分析

（1）把工程中的各个建筑物划分为若干个工程项目，如土方工程、石方工程、混凝土工程等。

(2)把每个工程项目再划分为若干个施工工序,如石方工程的钻孔、爆破、出渣等工序。

(3)根据施工条件选择施工方法和施工设备,确定施工设备的生产率。

(4)根据所要求的施工进度确定各个工序的施工强度,由此确定施工设备、劳动力的组合,根据进度计算出人工、材料、机械的总数量。

(5)将人工、材料、机械的总数量分别乘以相应的基础单价,计算出工程直接费用。

(6)工程直接费用除以该工程项目的工程量即得直接费单价。

(二)间接费分析

根据施工管理单位的人员配备、车辆和间接费包括的范围,计算施工管理费和其他间接费。

(三)承包商加价分析

根据工程施工特点和承包商的经营状况、市场竞争状况等因素,具体分析承包商的总部管理费、中间商的佣金、承包人不可预见费以及利润和税金等费用。

(四)工程风险分析

根据工程规模、结构特点、地形地质条件、设计深度,以及劳动力、设备材料等市场供求状况,进行工程风险分析,确定工程不可预见准备金。

(五)工程总成本计算

工程总成本为直接成本、间接成本、承包商加价之和,再加上施工准备工程费,设备采购工程、技术采购工程及有关公共费用,保险,不可预见准备金,建设期融资利息等。

大多数欧洲国家采用实物量法,该方法计算比较麻烦、复杂,要求造价人员具有较高的业务水平和丰富的工程经验,且要掌握大量的基本资料。但这种方法是针对每个工程项目的具体情况预测工程造价,对设计深度满足要求和施工方法符合实际的工程,采用此方法比较合理、准确,这也是国外普遍采用此方法的缘故。

采用实物量法预测工程造价在我国尚处于积极探索阶段。2000 年 12 月国家电力公司组织制定了《水电工程"实物法"概算编制导则(试行)》(〔2000〕800 号简称《导则》)。该《导则》包括总则、词语含义、市场调查、施工规划、基础单价、建筑安装工程、施工准备工程、设备采购工程、技术采购工程、费用、工程不可预见费、价格不可预见费、建设期偿还融资利息和工程总投资及附录"实物法"概算报告格式等内容。该《导则》的颁发是水电工程造价改革的一次跨越,将对加快我国水电工程造价改革起到积极的推动作用。

思考题

1. 什么叫基本建设?基本建设的类型及工作内容有哪些?
2. 简述我国水利水电工程基本建设程序。
3. 什么叫工程造价?工程造价文件有哪些?各有什么作用?
4. 目前,工程造价的基本方法有哪些?各有什么优缺点?

项目二　工程造价项目划分与费用构成

本项目重点

1. 熟悉基本建设项目划分。
2. 掌握水利工程造价项目划分。
3. 掌握水利工程造价费用构成。

任务一　项目划分

一、基本建设项目划分

一个基本建设项目往往规模大,建设周期长,影响因素复杂,尤其是大中型水利水电工程。因此,为了便于编制基本建设计划和工程造价,组织招标投标与施工,进行质量、工期和投资控制,拨付工程款项,实行经济核算和考核工程成本,须对一个基本建设项目进行系统的逐级划分。基本建设工程通常按项目本身的内部组成,将其划分为基本建设项目、单项工程、单位工程、分部工程和分项工程。

(一)基本建设项目

基本建设项目是指按照一个总体设计进行施工,由一个或若干个单项工程组成,经济上实行统一核算,行政上实行统一管理的基本建设工程实体。如一座独立的工业厂房、一所学校或水利枢纽工程等。

一个基本建设项目中,可以有几个单项工程,也可以只有一个单项工程,不得把不属于一个设计文件内的、经济上分别核算、行政上分开管理的几个项目捆在一起作为一个基本建设项目,也不能把总体设计内的工程,按地区或施工单位划分为几个基本建设项目。在一个设计任务书范围内,规定分期进行建设时,仍为一个基本建设项目。

(二)单项工程

单项工程是一个建设项目中,具有独立的设计文件,竣工后能够独立发挥生产能力和使用效益的工程。如工厂内能够独立生产的车间、办公楼等,一所学校的教学楼、学生宿舍等,一个水利枢纽工程的发电站、拦河大坝等。

单项工程是具有独立存在意义的一个完整工程,也是一个极为复杂的综合体,它是由许多单位工程所组成的,如一个新建车间,不仅有厂房,还有设备安装等工程。

(三)单位工程

单位工程是单项工程的组成部分,是指具有独立的设计文件、可以独立组织施工,但完工后不能独立发挥效益的工程。如工厂车间是一个单项工程,它又可以划分为建筑工程和设备安装两大类单位工程。

每一个单位工程仍然是一个较大的组合体，它本身仍然是由许多的结构或更小的部分组成的，所以对单位工程还需要进一步划分。

（四）分部工程

分部工程是单位工程的组成部分，是按工程部位、设备种类和型号、使用的材料和工种的不同对单位工程所做的进一步划分。如建筑工程中的一般土建工程，按照不同的工种和材料结构可划分为土石方工程、基础工程、砌筑工程、钢筋混凝土工程等分部工程。

分部工程是编制工程造价、组织施工、质量评定、竣工结算与成本核算的基本单位，但在分部工程中影响工料消耗的因素仍然很多。例如，同样都是土方工程，由于土壤类别（普通土、坚硬土、砾质土）不同，挖土的深度不同，施工方法不同，则每一单位土方工程所消耗的人工、材料差别很大。因此，还必须把分部工程按照不同的施工方法、不同的材料、不同的规格等做进一步的划分。

（五）分项工程

分项工程是分部工程的组成部分，通过较为简单的施工过程就能生产出来，并且可以用适当计量单位计算其工程量大小的建筑或设备安装工程产品。例如，每立方米砖基础工程、一台电动机的安装等。一般来说，它的独立存在是没有意义的，它只是建筑或设备安装工程中最基本的构成要素。

二、工程分类和工程概算组成

由于水利水电工程建设项目是个复杂的建筑群体，同其他工程相比，包含的建筑群体种类多，涉及面广。例如，大中型水利水电工程除拦河大坝、主副厂房外，还有变电站、开关站、输变电线路、引水系统、泄洪设施、公路、桥涵、给水排水系统、供风系统、通信系统、辅助企业、文化福利建筑等，难以严格按单项工程、单位工程等确切划分。在编制水利水电工程概（估）算时，根据水利部 2014 年颁布的《水利工程建设概（估）算编制规定》（〔2014〕429 号）的有关规定，结合水电工程的性质特点和内容进行项目划分。

（一）工程分类

水利工程按工程性质划分为三大类，具体划分见图 2-1。

- 水利工程
  - 枢纽工程
    - 水库
    - 水电站
    - 大型泵站
    - 大型拦河闸
    - 其他大型独立建筑物
  - 引水工程
    - 供水工程
    - 灌溉工程(1)
  - 河道工程
    - 灌溉工程(2)
    - 河湖整治工程
    - 堤防工程

图 2-1　水利工程三大类划分

大型泵站、大型拦河水闸的工程等别划分标准根据《水利水电工程等级划分和洪水标准》（SL 252—2000）及其他现行水利工程等级划分相关规范规定划分。

灌溉工程(1)是指设计流量≥5 m^3/s 的灌溉工程，灌溉工程(2)是指设计流量≤5 m^3/s 的灌溉工程和田间工程。

(二)水利工程概算项目划分

水利工程概算项目划分为工程部分、建设征地移民补偿、环境保护工程、水土保持工程四部分。具体划分如图2-2所示。

- 水利工程概算
  - 工程部分
    - 建筑工程
    - 机电设备及安装工程
    - 金属结构设备及安装工程
    - 施工临时工程
    - 独立费用
  - 建设征地移民补偿
    - 农村部分补偿
    - 城(集)镇部分补偿
    - 工业企业补偿
    - 专业项目补偿
    - 防护工程
    - 库底清理
    - 其他费用
  - 环境保护工程
  - 水土保持工程

图2-2 水利工程概算项目划分

各部分概算下设一级、二级、三级项目。

三、项目组成

(一)第一部分 建筑工程

1. 枢纽工程

枢纽工程指水利枢纽建筑物、大型泵站、大型拦河水闸和其他大型独立建筑物(含引水工程的水源工程)。包括挡水工程、泄洪工程、引水工程、发电厂(泵站)工程、升压变电站工程、航运工程、鱼道工程、交通工程、房屋建筑工程、供电设施工程和其他建筑工程。其中，挡水工程等前七项为主体建筑工程。

(1)挡水工程。包括挡水的各类坝(闸)工程。

(2)泄洪工程。包括溢洪道、泄洪洞、冲砂孔(洞)、放空洞、泄洪闸等工程。

(3)引水工程。包括发电引水明渠、进水口、隧洞、调压井、高压管道等工程。

(4)发电厂(泵站)工程。包括地面、地下各类发电厂(泵站)工程。

(5)升压变电站工程。包括升压变电站、开关站等工程。

(6)航运工程。包括上下游引航道、船闸、升船机等工程。

(7)鱼道工程。根据枢纽建筑物布置情况，可独立列项。与拦河坝相结合的，也可作为拦河坝工程的组成部分。

(8)交通工程。包括上坝、进厂、对外等场内外永久公路，以及桥梁、交通隧洞、铁路、码头等工程。

(9)房屋建筑工程。包括为生产运行服务的永久性辅助生产建筑、仓库、办公、值班宿舍及文化福利建筑等房屋建筑工程和室外工程。

(10)供电设施工程。指工程生产运行供电需要架设的输电线路及变配电设施工程。

(11)其他建筑工程。包括安全监测设施工程,照明线路,通信线路,厂坝(闸、泵站)区供水、供热、排水等公用设施工程,劳动安全与工业卫生设施工程,水文、泥沙监测设施工程,水情自动测报工程及其他。

2. 引水工程

引水工程指供水工程、调水工程和灌溉工程(1)。包括渠(管)道工程、建筑物工程、交通工程、房屋建筑工程、供电设施工程和其他建筑工程。

(1)渠(管)道工程。包括病区、输水管道工程,以及渠(管)道附属小型建筑物(如观测测量设施、调压减压设施、检修设施)等。

(2)建筑物工程。指渠系建筑物、交叉建筑物工程。包括泵站、水闸、隧洞、箱涵(暗渠)、倒虹吸、跌水、动能回收电站、调蓄水库、排水涵(槽)、公路(铁路)交叉(穿越)建筑物等。

建筑物类别根据工程设计确定。工程规模较大的建筑物可以作为一级项目单独列示。

(3)交通工程。指永久性对外公路、运行管理维护道路等工程。

(4)房屋建筑工程。包括为生产运行服务的永久性辅助生产建筑、仓库、办公、值班宿舍及文化福利建筑等房屋建筑工程和室外工程。

(5)供电设施工程。指工程生产运行供电需要架设的输电线路及变配电设施工程。

(6)其他建筑工程。包括安全监测设施工程,照明线路,通信线路,厂坝(闸、泵站)区供水、供热、排水等公用设施工程,劳动安全与工业卫生设施,水文、泥沙监测设施工程,水情自动测报工程及其他。

3. 河道工程

河道工程指堤防修建与加固工程、河湖整治工程以及灌溉工程(2)。包括河湖整治与堤防工程、灌溉及田间渠(管)道工程、建筑物工程、交通工程、房屋建筑工程、供电设施工程和其他建筑工程。

(1)河湖整治与堤防工程。包括堤防工程、河道整治工程、清淤疏浚工程等。

(2)灌溉及田间渠(管)道工程。包括明渠、输配水管道、排水沟(渠、管)工程、渠(管)道附属小型建筑物(如观测测量设施、调压减压设施、检修设施)、田间土地平整等。

(3)建筑物工程。包括水闸、泵站工程,田间工程机井、灌溉塘坝工程等。

(4)交通工程。指永久性对外公路、运行管理维护道路等工程。

(5)房屋建筑工程。包括为生产运行服务的永久性辅助生产建筑、仓库、办公、值班宿舍及文化福利建筑等房屋建筑工程和室外工程。

(6)供电设施工程。指工程生产运行供电需要假设的输电线路及变配电设施工程。

(7)其他建筑工程。包括安全监测设施工程,照明线路,通信线路,厂坝(闸、泵站)区供水、供热、排水等公用设施工程,劳动安全与工业卫生设施,水文、泥沙监测设施工程及其他。

(二)第二部分 机电设备及安装工程

1. 枢纽工程

枢纽工程指构成枢纽工程固定资产的全部机电设备及安装工程。本部分由发电设备及安装工程、升压变电设备及安装工程和公用设备及安装工程三项组成。大型泵站和大型拦河水闸的机电设备及安装工程项目划分参考引水工程及河道工程划分方法。

(1)发电设备及安装工程。包括水轮机、发电机、主阀、起重机、水力机械辅助设备、电气设备等设备及安装工程。

(2)升压变电设备及安装工程。包括主变压器、高压电气设备、一次拉线等设备及安装工程。

(3)公用设备及安装工程。包括通信设备、通风采暖设备、机修设备、计算机监控系统、工业电视系统、管理自动化系统、全厂接地及保护网,电梯,坝区馈电设备,厂坝区供水、排水、供热设备,水文、泥沙监测设备,水情自动测报系统设备,视频安防监控设备,安全监测设备,消防设备,劳动安全与工业卫生设备,交通设备等设备及安装工程。

2. 引水工程及河道工程

引水工程及河道工程指构成该工程固定资产的全部机电设备及安装工程。一般包括泵站设备及安装工程、闸(涵)设备及安装工程、电站设备及安装工程、供变电设备及安装工程和公用设备及安装工程等四项。

(1)泵站设备及安装工程。包括水泵、电动机、主阀、起重设备、水力机械辅助设备、电气设备等设备及安装工程。

(2)闸(涵)设备及安装工程。包括电气一次设备及安装工程和电气二次设备及安装工程。

(3)电站设备及安装工程。其组成内容可参照枢纽工程的发电设备及安装工程和升压变电设备及安装工程。

(4)供变电设备及安装工程。包括供电、变配电设备及安装工程。

(5)公用设备及安装工程。包括通信设备、通风采暖设备、机修设备、计算机监控系统、工业电视系统、管理自动化系统、全厂接地及保护网,厂坝(闸、泵站)区供水、排水、供热设备,水文、泥沙监测设备,水情自动测报系统设备,视频安防监控设备,安全监测设备,消防设备,劳动安全与工业卫生设备,交通设备等设备及安装工程。

灌溉田间工程还包括首部设备及安装工程、田间灌水设施及安装工程等。

(1)首部设备及安装工程。包括过滤、施肥、控制调节、计量等设备及安装工程等。

(2)田间灌水设施及安装工程。包括田间喷灌、微灌等全部灌水设施及安装工程。

(三)第三部分 金属结构设备及安装工程

金属结构设备及安装工程指构成枢纽工程、引水工程和河道工程固定资产的全部金属结构设备及安装工程。包括闸门、启闭机、拦污设备、升船机等设备及安装工程,水电站(泵站等)压力钢管制作及安装工程和其他金属结构设备及安装工程。

金属结构设备及安装工程的一级项目应与建筑工程的一级项目相对应。

(四)第四部分 施工临时工程

施工临时工程指为辅助主体工程施工所必须修建的生产和生活用临时性工程。本部分组成内容如下：

(1)导流工程。包括导流明渠、导流洞、施工围堰、蓄水期下游断流补偿设施、金属结构设备及安装工程等。

(2)施工交通工程。包括施工现场内外为工程建设服务的临时交通工程，如公路、铁路、桥梁、施工支洞、码头、转运站等。

(3)施工场外供电工程。包括从现有电网向施工现场供电的高压输电线路(枢纽工程:35 kV 及以上等级;引水工程、河道工程:10 kV 及以上等级;掘进机施工专用供电线路)、施工变(配)电设施设备(场内除外)工程。

(4)施工房屋建筑工程。指工程在建设过程中建造的临时房屋，包括施工仓库、办公及生活、文化福利建筑与所需的配套设施工程。

(5)其他施工临时工程。指除施工导流、施工交通、施工场外供电、施工房屋建筑、缆机平台、掘进机泥水处理系统和管片预制系统土建设施外的施工临时工程。主要包括施工供水(大型泵房及干管)、砂石料系统、混凝土拌和浇筑系统、大型机械安装拆卸、防汛、防冰、施工排水、施工通信等工程。

(五)第五部分　独立费用

本部分由建设管理费、工程建设监理费、联合试运转费、生产准备费、科研勘测设计费和其他六项组成。

(1)建设管理费。

(2)工程建设监理费。

(3)联合试运转费。

(4)生产准备费。包括生产及管理单位提前进厂费、生产职工培训费、管理用具购置费、备品备件购置费、工器具及生产家具购置费。

(5)科研勘测设计费。包括工程科学研究试验费和工程勘测设计费。

(6)其他。包括工程保险费、其他税费。

三、项目划分

根据水利工程性质，其工程项目分别按枢纽工程、引水工程和河道工程划分，工程各部分下设一、二、三级项目。建筑工程项目划分见附录一附表 1-1 和附表 1-2，机电设备及安装工程、金属结构设备及安装工程、施工临时工程、独立费用项目划分见附录一附表 1-3 ~ 附表 1-6。

第二、三级项目中，仅列示了代表性子项目，编制概算时，二、三级项目可根据初步设计阶段的工作深度和工程情况进行增减。

任务二　费用构成

水利工程工程部分费用组成内容如图 2-3 所示。

- 建设项目费用
  - 工程费
    - 建筑及安装工程费
    - 设备费
  - 独立费用
  - 预备费
  - 建设期融资利息

图2-3 水利工程工程部分费用组成内容

一、建筑及安装工程费

建筑及安装工程费由直接费、间接费、利润、材料补差和税金组成。

(一)直接费

直接费指建筑安装工程施工过程中直接消耗在工程项目上的活劳动和物化劳动。由基本直接费、其他直接费组成。

基本直接费包括人工费、材料费、施工机械使用费。

其他直接费包括冬雨季施工增加费、夜间施工增加费、特殊地区施工增加费、临时设施费、安全生产措施费和其他。

1. 基本直接费

1)人工费

人工费指直接从事建筑安装工程施工的生产工人开支的各项费用,内容包括:

(1)基本工资。由岗位工资和年应工作天数内非作业天数的工资组成。

①岗位工资。指按照职工所在岗位各项劳动要素测评结果确定的工资。

②生产工人年应工作天数内非作业天数的工资,包括生产工人开会学习、培训期间的工资,调动工作、探亲、休假期间的工资,因气候影响的停工工资,女工哺乳期间的工资,病假在6个月以内的工资及产、婚、丧假期的工资。

(2)辅助工资。指在基本工资之外,以其他形式支付给职工的工资性收入,包括根据国家有关规定属于工资性质的各种津贴,主要有艰苦边远地区津贴、施工津贴、夜餐津贴、节日加班津贴等。

2)材料费

材料费指用于建筑安装工程项目上的消耗性材料、装置性材料和周转性材料摊销费。包括定额工作内容规定应计入的未计价材料和计价材料。

材料预算价格一般包括材料原价、运杂费、运输保险费和采购及保管费四项。

(1)材料原价。指材料指定交货地点的税后价格。

(2)运杂费。指材料从指定交货地点至工地分仓库或相当于工地分仓库(材料堆放场)所发生的全部费用。包括运输费、装卸费及其他杂费。

(3)运输保险费。指材料在运输途中的保险费。

(4)采购及保管费。指材料在采购、供应和保管过程中所发生的各项费用。主要包括材料的采购、供应和保管部门工作人员的基本工资、辅助工资、职工福利费、劳动保险费、养老保险费、失业保险费、医疗保险费、工伤保险费、生育保险费、住房公积金、教育经费、办公费、差旅交通费及工具用具使用费,仓库、转运站等设施的检修费、固定资产折旧费、技术安全措施费,材料在运输、保管过程中发生的损耗等。

3)施工机械使用费

施工机械使用费指消耗在建筑安装工程项目上的机械磨损、维修和动力燃料费用等。包括折旧费、修理及替换设备费、安装拆卸费、机上人工费和动力燃料费等。

(1)折旧费。指施工机械在规定使用年限内回收原值的台时折旧摊销费用。

(2)修理及替换设备费。修理费指施工机械在使用过程中,为了使机械保持正常功能而进行修理所需的摊销费用和机械正常运转及日常保养所需的润滑油料、擦拭用品的费用,以及保管机械所需的费用。

替换设备费指施工机械正常运转时所耗用的替换设备及随机使用的工具附具等摊销费用。

(3)安装拆卸费。指施工机械进出工地的安装、拆卸、试运转和场内转移及辅助设施的摊销费用。部分大型施工机械的安装拆卸费不在其施工机械使用费中计列,包含在其他施工临时工程中。

(4)机上人工费。指施工机械使用时机上操作人员人工费用。

(5)动力燃料费。指施工机械正常运转时所耗用的风、水、电、油和煤等费用。

2. 其他直接费

1)冬雨季施工增加费

冬雨季施工增加费指在冬雨季施工期间为保证工程质量所需增加的费用。包括增加施工工序及增设防雨、保温、排水等设施增耗的动力、燃料、材料和因人工、机械效率降低而增加的费用。

2)夜间施工增加费

夜间施工增加费指施工场地和公用施工道路的照明费用。照明线路工程费用包括在"临时设施费"中;施工附属企业系统、加工厂、车间的照明费用,列入相应的产品中,均不包括在本项费用之内。

3)特殊地区施工增加费

特殊地区施工增加费指在高海拔、原始森林、沙漠等特殊地区施工而增加的费用。

4)临时设施费

临时设施费指施工企业为进行建筑安装工程施工所必需的但又未被划入施工临时工程的临时建筑物、构筑物和各种临时设施的建设、维修、拆除、摊销。如:供风、供水(支线)、供电(场内)、照明、供热系统及通信支线,土石料厂,简易砂石料加工系统,小型混凝土拌和浇筑系统,土木、钢筋、机修等辅助加工厂,场内施工排水,场地平整、道路养护及其他小型临时设施等。

5)安全生产措施费

安全生产措施费是指为保证施工现场安全作业环境及安全施工、文明施工所需要,在工程设计已考虑的安全支护措施之外发生的安全生产、文明施工相关费用。

6)其他

其他包括施工工具用具使用费,检验试验费,工程定位复测及施工控制网测设、工程点交、竣工场地清理、工程项目及设备仪表移交生产前的维护费,工程验收检测费等。

施工工具用具使用费，指施工生产所需，但不属于固定资产的生产工具，检验、试验用具等的购置、摊销和维护费。

检验试验费，指对建筑材料、构件和建筑安装物进行一般鉴定、检查所发生的费用，包括自设实验室所耗用的材料和化学药品费用，以及技术革新和研究试验费，不包括新结构、新材料的试验费和建设单位要求对具有出厂合格证明的材料进行试验、对构件进行破坏性试验，以及其他特殊要求检验试验的费用。

工程项目及设备仪表移交生产前的维护费，是指竣工验收前对已完工工程及设备进行保护所需的费用。

(二)间接费

间接费指施工企业为建筑安装工程施工而进行组织与经营管理所发生的各项费用。间接费构成产品成本，由规费和企业管理费组成。

1. 规费

规费指政府和有关部门规定必须缴纳的费用。

1)社会保险费

(1)养老保险费。指企业按照规定为职工缴纳的基本养老保险费。

(2)失业保险费。指企业按照规定为职工缴纳的失业保险费。

(3)医疗保险费。指企业按照规定为职工缴纳的基本医疗保险费。

(4)工伤保险费。指企业按照规定为职工缴纳的工伤保险费。

(5)生育保险费。指企业按照规定为职工缴纳的生育保险费。

2)住房公积金

住房公积金是指企业按照规定为职工缴纳的费用。

2. 企业管理费

企业管理费指施工企业为组织施工生产和经营管理活动所发生的费用。

(1)管理人员工资。指管理人员的基本工资、辅助工资。

(2)差旅交通费。指施工企业管理人员因公出差、工作调动的差旅费，误餐补助费，职工探亲路费，劳动力招募费，职工离退休、退职一次性路费，工伤人员就医路费，工地转移费，交通工具运行费及牌照费等。

(3)办公费。指企业办公用文具、印刷、邮电、书报、会议、水电、燃煤(气)等费用。

(4)固定资产使用费。指企业属于固定资产的房屋、设备、仪器等的折旧、大修理、维修费或租赁费等。

(5)工具用具使用费。指企业管理使用不属于固定资产的工具、用具、家具、交通工具的检验、试验、测绘、消防用具等的购置、维修和摊销费。

(6)职工福利费。指企业按照国家规定支出的职工福利费，以及由企业支付离退休职工的易地安家补助费、职工退职金、6个月以上的病假人员工资、按规定支付给离休干部的各项经费。职工发生工伤时企业依法在工伤保险基金之外支付的费用，其他在社会保险基金之外依法由企业支付给职工的费用。

(7)劳动保护费。指企业按照国家有关部门规定标准发放的一般劳动防护用品的购置及修理费、保健费、防暑降温费、高空作业及进洞津贴、技术安全措施以及洗澡用水、饮用水的燃料费等。

(8)工会经费。指企业按职工工资总额计提的费用。

(9)职工教育经费。指企业为职工学习先进技术和提高文化水平按职工工资总额计提的费用。

(10)保险费。指企业财产保险、管理用车辆等保险费用,高空、井下、洞内、水下、水上作业等特殊工种安全保险费、危险作业意外伤害保险费等。

(11)财务费用。指施工企业为筹集资金而发生的各项费用,包括企业经营期间发生的短期融资利息净支出、汇兑净损失、金融机构手续费,企业筹集资金发生的其他财务费用,以及投标和承包工程发生的保函手续费等。

(12)税金。指企业按规定缴纳的房产税、管理用车辆使用税、印花税等。

(13)其他。包括技术转让费、企业定额测定费、施工企业进退场费、施工企业承担的施工辅助工程设计费、投标报价费、工程图纸资料费及工程摄影费、技术开发费、业务招待费、绿化费、公证费、法律顾问费、审计费、咨询费等。

(三)利润

利润指按规定应计入建筑安装工程费用中的费用。

(四)材料补差

材料补差指根据主要材料消耗量、主要材料预算价格与材料基价之间的差值,计算的主要材料补差金额。材料基价是指计入基本直接费的主要材料的限制价格。

(五)税金

税金指国家对施工企业承担建筑、安装工程作业收入所征收的营业税、城市维护建设税和教育费附加。

二、设备费

设备费包括设备原价、运杂费、运输保险费和采购及保管费。

(一)设备原价

(1)国产设备,其原价指出厂价。

(2)进口设备,以到岸价和进口征收的税金、手续费、商检费及港口费等各项费用之和为原价。

(3)大型机组及其他大型设备分瓣运至工地后的拼装费用,应包括在设备原价内。

(二)运杂费

运杂费指设备由厂家运至工地安装现场所发生的一切运杂费用。包括运输费、装卸费、包装绑扎费、大型变压器充氮费及可能发生的其他杂费。

(三)运输保险费

运输保险费指设备在运输过程中的保险费用。

(四)采购及保管费

采购及保管费指建设单位和施工企业在负责设备的采购、保管过程中发生的各项费用。主要包括:

(1)采购保管部门工作人员的基本工资、辅助工资、职工福利费、劳动保护费、养老保险费、失业保险费、工伤保险费、生育保险费、住房公积金、教育经费、办公费、差旅交通费、工具用具使用费等。

(2)仓库、转运站等设施的运行费、维修费、固定资产折旧费、技术安全措施费和设备的检验及试验费等。

三、独立费用

独立费用由建设管理费、工程建设监理费、联合试运转费、生产准备费、科研勘测设计费和其他等六项组成。

(一)建设管理费

建设管理费指建设单位在工程项目筹建和建设期间进行管理工作所需的费用。包括建设单位开办费、建设单位人员费、项目管理费三项。

1. 建设单位开办费

建设单位开办费指新组建的工程建设单位,为开展工作所必须购置的办公及生活设施、交通工具等,以及其他用于开办工作的费用。

2. 建设单位人员费

建设单位人员费指建设单位从批准组建之日起至完成该工程建设管理任务之日止,需开支的建设单位人员费用。主要包括工作人员的基本工资、辅助工资、职工福利费、劳动保护费、养老保险费、失业保险费、工伤保险费、生育保险费、住房公积金等。

3. 项目管理费

项目管理费指建设单位从筹建到竣工期间所发生的各种管理费用。包括:

(1)工程建设过程中用于资金筹措、召开董事(股东)会议、视察工程建设所发生的会议和差旅等费用。

(2)工程宣传费。

(3)土地使用税、房产税、印花税、合同公证费。

(4)审计费。

(5)施工期间所需的水情、水文、泥沙、气象监测费和报汛费。

(6)工程验收费。

(7)建设单位人员的教育经费、办公费、差旅交通费、会议费、交通车辆使用费、技术图书资料费、固定资产折旧费、零星固定资产购置费、低值易耗品摊销费、工具用具使用费、修理费、水电费、采暖费等。

(8)招标业务费。

(9)经济技术咨询费,包括勘测设计成果咨询、评审费,工程安全鉴定、验收技术鉴定、安全评价相关费用,建设期造价咨询,防洪影响评价、水资源论证、工程场地地震安全性评价、地质灾害危险性评价,以及其他专项咨询等发生的费用。

(10)公安、消防部门派驻工地补贴费及其他工程管理费用。

(二)工程建设监理费

工程建设监理费指建设单位在工程建设过程中委托监理单位,对工程建设的质量、进度、安全和投资进行监理所发生的全部费用。

（三）联合试运转费

联合试运转费指水利工程的发电机组、水泵等安装完毕，在竣工验收前，进行整套设备带负荷联合试运转期间所需的各项费用。主要包括联合试运转期间所消耗燃料、动力、材料及机构使用费，工具用具购置费，施工单位参加联合试运转人员的工资等。

（四）生产准备费

生产准备费指水利水电建设项目的生产、管理单位为准备正常的生产运行或管理发生的费用。包括生产及管理单位提前进厂费、生产职工培训费、管理用具购置费、备品备件购置费和工器具及生产家具购置费。

1. 生产及管理单位提前进厂费

生产及管理单位提前进厂费指在工程完工之前，生产、管理单位有一部分工人、技术人员和管理人员提前进厂进行生产筹备工作所需的各项费用。内容包括提前进厂人员的基本工资、辅助工资、职工福利费、劳动保护费、养老保险费、失业保险费、医疗保险费、住房公积金、工伤保险费及生育保险费、教育经费、办公费、差旅交通费、会议费、技术图书资料费、零星固定资产购置费、低值易耗品摊销费、工具用具使用费、修理费、水电费、采暖费等，以及其他属于生产筹建设期间应开支的费用。

2. 生产职工培训费

生产职工培训费指生产及管理单位为保证生产、管理工作能顺利进行，需对工人、技术人员和管理人员进行培训所发生的费用。

3. 管理用具购置费

管理用具购置费指为保证新建项目的正常生产和管理所必须购置的办公和生活用具等费用。内容包括办公室、会议室、资料档案室、阅览室、文娱室、医务室等公用设施需要配置的家具器具。

4. 备品备件购置费

备品备件购置费指工程在投产运行初期，由于易损件损耗和可能发生的事故，而必须准备的备品备件和专用材料的购置费。不包括设备价格中配备的备品备件。

5. 工器具及生产家具购置费

工器具及生产家具购置费指按设计规定，为保证初期生产正常运行所必须购置的不属于固定资产标准的生产工具、器具、仪表、生产家具等的购置费。不包括设备价格中已包括的专用工具。

（五）科研勘测设计费

科研勘测设计费指为工程建设所需的科研、勘测和设计等费用。包括工程科学研究试验费和工程勘测设计费。

1. 工程科学研究试验费

工程科学研究试验费指为保障工程质量，解决工程建设技术问题，而进行必要的科学研究试验所需的费用。

2. 工程勘测设计费

工程勘测设计费指工程从项目建设书开始至以后各设计阶段发生的勘测费、设计费和为勘测设计服务的常规科研试验费。不包括工程建设征地移民设计、环境保护设计、水土保持设计各设计阶段发生的勘测设计费。

(六)其他

1. 工程保险费

工程保险费指工程建设期间,为使工程能在遭受水灾、火灾等自然灾害和意外事故造成损失后得到经济补偿,而对工程进行投保所发生的保险费用。

2. 其他税费

其他税费指按国家规定应缴纳的与工程建设有关的税费。

四、预备费及建设期融资利息

(一)预备费

预备费包括基本预备费和价差预备费。

1. 基本预备费

基本预备费主要指在工程建设过程中,为解决设计变更和有关技术标准调整增加的投资以及工程遭受一般自然灾害所造成的损失和为预防自然灾害所采取的措施费用。

2. 价差预备费

价差预备费主要指在工程建设过程中,为解决因人工工资、材料和设备价格上涨以及费用标准调整而增加的投资。

(二)建设期融资利息

根据国家财政金融政策规定,工程在建设期内需偿还并应计入工程投资的融资利息。

思考题

1. 名词解释:基本建设项目,单项工程,单位工程,分部工程,分项工程,直接费,基本直接费,其他直接费,间接费,利润,税金,设备费,基本预备费,价差预备费。

2. 编制概预算时为什么要对基本建设项目进行项目划分?水利水电工程基本建设项目划分和一般基本建设项目划分有何不同?

3. 何谓水利水电工程基本建设项目划分的三大类型、五个部分和三级项目?

4. 水利水电工程项目划分的注意事项是什么?

5. 建筑及安装工程费由哪些费用组成?

6. 设备费由哪些费用组成?

项目三 工程定额

本项目重点

1. 了解定额的概念与性质。
2. 了解工程定额的作用及其分类。
3. 了解水利水电工程定额的颁发情况。
4. 熟悉定额的表示形式。
5. 掌握工程定额的编制方法。
6. 会使用水利水电工程建筑和安装工程定额。

任务一 定额的分类

一、定额的概念与特性

定额是指在一定的技术和组织条件下，生产质量合格的单位产品所消耗的人力、物力、财力和时间等的数量标准。定额由国家、地方、部门或企业颁发。

定额具有经济法规的性质，在指定的执行范围内，任何单位都必须遵照执行，不得任意调整修改。当然，定额是与一定时期的生产力水平及其他条件相适应的，如果这些条件发生改变，定额也应做相应的修改、补充、调整（必须经过授权机构的批准）。但在一定时期内，它又必须是相对稳定的，以利于遵循和使用。因此，定额具有一定的阶段性。

定额反映一定时期内的社会生产力水平，行业定额应具有社会平均水平。它促进生产者在一定客观条件下，通过主观努力达到或超过定额水平标准。

定额还具有经济性、技术性、政策性和群众性的特点，其经济性表现在为项目评估决策、控制项目投资、确定工程造价、全面经济核算提供合理的尺度；其技术性表现在它直接与施工工艺和施工方法有关，并具有独自的表现方式和计算方法；其政策性表现在它必须正确处理国家、企业和劳动者个人三者之间的利益关系；其群众性则表现在它必须为广大企业和工人所接受，并在实践中证明是切实可行的。

二、定额的表示形式

定额一般有实物量式、价目表式、百分率式和综合式四种表示形式。

（一）实物量式

实物量式是以完成单位工程（工作）量所消耗的人工、材料及施工机械台时的数量表示定额。如水利部颁布的现行《水利建筑工程概算定额》（简称《概算定额》）、《水利建筑工程预算定额》（简称《预算定额》）、《水利水电设备安装工程预算定额》（简称《安装工程预算定额》)、《水利水电设备安装工程概算定额》(简称《安装工程概算定额》)等。这种定额使用时要用工程所在地编制年的价格水平计算工程单价,它不受物价上涨因素的影响,使用时间较长。实物量式定额表示形式见表3-1。

表3-1　1 m^3 挖掘机挖装土自卸汽车运输

适用范围:Ⅲ类土、露天作业　　工作内容:挖装、运输、卸除、空回　　单位:100 m^3

项目	单位	运距(km)					增运1 km
		1	2	3	4	5	
工长	工时						
高级工	工时						
中级工	工时						
初级工	工时	6.7	6.7	6.7	6.7	6.7	
合计	工时	6.7	6.7	6.7	6.7	6.7	
零星材料费	%	4	4	4	4	4	
挖掘机　1 m^3	台时	1.00	1.00	1.00	1.00	1.00	
推土机　59 kW	台时	0.50	0.50	0.50	0.50	0.50	
自卸汽车　5 t	台时	9.83	12.87	15.67	18.31	20.84	2.33
8 t	台时	6.50	8.40	10.15	11.80	13.38	1.46
10 t	台时	6.05	7.66	9.14	10.54	11.88	1.23
编号		10365	10366	10367	10368	10369	10370

注:摘自《预算定额》。

(二)价目表式

价目表式是以编制年(部颁的以北京,省颁的以省会所在地)的价格水平给出完成单位产品的价格。该定额使用比较简便,但必须进行调整,很难适应工程建设动态发展的需要,已逐步被实物量式定额取代。

(三)百分率式

百分率式是以某取费基础的百分率表示的定额,如《编规》中现场经费费率和间接费费率定额。

(四)综合式

如现行《水利工程施工机械台时费定额》(简称《台时费定额》)是一种综合式定额,其一类费用是价目表式,二类费用是实物量式。综合式定额表示形式见表3-2。

表 3-2　土石方机械

项目		单位	单斗挖掘机				
			油动		电动		
			斗容（m^3）				
			0.5	1.0	2.0	3.0	4.0
（一）	折旧费	元	21.97	28.77	41.56	68.28	175.15
	修理及替换设备费	元	20.47	29.63	43.57	55.67	84.67
	安装拆卸费	元	1.48	2.42	3.08		
	小计	元	43.92	60.82	88.21	123.95	259.82
（二）	人工	工时	2.7	2.7	2.7	2.7	2.7
	汽油	kg					
	柴油	kg	10.7	14.2			
	电	kWh			100.6	128.1	166.8
	风	m^3					
	水	m^3					
	煤	kg					
编号			1001	1002	1003	1004	1005

注：摘自《台时费定额》。

三、定额的作用

（1）定额是编制计划的基础。企业的生产和经济活动都是有计划进行的，在制订计划时，直接或间接以各种定额为依据计算人力、物力和财力等各项资源需要量。因此，定额是编制计划的基础。

（2）定额是确定产品成本的依据，是评价设计方案合理性的尺度。建筑产品价格是由其产品生产过程中所消耗的人工、材料、机械台时的数量及其他资源的数量所决定的，而它们的消耗量又是根据定额计算的。同时，同一建筑产品的不同设计方案的成本，反映了不同设计方案的技术经济水平的高低。因此，定额也是比较和评价设计方案是否经济、合理的尺度。

（3）定额是实行投资包干和招标承包制的依据。为了提高水利水电工程建设的经济效益，我国在经济改革中推行了投资包干和招标承包制。在实施过程中，签订投资包干协议必须以定额为依据，编制招标标底和投标报价可参考定额。

（4）定额是加强企业科学管理、提高经济效益的工具。施工企业为了提高经济效益，必须加强科学管理，实行经济核算。而定额正是企业在计算和平衡资金需用量，组织材料供应，编制施工进度计划，考核工料消耗与劳动生产率，贯彻按劳分配原则，实行经济核算的标准和依据。

（5）定额是总结推广先进生产方法的手段。用定额标定方法可以对同一产品在同一操作条件下的不同生产方式进行观察、分析和总结，然后在生产过程中推广先进生产方法，使劳动生产率得到提高。

四、定额的分类

定额的种类很多,工程定额一般作以下分类。

(一)按生产因素分

1. 劳动定额

劳动定额又称人工定额,是指在正常施工技术组织条件下,完成单位合格产品所必需的劳动消耗数量。

2. 材料消耗定额

材料消耗定额是指在合理的施工条件和合理使用材料的情况下,生产单位质量合格产品所需一定品种规格材料、半成品和配件等的数量标准。

3. 机械使用定额

机械使用定额是指在合理的施工组织和合理使用机械的条件下,完成单位质量合格产品所必须消耗的机械台时数量标准。

(二)按定额编制程序和用途分

1. 投资估算指标

投资估算指标是在可行性研究阶段作为技术经济比较或建设投资估算的依据,是由概算定额综合扩大和统计资料分析编制而成的。

2. 概算定额

概算定额是编制初步设计概算和修正概算的依据。

3. 预算定额

预算定额是编制施工图预算和招标标底及投标报价的依据,也是工程中计算劳动力、材料、机械数量的一种定额。

4. 施工定额

施工定额是施工企业内部作为编制施工作业计划、进行工料分析、签发工程任务单和考核预算成本完成情况的依据。

(三)按编制单位和执行范围分

1. 全国统一定额

全国统一定额又称国家定额,是指在全国范围内统一执行的定额,一般由国家发展和改革委员会或授权某主管部门组织编制颁发。

2. 主管部门定额

主管部门定额是指由一个主管部门或几个主管部门组织编制颁发,在主管部门所属单位执行的定额。

3. 地方定额

地方定额是指省、自治区、直辖市根据地方工程特点,编制颁发的在不宜执行国家或主管部门定额的情况下,在本地区执行的定额。

4. 企业定额

企业定额是指企业在其生产经营过程中,在国家定额、主管部门定额、地方定额的基础上,根据工程特点和自身积累的资料,自行编制并在企业内部执行的定额。

(四)按费用性质分

1. 直接费定额

直接费定额是指直接用于施工生产的人工、材料、机械消耗的定额。如现行水利水电建安工程预算定额和概算定额等。

2. 间接费定额

间接费定额是指施工企业进行施工组织和管理所发生的费用定额。

3. 施工机械台时费定额

施工机械台时费定额是指施工机械每运转一个台时所需的机上人员、动力、燃料消耗费用和折旧、大修理、经常修理、安装拆卸等摊销费用。

4. 其他基本建设费用定额

其他基本建设费用定额是指不属于建筑安装工程的独立的费用定额,如科研勘测设计费定额、工程项目管理费定额等。

此外,还可按专业来划分。如建筑工程定额、给水排水工程定额、公路工程定额、铁路工程定额、水利水电工程定额。水利水电建筑工程定额分类如图3-1所示。

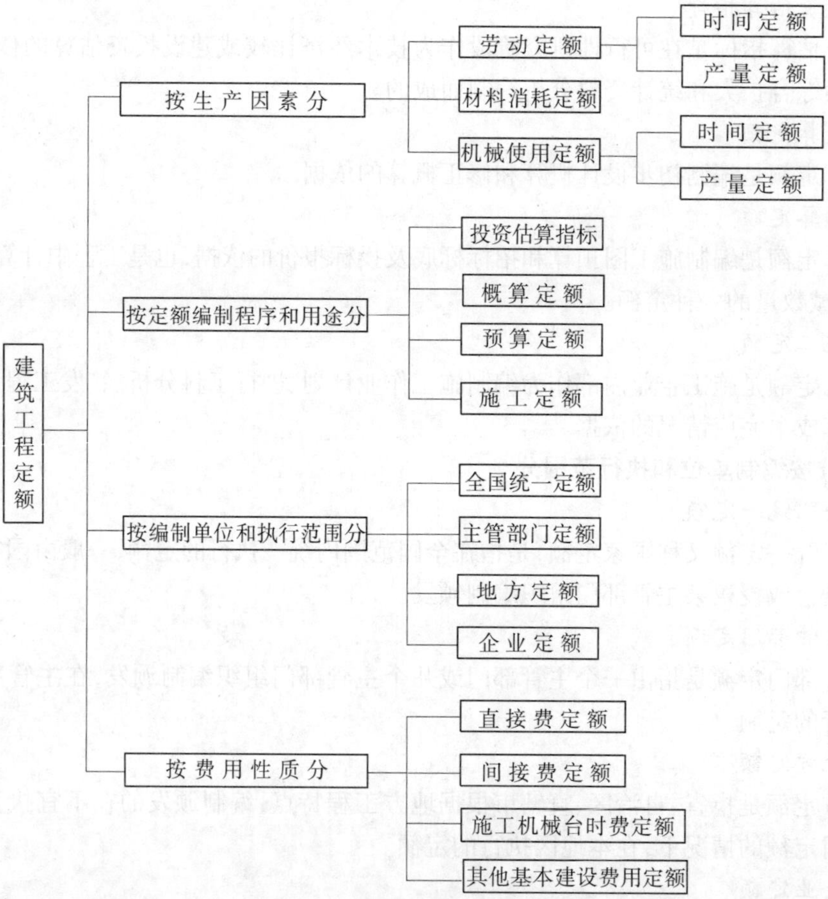

图3-1 水利水电建筑工程定额分类

五、水利水电工程定额颁发简况

新中国成立以来，随着我国水利水电建设事业的发展，水利水电工程建设的各种定额也经历了多次修订。自 1954 年以来，陆续制定和颁发的定额如表 3-3 所示。

表 3-3 水利水电工程历年定额

<table>
<tr><th>颁发年份</th><th>定额名称</th><th>颁发单位</th></tr>
<tr><td rowspan="3">1954</td><td>水利水电工程预算定额(草案)</td><td rowspan="3">水利部、燃料工业部水电总局</td></tr>
<tr><td>水力发电建筑安装工程施工定额(草案)</td></tr>
<tr><td>水力发电建筑安装工程预算定额(草案)</td></tr>
<tr><td>1956</td><td>水力发电建筑安装工程预算定额</td><td>电力部</td></tr>
<tr><td>1957</td><td>水利工程施工定额(草案)</td><td>水利部</td></tr>
<tr><td rowspan="2">1958</td><td>水利水电建筑工程预算定额</td><td rowspan="7">水利电力部</td></tr>
<tr><td>水力发电设备安装价目表</td></tr>
<tr><td rowspan="3">1964</td><td>水利水电安装工程工、料、机械施工指标</td></tr>
<tr><td>水利水电建筑安装工程预算指标(征求意见稿)</td></tr>
<tr><td>水力发电设备安装价目表(征求意见稿)</td></tr>
<tr><td>1965</td><td>水利水电工程预算指标(“65”定额)</td></tr>
<tr><td>1973</td><td>水利水电建筑安装工程定额(讨论稿)</td></tr>
<tr><td rowspan="2">1975</td><td>水利水电建筑工程概算指标</td><td rowspan="3">水利电力部</td></tr>
<tr><td>水利水电设备安装工程概算指标</td></tr>
<tr><td>1980</td><td>水利水电工程设计预算定额(试行)</td></tr>
<tr><td>1983</td><td>水利水电建筑安装工程统一劳动定额</td><td>水利电力部水电总局</td></tr>
<tr><td rowspan="2">1985</td><td>水利水电工程其他工程和费用定额</td><td rowspan="7">水利电力部</td></tr>
<tr><td>水利水电建筑安装工程机械台班费定额</td></tr>
<tr><td rowspan="3">1986</td><td>水利水电设备安装工程预算定额</td></tr>
<tr><td>水利水电设备安装工程概算定额</td></tr>
<tr><td>水利水电建筑工程预算定额</td></tr>
<tr><td>1988</td><td>水利水电建筑工程概算定额</td></tr>
<tr><td>1989</td><td>水利水电工程设计概(估)算费用构成及计算标准</td></tr>
<tr><td>1990</td><td>水利水电工程投资估算指标(试行)</td><td rowspan="2">能源部、水利部</td></tr>
<tr><td rowspan="3">1991</td><td>水利水电工程勘测设计收费标准(试行)</td></tr>
<tr><td>水利水电工程勘测设计生产定额</td><td>水利水电规划设计总院</td></tr>
<tr><td>水利水电工程施工机械台班费定额</td><td>能源部、水利部</td></tr>
<tr><td rowspan="2">1994</td><td>水利水电建筑工程补充预算定额</td><td rowspan="2">水利部</td></tr>
<tr><td>水利水电工程设计概(估)算费用构成及计算标准</td></tr>
<tr><td rowspan="3">1997</td><td>水力发电建筑工程概算定额(上、下册)</td><td rowspan="3">电力工业部</td></tr>
<tr><td>水力发电设备安装工程概算定额</td></tr>
<tr><td>水力发电工程施工机械台时费定额</td></tr>
<tr><td>1998</td><td>水利水电工程设计概(估)算费用构成及计算标准</td><td>水利部</td></tr>
</table>

续表 3-3

颁发年份	定额名称	颁发单位
1999	水利水电设备安装工程预算定额	水利部
	水利水电设备安装工程概算定额	
2002	水利建筑工程预算定额(上、下册)	
	水利建筑工程概算定额(上、下册)	
	水利工程施工机械台时费定额	
	水利工程设计概(估)算编制规定(2002,116 号)	
2005	水利工程概预算补充定额(掘进机施工隧洞工程)	水利部
2014	水利工程设计概(估)算编制规定(2014,429 号)	水利部
2016	水利工程营业税改征增值税计价依据调整办法	水利部

任务二　工程定额的作用及其编制

一、施工定额

(一)施工定额的概念及作用

施工定额是直接应用于工程施工管理的定额,是编制施工预算、实行施工企业内部经济核算的依据,它是以施工过程为研究对象,根据本施工企业生产力水平和管理水平制定的内部定额。

施工定额是规定建筑安装工人或班组在正常施工条件下,完成单位合格产品的人工、机械和材料消耗的数量标准。它是由国家、地区、行业部门或施工企业以技术要求为根据制定的,是基本建设中最重要的定额之一。它既体现国家对建筑安装施工企业管理水平和经营成果的要求,也体现国家和施工企业对操作工人的具体目标要求。

施工定额的作用有:

(1)供施工企业编制施工预算。

(2)是安排施工作业进度计划、编制施工组织设计的依据。

(3)是施工企业内部经济核算的依据。

(4)是实行定额包干,签发施工任务单的依据。

(5)是计件工资和超额奖励计算的依据。

(6)是限额领料和节约材料奖励的依据。

(7)是编制预算定额的依据。

(二)施工定额的编制原则

施工定额能否得到广泛的使用,主要取决于定额的质量和水平及项目的划分是否简明适用。因此,在编制工程定额的过程中应贯彻以下原则。

1. 平均先进的原则

施工定额的水平应是平均先进水平,因为只有平均先进水平的定额才能促进企业生产力水平的提高。所谓平均先进水平,是指在正常施工条件下,多数班组或生产者经过努力才能达到的水平。一般地说,该水平应低于先进水平而略高于平均水平。它使先进生产者感到有一定的压力，能鼓励他们进一步提高技术水平；使大多数处于中间水平的生产者感到既可望又可及，能增强达到定额的信心；使少数落后者通过努力学习技术和端正劳动态度，尽快缩短差距，达到定额水平。所以，平均先进水平是一种鼓励先进、激励中间、鞭策落后的定额水平。

定额水平有一定的时限性，随着生产力水平的发展，定额水平必须做相应的修订，使其保持平均先进的性质。但是，定额水平作为生产力发展水平的标准，又必须具有相对稳定性。定额水平如果频繁调整，会挫伤生产者的劳动积极性，因此不能朝令夕改。

在编制施工定额时贯彻平均先进的原则，可以从以下几个方面来考虑：

(1)要正确对待先进技术和先进经验。新的生产技术和经验不断地涌现，其中尚不成熟的，需要再试验和研究；有些虽已成熟，只有少数企业和生产者采用，对于这些情况必须区别对待，如果先进技术尚在试验过程中，是不能作为考虑定额水平的依据的；已成熟的先进技术和经验，由于某些客观原因尚未得到推广应用的，可以在保留原有定额项目和水平的基础上，编制新的定额项目。已成熟并得到普遍推广使用的先进技术和经验，则应作为确定定额水平的依据。

(2)合理确定劳动组织。劳动组织是否合理，对生产率能否达到定额水平关系很大。人员过多，会造成工作面上窝工，影响完成定额水平；人员过少又会延误工期，影响工程进度。人员技术等级过低，低技术等级工人从事高技术要求的工作，难以保证产品质量；人员技术等级过高，浪费人力资源，增加产品的人工成本。因此，在确定定额水平时，要按照工作对象的技术复杂程度和工艺要求，合理地进行劳动组织，使劳动组织的技术等级同工作对象的技术要求相适应。

(3)明确劳动手段和劳动对象。不同的劳动手段(机具、设备)和不同的劳动对象(材料、构件)，对劳动者的效率有不同的影响。在确定定额时，必须明确规定达到定额时使用的机具、设备和操作方法。明确规定原材料和构件的规格、型号、等级、品种和质量要求等。

(4)要注意全面比较和协调一致。确定定额水平时，既要考虑挖掘企业的潜力，又要考虑现有技术条件下实际能够达到的可能性，使地区之间、企业之间和施工队之间水平相对平衡一致，特别是工种之间的定额水平，一定要注意协调一致，避免出现苦乐不均现象，造成定额执行中的困难。

2. 基本准确原则

定额是相对的“准”，绝对的“不准”。定额不可能完全与实际相符，而只能要求基本准确。定额是对千差万别的各个实践的概括，抽象出一般的数量标准。

3. 简明适用原则

定额的简明适用是就施工定额的内容和形式而言的。它要求施工定额内容丰富、充实，具有多方面的适用性，同时又要简单明了，容易为工人所掌握，便于查阅，便于计算，便于携带，便于执行。

(1)定额项目要划分齐全、设置适当。定额要能满足施工组织与管理和计算劳动报酬等多方面的要求；同时，定额项目要根据施工过程来划分，各种不同性质的施工过程均应规定出定额指标，特别是那些主要的、常见的施工过程，都必须直接反映在各个定额项目中，这就要求施工定额的项目粗细适当。

(2)定额项目划分的步距大小要适当。定额项目划分的粗细和定额步距的大小关系很大。定额步距是指同类一组定额相互之间的间隔。步距小则定额细,步距大则定额粗。定额细,精确度较高,但编制定额的工作量大;而定额粗,综合程度大,精确度就会降低。为了使定额项目既简明实用,又比较准确,一般来说,对于常用的、主要的、对工料消耗影响大的定额项目,要划分细一些,步距要小一些;不常用的、次要的、对工料消耗影响小的定额项目,可以划分粗一些,步距也可以大一些。对于以手工操作为主的定额,步距可适当小些;对于以机械操作为主的定额,步距可大些。

(3)定额的文字应通俗易懂,内容要标准化、规范化,计算方法应简便,容易掌握运用。

4.贯彻专群结合、以专为主的原则

编制施工定额是一项专业性、技术经济性、政策性很强的工作。因此,在编制定额的过程中必须深入调查研究,广泛征求群众的意见,在他们的配合和支持下,通过专门技术机构的专业人员进行技术测定、分析整理,才能使编制出来的施工定额具有科学性、代表性、权威性和群众性。

(三)施工定额的编制依据

(1)国家的经济政策和劳动制度。如工资标准、工资奖励制度、工作制度、劳动保护制度等。

(2)有关规范、规程、标准。如现行国家建筑安装工程施工验收规范、技术安全操作规程和有关标准。

(3)技术测定和统计资料。主要指现场技术测定数据和工时消耗的单项或综合统计资料。

(四)施工定额的内容

1.劳动定额

劳动定额按其表现形式不同分为时间定额和产量定额。

(1)时间定额。指某专业技术等级的工人班组或个人,在合理的劳动组织与一定的生产技术条件下,为生产单位合格产品所必须消耗的工作时间。定额时间包括准备时间与结束时间、基本生产时间、辅助生产时间、不可避免的中断时间及工人必需的休息时间。时间定额以工时为单位,其计算方法如下

$$\text{单位产品时间定额(工时)}=\frac{1}{\text{每工时产量}} \tag{3-1}$$

(2)产量定额。指在一定的劳动组织与生产技术条件下某种专业技术等级的工人班组或个人,在单位工时中所应完成的合格产品数量。其计算方法如下

$$\text{每工时产量}=\frac{1}{\text{单位产品时间定额(工时)}} \tag{3-2}$$

产量定额的计量单位视具体产品的性质分别选用 m、m^2、m^3、t、根、块等。时间定额与产量定额互为倒数。

2.材料消耗定额

材料消耗定额包括生产合格产品的消耗量与损耗量两部分。其中,消耗量是产品本身所必须占有的材料数量,材料损耗量包括操作损耗和场内运输损耗。建筑工程材料可分为直接性消耗材料和周转性消耗材料两类。直接性消耗材料是指直接构成工程实体的

材料，如砂石料、钢筋、水泥等材料的消耗量，包括材料的净用量及施工过程中不可避免的合理损耗量。周转性消耗材料是指在工程施工过程中，能多次使用、反复周转并不断补充的工具性材料、配件和用具等，如脚手架、模板等。

$$\text{材料消耗量} = \text{净耗量} + \text{损耗量} \tag{3-3}$$

式中，损耗量是指合理损耗量，亦即在合理使用材料情况下的不可避免损耗量，其多少常用损耗率来表示。

$$\text{损耗率} = \frac{\text{损耗量}}{\text{消耗量}} \times 100\% \tag{3-4}$$

因此，材料消耗量可用下式计算

$$\text{材料消耗量} = \frac{\text{净耗量}}{1 - \text{损耗率}} \tag{3-5}$$

材料消耗定额是加强企业管理和经济核算的重要工具，是确定材料需要量和储备量的依据，是施工企业对施工班组实施限额领料的依据，是减少材料积压、浪费，促进合理使用材料的重要方法。

3. 机械台时定额

机械台时定额是施工机械生产率的反映，单位一般用"台时"表示。可分为时间定额和产量定额，两者互为倒数。

(1)机械时间定额。在正常的施工条件和劳动组织条件下，使用某种规格、型号的机械，完成单位合格产品所必须消耗的台时数量。

$$\text{机械时间定额} = \frac{1}{\text{机械台时产量定额}} \tag{3-6}$$

(2)机械台时产量定额。在正常的施工条件和劳动组织条件下，某种机械在一个台时内生产合格产品的数量。

$$\text{机械台时产量定额} = \frac{1}{\text{机械时间定额}} \tag{3-7}$$

二、预算定额

(一)预算定额的概念

预算定额是完成单位分部分项工程所需的人工、材料和机械台时消耗的数量标准。它是将完成单位分部分项工程项目所需的各个工序综合在一起的综合定额。预算定额由国家或地方有关部门组织编制、审批并颁发执行。

(二)预算定额的作用

(1)预算定额是编制建筑安装工程施工图预算和确定工程造价的依据。

(2)预算定额是对设计的结构方案进行技术经济比较，对新结构、新材料进行技术经济分析的依据。

(3)预算定额是编制施工组织设计时，确定劳动力、材料和施工机械需要量的依据。

(4)预算定额是工程竣工结算的依据。

(5)预算定额是施工企业贯彻经济核算、进行经济活动分析的依据。

(6)预算定额或综合预算定额是编制概算定额的基础。

(7)预算定额是编制标底和报价的参考。

(三)预算定额与施工定额的关系

预算定额的编制必须以施工定额的水平为基础。预算定额不是简单套用施工定额的水平,还考虑了更多的可变因素,如工序搭接的停歇时间,常用工具如施工机械的维修、保养、加油、加水等所发生的不可避免的停工损失,工程检查所需的时间,在施工中不可避免的细小的工序和零星用工所需的时间,机械在与手工操作的工作配合中不可避免的停歇时间,在工作班内机械变换位置所引起的难以避免的停歇时间和配套机械相互影响的损失时间,不可避免的中断、必要的休息、交接班以及班内工作干扰等。所以,确定预算定额水平时,要相对降低一些。根据我国的实践经验,一般预算定额应低于施工定额水平的5%~7%。

预算定额是施工定额的人工、机械消耗量综合扩大后的数量标准。以混凝土工程为例,施工定额混凝土工程按配运骨料、水泥运输、施工缝处理、清仓、混凝土拌和、混凝土运输、浇筑、养护等工序分别设列子目。而预算定额是将完成100 m^3 混凝土浇筑所需的各工序综合在一起,按其部位、结构类型分别设列子目。

三、概算定额

(一)概算定额的概念

建筑工程概算定额也叫扩大结构定额,它规定了完成一定计量单位的扩大结构构件或扩大分项工程所需的人工、材料和机械台时的数量标准。

概算定额是以预算定额为基础,根据通用图和标准图等资料,经过适当综合扩大编制而成的。概算定额与预算定额之间允许有5%以内的幅度差。在水利工程中,从预算定额过渡到概算定额,一般采用1.03~1.05的扩大系数。

(二)概算定额的作用

概算定额的作用如下:

(1)是编制初步设计概算和修正概算的依据。

(2)是编制机械和材料需用计划的依据。

(3)是设计方案进行经济比较的依据。

(4)是编制估算指标的基础。

四、估算指标

估算指标是在概算定额的基础上考虑投资估算工作深度和精度综合扩大10%。

五、定额编制的方法

(一)调查研究法

调查研究法一般是根据老工人、施工技术人员和工程造价人员的实践经验,并参照有关的技术资料,通过座谈、讨论分析和综合计算确定。这种制定方法工作过程较少,工作量较小,简单易行。但往往受主观因素的影响,缺乏详细的分析和计算,准确性较差。因此,此方法只适用于企业内部,作为某种局部项目的补充定额编制。

（二）统计分析法

统计分析法是将以往施工中所累积的同类型工程项目的工时耗用量加以科学的分析，并考虑施工技术和组织变化的因素，经分析研究后制定劳动定额的一种方法。采用统计分析法必须建立在准确的原始记录和统计工作的基础上，并且要选择正常和一般水平的企业与班组，同时还要选择部分先进和落后的企业与班组进行分析和比较。

（三）比较类推法

比较类推法是根据同类型项目或相似项目的定额进行对比分析类推而制定定额的方法。此法简便易行，工作量小，只要所选择的典型定额具有一定代表性，一般情况下是比较合理的。但使用比较的典型定额与相关定额之间成比例关系时才适用，一般采用主要项目或常用项目做典型定额进行比较类推。

（四）技术测定法

技术测定法是根据先进合理的技术条件和组织条件，对工程各工序工作时间的各个组成部分，进行工作日写实、观察测时，分别测定每一工序的工时消耗，获得制定定额所需要的技术资料，然后对资料进行分析计算并参考以往数据确定。此法有比较充分的依据，准确程度较高，是一种比较科学的方法。

通过技术测定法制定定额时，要密切结合本企业的实际情况（生产特点、设备情况和技术水平），在做好思想工作的前提下，应广泛听取群众意见，防止通过单纯的计算和测定来制定定额。

（五）计算分析法

计算分析法多用于材料消耗定额和一般开挖运输机械作业定额的编制。其方法是拟定施工条件、选择典型施工图、计算工程量，用理论计算方法确定定额数量。

上述五种方法是制定劳动定额的基本方法。在编制定额时，可以结合具体情况灵活运用，相互结合，相互借鉴。其中，技术测定法是基础，对于新技术、新工艺劳动定额的编制，主要采用该种方法。

任务三　工程定额的使用

一、定额的组成内容

现行水利水电工程定额一般由总说明、分册分章说明、目录、定额表和有关附录组成，其中定额表是定额的主要组成部分。

《水利水电建筑安装工程统一劳动定额》按建筑工程和设备安装工程分册，各册的定额表内列有各定额项目的不同子目的劳动定额或机械台时定额，均以时间定额与产量定额双重表示，一般横线上方为时间定额，横线下方为产量定额，例如表3-4的人工挖装土方定额。

水利部颁发的现行《概算定额》和《预算定额》，是以完成不同子目单位工程量所消耗的人工、材料和机械台时数量表示的。各定额表的上方注明了该定额项目的适用范围和工作内容。

水利部颁发的现行《安装工程概算定额》是以实物量和费率两种形式表示的。水利部颁发的现行《安装工程预算定额》是以实物量形式表示的。《安装工程预算定额》形式如表 3-5 所示。

表 3-4　人工挖装土方 1 m^3 自然方的劳动定额

项目	土质级别			
	1	2	3	4
挖装筐、双轮车	$\frac{0.0925}{10.80}$	$\frac{0.144}{6.94}$	$\frac{0.241}{4.15}$	$\frac{0.370}{2.70}$
挖装斗车、机动翻斗车	$\frac{0.102}{9.80}$	$\frac{0.158}{6.33}$	$\frac{0.265}{3.77}$	$\frac{0.407}{2.46}$
挖装汽车	$\frac{0.122}{8.20}$	$\frac{0.190}{5.26}$	$\frac{0.318}{3.14}$	$\frac{0.490}{2.04}$

表 3-5　调速器　（单位：台）

项目	单位	型号			
		W－900	CT－40	T－100	T－150
工长	工时	104	124	181	203
高级工	工时	415	498	726	812
中级工	工时	1 037	1 244	1 814	2 030
初级工	工时	172	208	303	339
合计	工时	1 728	2 074	3 024	3 384
钢板	kg	58	60	90	100
型钢	kg	320	340	527	540
钢管	kg	30	32	50	56
铜材	kg	2	2	3	4
电焊条	kg	18	18	36	40
油漆	kg	24	26	40	44
破布	kg	30	32	50	56
汽油　70#	kg	56	58	90	100
透平油	kg	10	10	16	18
氧气	m^3	29	32	50	55
乙炔气	m^3	13	14	22	25
白布	m^2	8	8	12	13
电	kWh	820	840	1 300	1 443
其他材料费	%	20	20	20	20
桥式起重机	台时	9	9	14	18
电焊机　20～30 kVA	台时	16	16	31	36
车床　ϕ400～600	台时	10	10	16	31
刨床　B650	台时	10	10	16	26
其他机械费	%	20	20	20	20
编号		02001	02002	02003	02004

二、定额的使用

定额在水利水电工程建设经济管理工作中起着重要作用，工程造价管理人员必须熟练准确地使用定额。为此，必须做到以下几点。

（一）专业专用

水利水电工程项目建设除水工建筑物及水利水电设备外，还有房屋建筑工程、公路、铁路、输变电线路、通信工程等。水利工程应采用水利部门颁发的定额，其他工程应分别采用所属主管部门颁发的定额。如公路工程采用交通部门颁发的公路工程定额，房屋建筑工程采用工业与民用建筑工程定额。

（二）工程定额要与费用定额配套使用

在计算水利水电工程投资的过程中，除采用工程定额外，还应结合现行的费用定额。如其他直接费定额、现场经费标准、间接费定额等。

（三）选用的定额应与设计阶段和定额的作用相适应

可行性研究编制投资估算采用投资估算指标，初设阶段编制设计概算应采用概算定额，施工图预算应采用预算定额。如因本阶段定额缺项，需用下阶段定额时，应按规定乘以过渡系数。

（四）熟悉定额中的有关内容

（1）要认真阅读定额的总说明和分章说明。对说明中指出的定额适用范围、包含的工作内容和费用、有关调整系数以及定额的使用方法等，均应通晓和熟悉。

（2）要了解定额项目的工作内容。能根据工程部位、施工方法、施工机械和其他施工条件正确地选用定额项目，做到不错项、不漏项、不重项。

（3）要学会使用定额的附录。例如，土壤和岩石分级、砂浆与混凝土配合比、模板立模系数、安装工程装置性材料用量等。

（4）要注意定额修正的各种换算关系。当施工条件与定额项目规定条件不符时，应按定额说明和定额表下的“注”中有关规定换算修正。各种系数换算，除特殊注明者外，一般均按连乘计算。使用时还要区分修正系数是全面修正还是只乘在人工工时、材料消耗和机械台时的某一项或几项上。

（5）要注意定额单位和定额中数字表示的适用范围。概预算项目的计量单位要和定额项目的计量单位一致。要注意区分土石方工程的自然方和压实方，砂石备料中的成品方、自然方与堆方，砌石工程中的砌体方与码方，混凝土的拌和方与实体方等。定额中凡数字后用“以上”“以外”表示的都不包括数字本身，凡数字后用“以下”“以内”表示的都包括数字本身。凡用数字上下限表示的，如1 000～2 000，相当于1 000以上至2 000以下。

三、定额使用举例

【例3-1】　工程背景：某导流明渠上口宽17 m，沿渠线为Ⅲ类土，施工拟采用人工挖装、胶轮车运土，弃土用于机械填筑均质土围堰。平均运距225 m，围堰土方压实干重度16.66 kN/m^3，天然干重度15.19 kN/m^3。

问题：试求填筑围堰100 m^3（实方）所需挖运的人工、胶轮车的预算量。

解:(1)计算挖运100 m^3(自然方)土料所需的人工和胶轮车量。

由于上口宽大于16 m,属一般土方开挖。查《预算定额》人工挖土、胶轮车运土定额编号10015,开挖100 m^3(自然方)需人工合计191.1工时,胶轮车65.2台时。查定额编号10017,每增运50 m需增加人工18.2工时,胶轮车10.4台时。则100 m^3(自然方)土料挖运需:

人工 $191.1+4\times18.2=263.9$(工时)

胶轮车 $65.2+4\times10.4=106.8$(台时)

(2)计算填筑100 m^3(实方)围堰需挖运的自然土方数量。

$$\frac{[100\times(1+A)]\times\text{设计干重度}}{\text{天然干重度}}=(100+4.93)\times16.66\div15.19$$

$$=115.08\ (m^3)$$

式中 A——综合系数,见项目五表5-3。

(3)计算填筑100 m^3(实方)围堰所需人工和胶轮车的预算量。

人工 $263.9\times115.08\div100=303.70$(工时)

胶轮车 $106.8\times115.08\div100=122.91$(台时)

【例3-2】 工程背景:某渠道工程,采用浆砌石平面护坡,设计砂浆强度等级为M10,砌石等材料就近堆放。

问题:求每立方米浆砌石所需人工、材料预算量。

解:(1)选用定额。

查《预算定额》平面护坡浆砌石,定额编号30017,每100 m^3 砌体需消耗人工合计838.7工时,块石108 m^3(码方),砂浆35.3 m^3。由于砌石工程定额已综合包含了拌浆、勾缝和20 m以内运料用工,故不需另计其他用工。

(2)确定砂浆材料预算量。

根据设计砂浆强度等级,查《预算定额》附录7表7-15水泥砂浆材料配合比表,每立方米砂浆主要材料预算量:水泥305 kg,砂1.10 m^3,水0.183 m^3。

(3)计算每立方米浆砌石所需人工和材料用量。

人工 $838.7\div100=8.39$(工时)

块石 $108\div100=1.08\ (m^3)$(码方)

水泥 $305\times35.3\div100=107.67$ (kg)

砂 $1.10\times35.3\div100=0.388\ (m^3)$

水 $0.183\times35.3\div100=0.065\ (m^3)$

【例3-3】 工程背景:某河道堤防工程施工采用1 m^3 挖掘机挖装(Ⅲ类土),10 t自卸汽车运输,平均运距3 km,74 kW拖拉机碾压,土料压实设计干重度16.66 kN/m^3,天然干重度15.19 kN/m^3,堤防工程量50万 m^3,每天三班作业。

问题:试求:

(1)用5台拖拉机碾压,需用多少天完工?

(2)按以上施工天数,分别需用多少台挖掘机和自卸汽车?

解:(1)计算施工工期。

查《预算定额》拖拉机压实一节,定额编号10473,压实100 m^3 土方需要拖拉机1.89

台时，则拖拉机生产率为

$$\frac{100}{1.89}=52.91\ (\text{m}^3/\text{台时})(\text{压实方})$$

即 $$52.91\times8\times3=1\ 269.84\ (\text{m}^3/(\text{台}\cdot\text{天}))(\text{压实方})$$

5 台拖拉机每天的生产强度　$1\ 269.84\times5=6\ 349.2\ (\text{m}^3/\text{天})(\text{压实方})$

需要施工时间　$\dfrac{50\times10^4}{6\ 349.2}\approx79\ (\text{天})$

(2)计算挖掘机和自卸汽车数量。

查《预算定额》定额编号10367子目，1 m³挖掘机装土10 t自卸汽车运输定额，装运100 m³土(自然方)需挖掘机和自卸汽车的台时数量分别为1.00台时和9.14台时。

1 m³挖掘机生产率为100 m³/台时(自然方)。

10 t自卸汽车生产率　$\dfrac{100}{9.14}=10.94\ (\text{m}^3/\text{台时})(\text{自然方})$

挖运施工强度　$\dfrac{50\times10^4}{79\times3\times8}\times\dfrac{16.66}{15.19}\times(1+4.93\%)=303.49\ (\text{m}^3/\text{台时})(\text{自然方})$

其中，4.93%为土料挖运的综合系数，见项目五表5-3。

则挖掘机数量　$\dfrac{303.49}{100}\approx4\ (\text{台})$

自卸汽车数量　$\dfrac{303.49}{10.94}\approx28\ (\text{台})$

思考与案例分析题

一、思考题

1. 名词解释：定额，劳动定额，材料消耗定额，机械使用定额，概算定额，预算定额，施工定额。

2. 定额的作用有哪些？定额的表示形式有哪几种？

3. 施工定额、预算定额、概算定额的作用、编制原则以及编制方法分别是什么？

4. 施工定额和预算定额分别以什么水平来编制？为什么？

5. 施工定额、预算定额、概算定额有何区别和联系？

6. 怎样正确使用定额？

二、案例分析题

1. 工程背景：某浆砌石拱圈工程，设计砂浆强度等级为M15，砌石等材料已运至工地就近堆放。

问题：求每立方米浆砌石所需人工、材料预算耗用量。

2. 工程背景：某心墙土石坝工程，坝壳采用砂砾料填筑，Ⅳ类土。要求日上坝强度6 000 m³，三班作业，采用2 m³挖掘机挖装土15 t自卸汽车运输上坝，运距2 km，挖运填筑施工综合系数为2.2%，压实干重度19.6 kN/m³，自然干重度18.62 kN/m³。

问题：求需用挖掘机与自卸汽车数量(不包括备用量)。

项目四　基础单价

本项目重点

1. 掌握人工预算单价的确定。
2. 掌握材料预算价格的计算。
3. 掌握电、风、水单价的计算。
4. 掌握施工机械台时费的计算。
5. 掌握砂石料单价的计算。
6. 会确定基础单价。

基础单价是编制工程单价的基本要素之一,也是编制工程概预算的最基本资料,主要包括人工预算单价,材料预算价格,电、风、水预算价格,施工机械台时费,砂石料单价等。基础单价编制的准确与否,将直接影响工程单价的正确程度,从而影响工程概预算编制的质量。

基础单价应依据现行《编规》,结合工程所在地的条件、工程条件、市场有关价格确定。

任务一　人工预算单价

人工预算单价按枢纽工程、引水工程、河道工程分四个等级,即工长、高级工、中级工、初级工按不同地区分别确定。地区类别划分详见附录二,一般地区是指附录二以外的地区。

根据《编规》,人工预算单价按表4-1标准计算。

表4-1　人工预算单价计算标准　（单位:元/工时）

类别与等级	一般地区	一类区	二类区	三类区	四类区	五类区西藏二类	六类区西藏三类	西藏四类
枢纽工程								
工长	11.55	11.80	11.98	12.26	12.76	13.61	14.63	15.40
高级工	10.67	10.92	11.09	11.38	11.88	12.73	13.74	14.51
中级工	8.90	9.15	9.33	9.62	10.12	10.96	11.98	12.75
初级工	6.13	6.38	6.55	6.84	7.34	8.19	9.21	9.98
引水工程								
工长	9.27	9.47	9.61	9.84	10.24	10.92	11.73	12.11
高级工	8.57	8.77	8.91	9.14	9.54	10.21	11.03	11.40
中级工	6.62	6.82	6.96	7.19	7.59	8.26	9.08	9.45
初级工	4.64	4.84	4.98	5.21	5.61	6.29	7.10	7.47

续表 4-1

类别与等级	一般地区	一类区	二类区	三类区	四类区	五类区西藏二类	六类区西藏三类	西藏四类
河道工程								
工长	8.02	8.19	8.31	8.52	8.86	9.46	10.17	10.49
高级工	7.40	7.57	7.70	7.90	8.25	8.84	9.55	9.88
中级工	6.16	6.33	6.46	6.66	7.01	7.60	8.31	8.63
初级工	4.26	4.43	4.55	4.76	5.10	5.70	6.41	6.73

注:1. 艰苦边远地区划分执行人事部、财政部《关于印发〈完善艰苦边远地区津贴制度实施方案〉的通知》(国人部发〔2006〕61 号)及各省(市、区)关于艰苦边远地区津贴制度实施意见。一类区至六类区的类别划分参见附录二,执行时应根据最新文件进行调整。一般地区指附录二之外的地区。

2. 西藏地区的类别执行西藏特殊津贴制度相关文件规定,其二至四类划分的具体内容见附录二。

3. 跨地区建设项目的人工预算单价可按主要建筑物所在地确定,也可按工程规模或投资比例进行综合确定。

任务二　材料预算价格

材料是指用于建筑安装工程中,直接消耗在工程上的消耗性材料、构成工程实体的装置性材料和施工中重复使用的周转性材料,以及为安装设备发生的装置性材料三类。材料费是建筑安装工程投资的重要组成部分,所占比重一般在 30% 以上。因此,正确计算材料预算价格对于准确地确定工程投资具有重要意义。

材料预算价格是指材料由购买地点运到工地分仓库或相当于工地分仓库(材料堆放场)的出库价格,材料从工地分仓库至施工现场用料点的场内运杂费已计入定额内。材料预算价格可用图 4-1 表示。

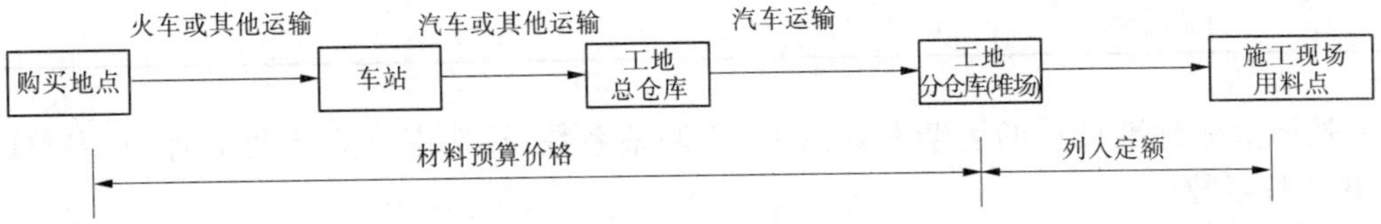

图 4-1　材料预算价格计算示意

一、水利水电工程材料的分类

水利水电工程建设中所用材料品种繁多,规格各异,按其对工程投资影响的程度,可分为主要材料和其他材料。

(1)主要材料:指工程施工中用量大或用量虽小但价格昂贵,对工程造价影响大的材料。这类材料的价格应按品种逐一详细计算。

水利水电工程常用的主要材料有水泥、粉煤灰、钢材、木材、油料、火工产品和母线等。在大量用沥青混凝土防渗的工程中,沥青应视为主要材料;水闸施工中若用紫铜片止水,量虽小但价高,应视为主要材料。

(2)其他材料:指除主要材料外的所有材料,其对工程造价影响较小,但品种繁多。该部分价格不需要详细计算。

二、主要材料预算价格的组成与计算

材料预算价格一般包括材料原价、运杂费、运输保险费、采购及保管费四项。主要材料预算价格计算公式为

材料预算价格 =(材料原价 + 运杂费)×(1 + 采购及保管费率)+ 运输保险费 (4-1)

根据《水利工程营业税改征增值税计价依据调整办法》(办水总〔2016〕132 号,以下简称《营改增计价办法》),材料预算价格中各种费用均不含增值税进项税额(本书案例题目中如无特殊说明,均指不含增值税进项税额的价格)。

(一)材料原价

材料原价是指材料在指定交货地点的价格。材料按市场价格计算(炸药等火工产品除外),即按工程所在地区就近大的物资供应公司的供货价、材料交易中心的市场成交价或业主选定的生产厂家的出厂价计算,但必须充分考虑材料来源、供货比例对材料价格的影响,对同种材料,产地、供货单位不同,其价格也不同。材料原价的确定,应按不同产地的价格和供应数量,采取加权平均的方法计算。

根据《营改增计价办法》,材料价格应采用发布或市场调查的不含税的价格。若为含税价格,其原价除以调整系数调整为不含税的价格,规定调整系数见表 4-2。

表 4-2 调整系数

序号	材料名称	调整系数	备注
1	主要材料	1.17	水泥、钢筋、柴油、汽油、炸药、木材、引水管道、电缆、轨道、钢材等未计价材料、其他占投资比例高的材料
2	购买的砂、石料、土料	1.02	暂按
3	商品混凝土	1.03	

按原金额标准计算的运杂费除以 1.03 调整系数,按费率计算运杂费时,费率乘以 1.10 调整系数。

(1)水泥:由生产企业根据生产成本和市场供求情况自主定价,一般采用市场价。袋装水泥的包装费按规定计入原价,不计回收,不计押金。

(2)木材:工程所需木材由林区贮木场直接供应的,原则上均应执行设计所选定的贮木场的大宗批发价;由工程所在地区木材公司供应的,采用该地区木材公司规定的木材大宗批发价。

木材原价的代表规格,按二类(杉木)、三类(松木)树种各占 50%,Ⅰ、Ⅱ等材各 50% 考虑。长度按 2~3.8 m,径级 20~28 cm。

(3)汽油、柴油:其原价按工程所在地区石油部门供应考虑。汽油、柴油按车辆要求及工程所在地区气温条件确定规格、型号。

(4)炸药:按国家及地方有关规定计算其价格。代表规格按 2# 岩石铵梯炸药,4# 岩石

铵梯炸药,1 ~9 kg/包,一般石方明挖用2#岩石铵梯炸药,洞挖用4#抗水岩石铵梯炸药,边坡、坑槽、基础石方开挖用2#岩石铵梯炸药与4#抗水岩石铵梯炸药各半作为代表规格。

(5)钢材:包括钢筋、钢板及型钢,按市场价计算。钢筋代表规格采用碳素结构钢直径为16 ~18 mm,低合金钢采用20MnSi直径为20 ~25 mm,二者比例由设计确定。钢板、型钢的代表规格、型号和比例按设计要求确定。

(二)运杂费

运杂费是指材料由产地或交货地点运到工地分仓库或相当于工地分仓库(材料堆放场)所发生的各种运输工具的运费、调车费、装卸费等一切费用。

在编制运杂费时,应详细收集工程所在地区及有关部门的运杂费价格资料,按施工组织设计中选定的运输方式、运输工具和里程进行计算。运杂费计算中应注意以下几个问题:

(1)编制材料预算价格时,应先绘制运输流程示意图,避免在计算过程中发生遗漏和重复。

(2)确定运量比例。一个工程若有两种以上的对外交通方式,要确定各运输方式在工程材料运输中所占比例。采用铁路专用线,在施工初期往往不能通车,要采用公路等其他运输方式。因此,在确定运量比例时,应充分重视施工初期的运输方式。

(3)整车与零担比。整车与零担比是指火车运输中整车和零担货物的比例,又叫整零比。整车运价较零担便宜,材料运输时,尽可能采用整车方式运输。具体整零比视工程规模情况而定,规模大,直供量多,整车比例就高。根据已建大、中型水利水电工程实际情况,水泥、木材、炸药、汽油、柴油等按整车计算,钢材可考虑一部分零担,其比例大型工程按10% ~20%选取,中型工程按20% ~30%选取。计算时,按整车和零担所占的百分率加权平均计算运价,具体公式为

$$\text{运价} = \text{整车运价} \times \text{整车量}(\%) + \text{零担运价} \times \text{零担量}(\%) \tag{4-2}$$

(4)装载系数。材料实际运输时,因批量运输可能装不满一整车而不能满载;或虽已装满,但由于材料重度小,而其运输量达不到车皮的标记吨位;或为保证行车安全,对炸药类危险品不允许满载。这就存在实际运输质量与车辆标记质量不同的问题,而交通运输部门在整车运输时按标重收费,超过标重按实际质量计算费用。因此,应考虑装载系数。

$$\text{装载系数} K = \text{实际运输质量} \div \text{运输车辆标记质量} \tag{4-3}$$

只有火车整车运输钢材、木材等时,才考虑装载系数,表4-3供计算时参考。考虑装载系数后的实际运价计算式为

$$\text{实际运价} = \text{规定运价} \div \text{装载系数} \tag{4-4}$$

表4-3 装载系数

序号	材料名称		单位	装载系数
1	水泥、油料		t/车皮 t	1.00
2	木材		m^3/车皮 t	0.90
3	钢材	大型工程	t/车皮 t	0.90
		中型工程	t/车皮 t	0.80 ~0.85
4	炸药		t/车皮 t	0.65 ~0.70

(5)毛重。运输部门往往是以物资毛重计费,因此运费中要考虑材料的毛重系数。

$$毛重系数 = 毛重 \div 净重 = (物资实际质量 + 包装品质量) \div 物资实际质量 \tag{4-5}$$

$$单位毛重 = 材料单位质量 \times 毛重系数 \tag{4-6}$$

水泥、钢材、油料的单位毛重与材料单位质量基本一致;木材的单位质量与材质有关,一般为0.6~0.8 t/m^3,毛重系数为1.0;炸药的毛重系数为1.17;油料自备油桶运输时其毛重系数:汽油为1.15,柴油为1.14。

(6)铁路运输按铁道部现行的《铁路货物运价规则》,根据货物运价号、运输里程运价率及有关规定计算运杂费;公路和水路运输按工程所在省、自治区、直辖市交通部门的现行规定计算。

(三)材料采购及保管费

材料采购及保管费是指材料在采购、供应和保管过程中所发生的各项费用,主要包括材料的采购、供应和保管部门工作人员的基本工资、辅助工资、工资附加费、教育经费、办公费、差旅交通费及工具用具使用费,仓库、转运站等设施的检修费、固定资产折旧费、技术安全措施费和材料检验费,材料在运输过程中发生的损耗等,按材料运到工地分仓库价格(不包括运输保险费)的百分率计算。根据《营改增计价办法》,采购及保管费率为:水泥、砂(砾)石、砂、块石3.3%,钢材2.2%,油料2.2%,其他材料2.75%。采购及保管费计算公式为

$$材料采购及保管费 = (材料原价 + 运杂费) \times 采购及保管费率 \tag{4-7}$$

(四)材料运输保险费

材料运输保险费是指材料在运输途中的保险费,一般按工程所在省、自治区、直辖市或中国人民保险公司的有关规定计算。材料运输保险费计算式为

$$运输保险费 = 材料原价 \times 材料运输保险费率$$

三、其他材料预算价格的确定

其他材料品种繁多,其费用占投资比例很小,一般不做详细计算,可参考工程所在地区城市建设工程造价管理部门发布的建设工程材料预算价格或信息价格,加上运到工地的运杂费作为其他材料的预算价格。无地区预算价格的次要材料,由设计单位参照实际价格水平确定。

四、材料补差

根据《编规》,主要材料预算价格超过表4-4规定的材料基价时,应按基价计入工程单价参加取费,预算价与基价的差值以材料补差形式计算,列入单价表中并计取税金。

主要材料预算价格低于基价时,按预算价计入工程单价。

计算施工电、风、水价格时,按预算价参与计算。

表 4-4　主要材料基价

序号	材料名称	单位	基价(元)
1	柴油	t	2 990
2	汽油	t	3 075
3	钢筋	t	2 560
4	水泥	t	255
5	炸药	t	5 150
6	外购砂石料	m^3	70
7	商品混凝土	m^3	200

五、材料预算价格计算示例

【例 4-1】 工程背景:某水利工地使用强度等级为 42.5 的普通水泥,由本省境内甲厂和乙厂供应。

已知:水泥交货价均为 385 元/t(税后价),供货比例为甲厂: 乙厂 =60:40,厂家运至工地水泥贮料罐的运杂费(含上罐费)分别为:甲厂 130 元/t,乙厂 150 元/t,水泥运输保险费的计算是按当地有关规定取材料原价的 2‰。

问题:计算该种水泥的预算价格。

解:甲厂水泥预算价格

$$(385+130)\times(1+3.3\%)+385\times2‰=532.77\ (元/t)$$

乙厂水泥预算价格

$$(385+150)\times(1+3.3\%)+385\times2‰=553.43\ (元/t)$$

$$水泥综合预算价格=532.77\times60\%+553.43\times40\%=541.03\ (元/t)$$

【例 4-2】 工程背景:某大型工程由甲、乙两厂供应钢筋,甲厂供应 60%,乙厂供应 40%,从甲厂用火车将钢筋运至工地铁路转运站,运输距离 150 km;从乙厂用火车将钢筋运至工地铁路转运站,运距 500 km;从铁路转运站用汽车运至工地分仓库,运距 20 km。

已知:根据铁路部门颁发的货物运价费率,甲厂供应的火车整车运价为 9.5 元/t,零担运价为 0.02 元/kg;乙厂供应的火车整车运价为 19.2 元/t,零担运价为 0.054 元/kg。火车运输整车与零担比为 8:2,整车装载系数为 0.90。碳素结构钢筋的出厂价为 3 300 元/t,20MnSi 钢筋出厂价为 3 500 元/t,根据设计要求,两种规格的钢筋所占比重分别为 40% 和 60%。汽车运输价为 0.30 元/(t · km),火车、汽车装车费 20 元/t,卸车费 15 元/t(每次),铁路出库综合费率 4.60 元/t,运输保险费率 2‰。

问题:求钢筋的综合预算价格。

解:(1)运输流程的运杂费计算:运杂费计算见表 4-5。

表 4-5　主要材料运杂费计算

编号	1	2	3	材料名称	钢筋			材料编号	
交货条件	甲厂	乙厂		运输方式	火车	汽车	船运	火车	
交货地点	××市	××市		货物等级	特等			整车	零担
交货比例	60%	40%		装载系数	0.90			80%	20%

编号	运输费用项目	运输起讫点	运输距离（km）	计算公式	合计（元）
1	铁路运杂费	甲厂—转运站	150	9.5÷0.90×0.8+0.02×1 000×0.2+20+15+4.60	52.04
	公路运杂费	转运站—工地	20	0.3×20+15	41.00
	水路运杂费				
	场内运杂费				
	综合运杂费				93.04
2	铁路运杂费	乙厂—转运站	500	19.2÷0.90×0.8+0.054×1 000×0.2+20+15+4.60	67.47
	公路运杂费	转运站—工地	20	0.3×20+20+15	41.00
	水路运杂费				
	场内运杂费				
	综合运杂费				108.47
每吨运杂费				93.04×0.6+108.47×0.4	99.21

（2）钢筋的预算价格计算：钢筋的综合预算价格计算见表 4-6。

表 4-6　主要材料预算价格计算

编号	名称规格	单位	价格（元/t）					
			原价	运杂费	保险费	运至工地仓库价格	采购及保管费	预算价格
1	碳素结构钢筋	t	3 300	99.21	6.6	3 399.21	74.78	3 480.59
2	20MnSi 钢筋	t	3 500	99.21	7.0	3 599.21	79.18	3 685.39
	钢筋综合价格		3 480.59×0.4+3 685.39×0.6					3 603.47

注：采购及保管费率取 2.2%。

此例计算的钢筋预算价格（不含增值税进项税额），超过了钢筋基价 2 560 元/t，故在工程单价计算时，钢筋应按基价 2 560 元/t 计入，预算价和基价差值 1 043.47 元/t 以材料补差列入工程单价表并计取税金。若此例中计算钢筋预算价格低于钢筋基价，直接按钢筋预算价格计入工程单价，不计材料补差。

任务三　电、风、水预算价格

电、风、水在水利水电工程施工中耗用量大，其价格将直接影响到施工机械台时费的高低。因此，编制电、风、水预算价格时，应根据施工组织设计确定的电、风、水的供应方式、布置形式、设备配置情况等资料分别计算。

一、施工用电价格

水利水电工程施工用电，一般有外购电（由国家或地方电网及其他电厂供电）和自发电（由项目法人或承包人自建发电厂发电）两种形式。其中，国家电网供电电源可靠，电价低廉，是水利水电工程施工的主要电源。

施工用电按用途可分为生产用电和生活用电两部分。生产用电是指直接计入工程成本中的用电量，包括施工机械用电、施工照明用电和其他生产用电；生活用电是指生活、文化、福利设施的室内外照明和其他生活用电。水利水电工程概预算中的电价计算仅指生产用电，生活用电不直接用于生产，应在间接费内计列或由职工负担。

（一）电价的组成

施工用电价格由基本电价、电能损耗摊销费和供电设施维修摊销费组成。

1. 基本电价

外购电的基本电价是指所需支付的供电价格，包括电网电价、电力建设基金及各种按有关规定的加价；自发电的基本电价是指发电厂发电的单位成本（包括柴油发电厂、燃煤发电厂及水力发电厂等）。

2. 电能损耗摊销费

外购电的电能损耗摊销费指从施工企业与供电部门的产权分界处（供电部门计量收费点）起到施工现场最后一级降压变压器低压侧止，所有变配电设备及输电线路上所发生的电能损耗摊销费用。

自发电的电能损耗摊销费是指从发电厂的出线侧到现场各施工点最后一级降压变压器低压侧止，所有变配电设备和输电线路上的电能损耗摊销费用。

从最后一级降压变压器低压侧至施工用电点的施工设备和低压配电线路损耗已包括在各用电施工设备的台时耗电定额内，计算电价时不再考虑。

3. 供电设施维修摊销费

供电设施维修摊销费指摊入电价的变配电设备的基本折旧费、修理费、安装和拆卸费、变配电设备和线路的维修费及运行维护费。

（二）电价的计算

（1）外购电网电价：

$$J_w = \frac{J}{(1-k_1)(1-k_2)} + C_g \tag{4-8}$$

式中　J_w——外购电网电价，元/kWh；

J——基本电价，元/kWh，包括电力建设基金、电网电价等各种有关规定的加价，按国家有关部门批准的各省、市、自治区非工业及普通工业用电电价执行（不含增值税进项税额）；

k_1——高压输电线路损耗率，初步设计阶段取3%～5%，线路短、用电负荷集中取小值，反之取大值；

k_2——35 kV以下变配电设备及配电线路损耗率，初步设计阶段取4%～7%，线路短、用电负荷集中取小值，反之取大值；

C_g——供电设施维修摊销费（变配电设备除外），理论上，供电设施维修摊销费应按待摊销的总费用除以总用电量（包括生活用电）计算，但由于具体计算烦琐，初步设计阶段施工组织设计深度往往难以满足要求，因此编制概（估）算时可采用经验指标直接摊入电价计算，初步设计阶段取0.04～0.05元/kWh。

为施工用电架设的施工场外供电线路，如电压等级在枢纽工程35 kV、引水工程及河道工程10 kV及以上时，场外供电线路、变电站等设备及土建费用，按现行规定列入施工临时工程中的施工场外供电工程项目内。

（2）自发电电价：

$$J_z = \frac{C_T}{\sum pK(1-k_1)(1-k_2)} + C_g + C_L \tag{4-9}$$

式中 J_z——自发电电价，元/kWh；

C_T——柴油发电机组（台）时总费用（不含增值税进项税额），元；

$\sum p$——柴油发电机额定容量之和，kW；

K——发电机出力系数，一般取0.8～0.85；

k_1——厂用电率，取3%～5%；

k_2——变配电设备及配电线路损耗率，取4%～7%；

C_g——供电设施维修摊销费，同外购电；

C_L——单位冷却水费，采用循环水冷却时，C_L = 0.05～0.07元/kWh，若采用水泵供给非循环水冷却，则水泵组（台）时费应计入C_T之内。

如果工程为自发电与外购电共用，则按外购电与自发电电量比例加权平均计算综合电价。

二、施工用风价格

水利水电工程施工用风指用于石方爆破钻孔、混凝土工程、金属结构、机电设备安装工程等风动机械所需的压缩空气。

施工用风一般采用移动式空压机或固定式空压机供给。采用移动式空压机供风时，不再单独计算风价，而是以空压机台时费乘以台时使用量直接计入工程单价，相应风动机械第二类费用中不再考虑。

（一）施工用风价格的组成

施工用风价格由基本风价、供风损耗摊销费和供风设施维修摊销费组成。

（1）基本风价：根据施工组织设计确定的施工高峰用风所配置的供风机械组（台）时总费用除以组（台）时总产风量计算。

（2）供风损耗摊销费：指由空压站至用风现场的固定供风管道送风过程中发生风量损耗（指漏气损耗和流动阻力损耗）摊销费用，其大小与管路敷设好坏、管道长短有关。

（3）供风设施维修摊销费：指摊入风价的供风管路维护修理费用。该费用所占比重很小，在编制设计概（估）算时可不具体计算，按经验指标摊入风价。

（二）施工用风价格计算

施工用风价格可按下式计算

$$J_{风} = \frac{C_T}{\sum QtK(1 - k_1)} + C_g + C_L \tag{4-10}$$

式中　$J_{风}$——风价，元/m^3；

C_T——空气压缩机组（台）时总费用，元；

$\sum Q$——空压机额定容量总和，m^3/min；

t——台时时间，60 min；

K——能量利用系数，取 0.70 ~ 0.85；

k_1——供风损耗率，取 6% ~ 10%；

C_g——供风设施维修摊销费，取 0.004 ~ 0.005 元/m^3；

C_L——单位冷却水费，采用循环冷却水时，C_L = 0.007 元/m^3，采用水泵供给非循环水冷却，则水泵组（台）时费应计入 C_T 之内。

（三）施工用风价格计算时应注意的问题

（1）为保证风压和减少管路损耗，考虑施工初期及零星工程用风的需要，一般工程多采用分区布置供风系统，风价的计算应按各系统供风量的比例加权平均考虑。

（2）风动机械本身的用风及移动的供风管道损耗已包括在该机械的台时费定额内，不在风价中计算。

三、施工用水价格

水利水电工程施工用水分为生产用水和生活用水。生产用水包括施工机械用水、砂石料筛洗用水、混凝土拌制和养护用水等。生活用水不在水价计算范围内。

（一）施工用水价格的组成

施工用水价格由基本水价、供水损耗摊销费和供水设施维修摊销费组成。

（1）基本水价：根据施工组织设计确定的施工高峰用水所配置的供水机械组（台）时总费用除以组（台）时总出水量计算，其高低与生产用水工艺要求及施工布置有关。

（2）供水损耗摊销费：指施工用水在贮存、输送、处理过程中，造成水量损失的摊销费用。损耗常以损失水量占水泵总流量的损耗率计算，其损耗率大小与贮水池、供水管理的质量以及运行中维修管理的好坏有关。

(3)供水设施维修摊销费:指摊入水价的贮水池、供水管路等的维护修理费用。由于该费用难以准确计算,编制设计概(估)算时,常以经验指标摊入水价。

(二)施工用水价格计算

施工用水价格可按下式计算

$$J_{水} = \frac{C_T}{\sum QK(1-k_1)} + C_g \tag{4-11}$$

式中 $J_{水}$——水价,元/m^3;

C_T——水泵组(台)时总费用,元;

$\sum Q$——水泵额定容量之和,m^3/h;

K——能量利用系数,取0.75~0.85;

k_1——供水损耗率,取6%~10%,供水范围大,扬程高,采用两级以上泵站供水系统取大值,反之取小值;

C_g——供水设施维修摊销费,取0.04~0.05元/m^3。

(三)计算施工用水价格时应注意的问题

(1)供水系统为一级供水,台时总出水量按全部工作水泵的总出水量计算。

(2)供水系统为多级供水时,若全部水量通过最后一级水泵出水,组(台)时总出水量按最后一级水泵的出水量计算,组(台)时总费用应包括所有各工作水泵的台时费;若有部分水量不通过最后一级,而由其他各级分别供水,其组(台)时总出水量为各级出水量之和。

(3)生产用水若为多个供水系统,则可按各系统供水量的比例加权平均计算综合水价。

(4)生产、生活采用同一多级水泵供水系统时,若最后一级全部供生活用水,则最后一级水泵的台时费不应计算在台时总费用内,但台时总出水量应包括最后一级出水量。凡为生活用水而增加的费用(如净化费用等),均不应摊入生产用水价格内。

(5)在计算水泵台时总费用和总容量时,均不包括备用水泵的台时费用和容量。

(6)施工用水有循环用水时,水价要根据施工组织设计的供水工艺流程计算。

四、施工用电、风、水价格计算示例

【例4-3】 工程背景:某工程施工用电,由国家电网供电90%,自发电10%,已知:电网非工业用电价为0.436元/kWh,国家批准的附加费0.05元/kWh,三峡建设基金0.007元/kWh。柴油发电机总容量为1 000 kW,其中200 kW一台,400 kW两台,并配备3.7 kW水泵三台供给冷却水,以上三种机械台时费分别为149.38元/台时、267.50元/台时和11.55元/台时。

问题:试计算其综合电价。

解:(1)计算外购电网电价J_w。

取$k_1=0.05$,$k_2=0.07$,$C_g=0.05$元/kWh,则

$$J_w = \frac{J}{(1-k_1)(1-k_2)} + C_g = \frac{0.436+0.05+0.007}{(1-0.05)\times(1-0.07)} + 0.05 = 0.608\ (元/kWh)$$

(2)计算自发电电价 J_z。

取 $K=0.8, k_1=0.05, k_2=0.05, C_g=0.05$ 元/ kWh,则

$$J_z = \frac{C_T}{\sum pK(1-k_1)(1-k_2)} + C_g$$

$$= \frac{149.38\times 1 + 267.50\times 2 + 11.55\times 3}{1\,000\times 0.8\times(1-0.05)\times(1-0.05)} + 0.05 = 1.046\ (元/kWh)$$

(3)计算综合电价 $J_{综}$。

$$J_{综} = 0.608\times 90\% + 1.046\times 10\% = 0.652(元/kWh)$$

【例4-4】 工程背景:某工地施工用风由总容量200 m^3/min 的压缩空气系统供给,共配置固定式空压机5台,单机容量40 m^3/ min,采用循环水冷却。本工程供风管道较长(损耗率与维修摊销费应取大值)。已知空压机台时费为131.70元/台时。

问题:试计算风价。

解:取 $K=0.80, k_1=10\%, C_g=0.005$ 元/m^3, $C_L=0.007$ 元/m^3,则

$$J_{风} = \frac{C_T}{\sum QtK(1-k_1)} + C_g + C_L$$

$$= \frac{131.70\times 5}{200\times 60\times 0.80\times(1-0.1)} + 0.005 + 0.007$$

$$= 0.088(元/m^3)$$

【例4-5】 工程背景:某水利工程施工用水分左、右岸两个供水系统,左岸为三级供水,右岸为一级供水,各级泵站出水口均设有调节水池,供水系统主要技术指标如表4-7所示,所选水泵扬程及组时净供水量均可满足设计要求。

问题:试计算施工用水综合单价。

解:(1)确定有关计算参数。

水泵能量利用系数 K 取0.80,供水损耗率 k_1 取10%,供水设施维修摊销费 C_g 取0.05元/m^3。

(2)计算水泵净供水量及各级泵站设计用水量比例。

水泵额定流量之和=水泵额定流量×台数

实际净供水量=水泵额定流量之和×(1-供水损耗率)×水泵能量利用系数

设计用水量比例=每级设计用水量÷设计总用水量

组时费合计=台时单价×台数

计算结果见表4-8。

(3)计算施工用水价格。

$$水价 = \frac{组时费合计}{实际净供水量} + 供水设施维修摊销费$$

施工用水价格计算列式及结果见表4-8,本工程施工用水综合单价为0.451元/m^3。

表 4-7 供水系统主要技术指标

位置		水泵型号	电机功率（kW）	台数	单价（元/台时）	设计扬程（m）	水泵额定流量（m^3/h）	设计用水量（m^3/组时）	备注
(1)		(2)	(3)	(4)	(5)	(6)	(7)	(8)	(9)
左岸	一级泵站	14Sh－13	220	4	125.44	43	972	0	各级泵站均配有备用水泵
	二级泵站	12Sh－9A	155	4	88.29	35	892	2 250	
	三级泵站	D155－30×5	115	1	103.81	140	155	100	
	小计							2 350	
右岸	一级泵站	150S78	55	2	33.61	70	160	150	
	小计							150	
合计								2 500	

表 4-8 施工用水价格计算

位置		水泵额定流量之和（m^3/h）	实际净供水量（m^3/组时）	设计用水比例（%）	组时费合计（元/组时）	水价计算式	水价（元/m^3）
(1)		(2)	(3)	(4)	(5)	(6)	(7)
左岸	一级泵站	3 888	2 799	0	501.76	501.76 ÷ 2 799 + 0.05	0.229
	二级泵站	3 568	2 569	90	353.16	0.229 +（353.16 ÷ 2 569 + 0.05）	0.416
	三级泵站	155	112	4	103.81	0.416 +（103.81 ÷ 112 + 0.05）	1.393
右岸	一级泵站	320	230	6	67.22	67.22 ÷ 230 + 0.05	0.342
合计				100			
综合水价		0.229 × 0% + 0.416 × 90% + 1.393 × 4% + 0.342 × 6%					0.451

任务四 施工机械台时费

施工机械台时费是指一台机械在一个小时内，为使机械正常运转所支出和分摊的各项费用之和。施工机械台时费是计算机械使用费的基础单价。随着水利水电工程施工机械化程度的提高，机械使用费所占投资比例越来越大，目前已达 20% ~ 30%。因此，正确计算施工机械台时费就显得十分重要。

根据《营改增计价办法》，施工机械台时费定额的折旧费除以 1.15，修理及替换设备费除以 1.11，调整为不含增值税进项税额，安装拆卸费不变。掘进机及其他由建设单位采购、设备费单独列项的施工机械，台时费中不计折旧费，设备费除以 1.17 调整系数。

一、施工机械台时费的组成

水利水电工程施工机械台时费由一类费用和二类费用组成。

(一) 一类费用

一类费用包括折旧费、修理(含大修理费、经常性修理费)及替换设备费和安装拆卸费，现行《台时费定额》是按定额编制年的价格水平以金额形式表示的，编制台时费时，应按编制年价格水平进行调整，具体按国家有关规定执行。

(二) 二类费用

二类费用是指施工机械正常运转时机上人工、动力、燃料消耗费，以工时数量和实物消耗量表示，编制台时费时按国家规定的人工预算工资和工程所在地的物价水平分别计算。

二、施工机械台时费的计算

(一) 定额机械台时费的计算

定额机械台时费按下列公式计算

$$一类费用 = 定额金额 \times 编制年调整系数 \tag{4-12}$$

$$二类费用 = 定额机上人工工时 \times 人工预算单价 + \sum(动力燃料额定消耗量 \times 预算价格) \tag{4-13}$$

现行《台时费定额》规定机上人工预算单价分别按枢纽工程、引水工程及河道工程的中级工计算。

【例 4-6】 工程背景：某一般地区水利枢纽土方工程，采用 2 m^3 挖掘机装 20 t 自卸汽车运土。

已知：该工程的中级工人工工时预算单价 8.90 元/工时，0# 柴油预算价格 3.50 元/kg，台时一类费用调整系数为 1.00。

问题：试计算 20 t 自卸汽车台时费。

解：查《台时费定额》编号 3019 有

$$一类费用 = 83.37 \times 1.00 = 83.37\ (元/台时)$$

$$二类费用 = 1.3 \times 8.90 + 16.2 \times 3.50 = 68.27\ (元/台时)$$

则该工程 20 t 自卸汽车台时费为 83.37 + 68.27 = 151.64(元/台时)

(二) 补充机械台时费的编制

当施工组织设计选用的机械在《台时费定额》中缺项或规格、型号与定额不符时，必须编制补充机械台时费。

1. 一类费用

1) 折旧费

折旧费是指机械在规定使用年限内回收原值的台时折旧摊销费用，按下式计算

$$折旧费 = \frac{机械预算价格 \times (1 - 残值率)}{机械经济寿命台时} \tag{4-14}$$

机械预算价格分为：

(1)国产机械预算价格是指设备出厂价与运杂费之和，其中运杂费一般按设备出厂价的5%计算。

(2)进口机械预算价格是指到岸价、关税、增值税、银行和进出口公司手续费、商检费以及国内运杂费等项费用之和，按国家现行有关规定和资料计算。

(3)公路运输机械的预算价格须增加车辆购置附加费，按规定，国内生产和组装的车辆取出厂价的10%；进口车取到岸价、关税与增值税之和的15%。

机械残值率是指机械达到使用寿命要报废时的残值，扣除清理费后占机械预算价格的百分率，一般取4%～5%。

机械经济寿命台时是指机械开始运转至经济寿命终止的运转总台时，其值按下式计算：

$$\text{机械经济寿命台时} = \text{经济使用年限} \times \text{年工作台时} \tag{4-15}$$

经济使用年限指国家规定的该种机械从使用到经济寿命终止的平均年限。

年工作台时是指该种机械在经济使用期内平均每年运行的台时数。

2)修理及替换设备费

修理及替换设备费是指施工机械使用过程中，为了使机械保持正常功能而进行修理所需费用、日常保养所需的润滑油料费、擦拭用品费、机械保管费以及替换设备、随机使用的工具附具等所需的台时摊销费用。具体项目如下：

(1)大修理费：指机械按照规定的大修间隔期，为使机械保持正常功能而进行大修理所需的摊销费用。

$$\text{台时大修理费} = \text{一次大修理费用} \times \text{大修理次数} \div \text{经济寿命台时} \tag{4-16}$$

一次大修理费用是指机械进行一次全面大修理所消耗的全部费用。主要包括人工、材料、配件、机械使用、管理、场内往返运输等费用。

大修理次数是指机械在使用期内必须进行大修理的平均次数。

$$\text{大修理次数} = \text{经济寿命台时} \div \text{大修理间隔台时} - 1 \tag{4-17}$$

(2)经常性修理费：指机械中修及各级定期保养的费用。

$$\text{台时经常修理费} = [\text{一次中修费} \times \text{中修次数} + \sum(\text{各级保养一次费用} \times \text{各级保养次数})] \div \text{大修理间隔台时} \tag{4-18}$$

中修费是指在大修理间隔台时之间进行中修所发生的费用。

(3)润滑材料及擦拭材料费：指机械进行正常运转及日常保养所需的润滑油料、擦拭用品的费用。

$$\text{台时润滑材料及擦拭材料费} = \sum(\text{润滑材料及擦拭材料台时用量} \times \text{相应单价}) \tag{4-19}$$

(4)保管费：指机械保管部门保管机械所需的费用。包括机械在规定年工作台时以外的保养、维护所需的人工、材料和用品费用。

(5)替换设备费：指机械正常运转时耗用的设备用品及随机使用的工具附件等的摊销费用。包括机上需用的轮胎、启动机、电线、电缆、蓄电池、电气开关、仪表、传动皮带、钢丝绳、胶皮管、碎石机颚板等。

$$台时替换设备费 = \sum(替换某设备一次用量 \times 替换设备价格 \div 替换设备的寿命台时) \quad (4\text{-}20)$$

3）安装拆卸费

安装拆卸费是指机械进出施工现场进行安装、拆卸、试运转和场内转移及辅助设施的摊销费用。不需要安装拆卸的施工机械，台时费中不计列此项费用。部分大型施工机械的安装、拆卸费不在其施工机械使用费中计列，包含在其他施工临时工程中。

安装拆卸费计算公式为

$$安装拆卸费 = 一次安装拆卸费 \times 每年平均安装拆卸次数 \div 年工作台时 \quad (4\text{-}21)$$

2. 二类费用

1）机上人工费

机上人工费是指施工机械使用时机上操作人员的人工费用，按下式计算

$$台时机上人工费 = 机上人工工时数 \times 人工工时预算单价 \quad (4\text{-}22)$$

机上人工工时数可参照同类机械确定。

2）动力、燃料消耗费

动力、燃料消耗费是指施工机械正常运转时所耗用的风、水、电、油和煤等费用。

计算补充机械台时费时，动力、燃料台时耗用量可按下列公式计算：

电动机械台时电力耗用量

$$Q = NK \quad (4\text{-}23)$$

式中　Q——台时电力耗用量，kWh；

N——电动机额定功率，kW；

K——电动机台时动力消耗综合利用系数。

内燃机械与蒸汽机械电力耗用量

$$Q = NGK \quad (4\text{-}24)$$

式中　Q——内燃机械台时油料耗用量或蒸汽机械台时燃料消耗量，kg；

N——发动机额定功率，kW；

G——额定耗油量或额定耗煤量，kg/kWh；

K——发动机台时燃料消耗综合系数。

风动机械电力耗用量

$$Q = 60VK \quad (4\text{-}25)$$

式中　Q——台时压缩空气消耗量，m^3；

V——额定压缩空气消耗量，m^3/min；

K——综合利用系数。

以上各式中的综合利用系数 K 值可参考有关资料选用。

当所求机械的容量、吨位、动力等机械特征指标在现行《台时费定额》范围内时，可采用直线内插法编制补充机械台时费。当所求的机械特征指标在现行《台时费定额》范围外时，除采用以上编制方法外，常采用占折旧费比例法，即利用现行定额中某类似机械的修理及替换设备费、安装拆卸费与其折旧费的比，乘以 0.8～0.9 的系数（与定额接近取大

值,反之取小值),推算同类型所求机械的台时费一类费用。

(三)组合台时费的计算

组合台时(简称组时)是指多台机械设备相互衔接或配备形成的机械联合作业系统的台时。组合台时费是指系统中各机械台时费之和。即

$$B = \sum_{i=1}^{m} T_i n_i \tag{4-26}$$

式中 B——机械组合台时费;

m——该系统的机械设备种类数目;

T_i——第 i 种机械设备的台时费;

n_i——第 i 种机械配备的台数。

任务五　砂石料单价

自采砂石料是水利水电工程中的主要建筑材料,包括砂、卵(砾)石、碎石、块石、条石等。由于其用量多,单价高低将直接影响工程投资,因此必须单独编制其单价。按不含税金的单价计算。外购砂石料价格按材料预算价格计算方法计算,基价 70 元/m^3 不变。

一、骨料单价计算的基本方法

砂石骨料单价是指从清除覆盖层、毛料开采运输、预筛破碎、筛洗贮存直到将成品运至混凝土拌制系统骨料仓(场)为止的全部生产流程所发生的费用。骨料单价计算方法常用的有两种:系统单价法和工序单价法。

(一)系统单价法

系统单价法是以原料开采运输到骨料运至搅拌楼(场)骨料料仓(堆)上的整个砂石料生产系统为计算单元,用系统单位时间的生产总费用除以系统单位时间的骨料产量计算骨料单价。

系统单价法避免了影响计算成果准确的损耗和体积变化这两个复杂因素,计算原理相对科学。但对施工组织设施设计深度要求较高,在选定系统设备、型号、数量及确定单位时间产量时有一定程度的任意性。

(二)工序单价法

工序单价法按骨料生产流程,分解成若干个工序,以工序为计算单元,按现行概预算定额相应子目计算各工序单价,然后累计计算成品骨料单价。该方法概念明确,计算结构科学,易于结合工程实际。目前,水利水电工程造价广泛采用。本任务重点介绍工序单价法。

二、骨料单价计算

骨料生产由覆盖层清除、毛料开采运输、筛洗加工、成品骨料运输、弃料处理等工序组成,根据设计提供的料场规划、生产流程、施工方法及有关资料套用概预算定额相关子目,分别计算各工序单价。现行定额已将毛料、半成品、成品骨料在运输过程中的运输损耗,

骨料在破碎、筛洗、碾磨过程中的加工损耗，以及骨料在各工序堆存过程中的堆存损耗（如料仓垫底损耗）计入定额。

（一）天然骨料单价计算

1. 覆盖层清除

天然砂砾料的料场一般在河滩，表层都有杂草、树木、腐殖土等覆盖层，在毛料开采前应剥离清除。覆盖层清除可采用土方工程定额计算工序单价，该工序单价可按比例摊入骨料成品单价。

覆盖层清除摊销率 = 覆盖层清除量（自然方）÷ 成品骨料总用量（成品堆方）× 100%　（4-27）

2. 毛料开采运输

毛料（未经加工的砂砾料）从料场开采运至毛料堆存处的过程，可分为陆上开采运输和水下开采运输。毛料开采运输通常有几种情况：一种是毛料开采后一部分直接运到筛分场堆存，而另一部分需暂存某堆料场，将来再倒运到筛分场，这种情况应分别计算单价，然后按比例加权平均计算综合工序单价；另一种是由多个料场供料，当开挖、运输方式相同时，可按料场供料比例，加权平均计算运距，如果开挖、运输方式不同，则应分别计算各料场单价，按供料比例加权平均计算工序单价。

3. 预筛分及超径石破碎

预筛分是将毛料隔离超径石的过程，包括设条筛及重型振动筛两次隔离过程。超径石是指大于设计级配最大粒径的卵石，为满足设计级配要求，充分利用料源，预筛分隔离的超径石可进行一次或两次破碎，加工为需要粒径的碎石半成品。超径石破碎工序单价为

超径石破碎工序单价 = 超径石破碎定额单价 × 超径石破碎量（t）÷ 设计骨料总用量（t）　（4-28）

4. 筛分冲洗及中间破碎

为满足混凝土骨料质量和级配要求，将通过预筛分工序的半成品料，筛分为粒径等级符合设计级配、干净合格的成品料并分级堆存，其单价可直接套用筛洗定额计算。为满足设计级配要求，充分利用料源，在筛洗工序中可增加中间破碎工序，其工序单价为

中间破碎工序单价 = 中间破碎定额单价 × 中间破碎量（t）÷ 设计骨料总用量（t）　（4-29）

筛洗工序一般需设置两台筛分机，4 层筛网和一台螺旋分级机，筛分为 0.16 ~ 5 mm（砂）和 5 ~ 20 mm、20 ~ 40 mm、40 ~ 80 mm、80 ~ 150 mm 五种径级的产品，在筛分过程中，供以压力水喷洒冲洗。

5. 成品骨料运输

成品骨料运输是指经过筛洗加工后的分级骨料，由筛分楼（场）成品料仓（场）运至拌和楼（站）骨料仓（场）的过程，运距较近采用皮带机，运距较远采用自卸汽车或机车运输。可采用相关运输定额计算工序单价。

6. 弃料处理

弃料处理是指因天然砂砾料中的自然级配组合与设计采用级配组合不同而产生的弃料和处理的过程。包括超径石弃料和剩余骨料弃料。由于有弃料发生，为满足设计骨料

用量,需多开采砂砾料,并按设计要求对弃料进行处理,由此而增加的费用,应摊入成品骨料单价内。计算公式如下

弃料处理摊销率 = 弃料处理量(堆方) ÷ 设计骨料总用量(成品堆方) × 100%　(4-30)

超径石弃料摊销单价 = (砂砾料开采运输单价 + 预筛分单价 + 超径石弃料运输单价) × 超径石弃料摊销率　(4-31)

剩余骨料弃料摊销单价 = 成品骨料单价 × 剩余骨料摊销率　(4-32)

式(4-32)中成品骨料单价不含覆盖层清除摊销费及成品骨料运输费。

7. 人工制砂

为补充天然砂不足,可利用砾石制砂。增加制砂工序,套用制砂定额时需根据岩石原料类别调整棒磨机钢棒消耗量计算其单价。

(二)人工骨料单价计算

1. 覆盖层清除

岩石料场表层一般均有耕植土或残积土覆盖及风化岩层,在碎石原料开采前,均应剥离清除。覆盖层清除为土石方开挖工程,将该工序单价摊入成品骨料单价,其工序单价计算方法同天然骨料。

2. 碎石原料开采运输

碎石原料开采运输是指碎石原料从料场开采(钻孔、爆破)至运到堆料场的过程。当碎石原料含泥量超过5%时,应增加碎石原料预洗工序。根据施工方法套用相应定额计算单价。

3. 碎石粗碎

由于受破碎机械性能限制,须将碎石原料进行粗碎,以适应下一工序对进料粒径的要求。现行定额未单独设置该工序定额子目,而归入制碎石、制砂及碎石和砂定额中。

4. 碎石中碎筛分

碎石中碎筛分是指对粗碎后的碎石原料进行破碎、筛分、冲洗,并分级堆存的过程。现行定额按砂石料系统的生产规模和加工设备型号设置了制碎石、砂等若干定额子目。套用定额计算单价时,应根据岩石的抗压强度调整破碎机时间定额。

5. 制砂

经细碎后的碎石(粒径5~20 mm)原料,通过碾磨可加工为机制砂(人工砂)。现行定额按工厂生产规模设置了若干子目,其工作内容包括粗碎、中碎、细碎、筛洗、棒磨制砂、堆存脱水等。使用定额时可根据工程实际情况、岩石抗压强度及岩性对破碎机时间定额及钢棒消耗量进行调整。

6. 成品骨料运输

其工序单价计算方法同天然骨料。

7. 弃料处理

人工骨料一般不存在弃料问题,若有弃料,则是成品骨料的剩余量。其单价计算方法

同天然骨料。

三、成品骨料单价的计算步骤

(一)收集基本资料

(1)料场的位置、分布、地形、地质与水文地质条件，开采与运输条件。

(2)料场的储量与可开采量，各料场需清除覆盖层的厚度、性质、数量及清除方法等。

(3)毛料开采运输、预筛破碎、筛洗加工、废料处理和成品料堆存运输的方法。

(4)料场的天然级配与设计级配，级配平衡计算成果。

(5)骨料生产系统工艺流程及设备配置与生产能力。

(二)确定单价计算的基本参数

基本参数包括覆盖层清除摊销率、弃料处理摊销率等，按前述方法计算。

(三)计算成品骨料各工序单价

选用现行定额，根据天然骨料和人工骨料的施工方法、工艺流程等计算成品骨料各工序单价。

(四)计算成品骨料单价

按以下公式计算

$$\text{砂石骨料综合单价}=\text{覆盖层清除摊销单价}+\text{开采加工单价}+\text{弃料处理摊销单价} \tag{4-33}$$

其中

$$\text{覆盖层清除摊销单价}=\sum(\text{覆盖层清除单价}\times\text{覆盖层清除摊销率}) \tag{4-34}$$

$$\text{弃料处理摊销单价}=\sum(\text{弃料处理单价}\times\text{弃料处理摊销率}) \tag{4-35}$$

$$\text{开采加工单价}=\sum(\text{各开采加工工序单价}+\text{运输单价}) \tag{4-36}$$

计算成品骨料单价的注意事项有：

(1)骨料单价应计入其他直接费、现场经费、间接费、企业利润和税金。

(2)现行砂石备料加工定额中，砂石料的计量单位以质量"t"表示，而开采、运输等定额一般以"成品方"表示，在计算骨料单价时应根据各工序成品的密度进行折算，统一计量单位。如无实测资料，可参考表4-9数据。

表4-9　砂石料密度参考

砂石料类别	天然砂石料			人工砂石料		
	松散砂砾混合料	分级砾石	砂	碎石原料	成品碎石	成品砂
密度(t/m^3)	1.74	1.65	1.55	1.76	1.45	1.50

(3)熟悉定额包含的工作内容和适用范围，根据设计提供的工厂处理能力、弃料、超径石破碎、中间破碎、含泥量等资料，进行工序单价组合。

(4)定额中胶带机的计量单位为"m"时，在采用概算定额编制设计概(估)算时，其数量不予调整。

(5)采用《概算定额》六－10天然砂砾料筛洗、六－14制碎石、六－15制砂、六－16制碎石和砂等节定额计算砂石备料单价时,其他材料费的计算基数均不包含“砂石料采运”“碎石原料”本身的价值。

四、块(片)石、条(拱)石、料石单价计算

块(片)石、条(拱)石、料石单价是指将符合要求的石料运至施工现场堆料点的价格。一般包括料场覆盖层(风化层、无用层)清除、石料开采、加工(修凿)、石料运输、堆存,以及石料在开采、加工、运输、堆存过程中的损耗等。单价计算公式如下

$$J_{石} = fJ_f + (J_1 + J_2) \tag{4-37}$$

式中　$J_{石}$——石料单价,元/m^3,块石按成品码方计,料石、条石按清料方计;

f——覆盖层清除率,清除量占成品石料方量的百分率;

J_f——覆盖层清除单价,根据施工方法,按定额相应子目计算,元/m^3;

J_1——石料开采单价,根据岩石级别、石料种类和施工方法按相应定额子目计算,元/m^3;

J_2——石料运输、堆存单价,根据施工方法和运距按相应定额子目计算,元/m^3。

块(片)石、条(拱)石、料石单价应根据地质报告有关资料和施工组织设计确定的工艺流程、施工方法,选用现行定额中的相应子目计算。

五、外购砂石料单价计算

对于地方中小型水利工程,一般砂石料用量较少,不宜自采加工;或由于当地砂石料缺乏,储量不能满足工程需要,可从附近砂石料市场采购。外购砂石料单价按本项目主要材料预算价格计算。

【例4-7】　工程背景:某水利枢纽工程地处一般地区,混凝土所需骨料拟采用天然砂砾料,料场覆盖层清除量为15万m^3(自然方),设计需用成品骨料150万m^3(成品方),超径石7.5万m^3(成品方)作弃料,并运至弃渣场。

已知:

(1)施工方法:覆盖层清除采用3 m^3液压挖掘机挖装、20 t自卸汽车运1 km,砂砾料开采运输采用3 m^3液压挖掘机挖装、20 t自卸汽车运2 km,砂砾料筛洗系统处理能力2×220 t/h,成品骨料运输采用3 m^3液压挖掘机挖装、20 t自卸汽车运2 km,超径石弃料运输采用3 m^3液压挖掘机挖装、20 t自卸汽车运1 km。

(2)工艺流程:

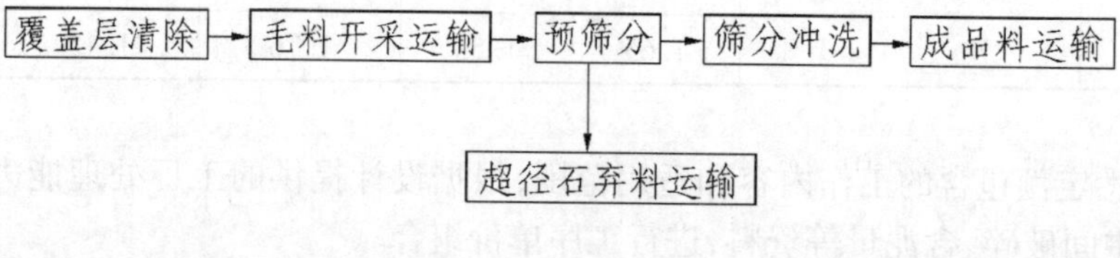

(3)人工、材料预算单价:初级工6.13元/工时,中级工8.90元/工时,水0.46元/m^3。

其他直接费费率0.5%，间接费费率4%，利润率7%，税率3.28%。

(4)施工机械台时费见表4-10。

表4-10　施工机械台(米)时费

名称及型号	单位	台(米)时费(元)	名称及型号	单位	台(米)时费(元)
挖掘机　3 m^3	台时	370.05	直线振动筛　1500×4800	台时	46.83
推土机　88 kW	台时	103.10	槽式给料机　1100×2700	台时	31.54
自卸汽车　20 t	台时	132.80	胶带输送机　B=500	米时	0.33
圆振动筛　1500×3600	台时	33.31	胶带输送机　B=650	米时	0.48
圆振动筛　1800×4200	台时	38.31	胶带输送机　B=800	米时	0.51
螺旋分级机　1500	台时	40.54	胶带输送机　B=1 000	米时	0.59

问题：试参考《编规》和《预算定额》编制成品骨料预算单价(不考虑材料补差)。

解：(1)基本参数的确定。

覆盖层清除摊销率＝15÷150＝10%

超径石弃料摊销率＝7.5÷150＝5%

(2)计算各工序基本直接费单价。

由已知条件和现行《预算定额》编制各工序基本直接费单价计算成果见表4-11，其中砂砾料预筛分基本直接费单价计算见表4-12，其他工序单价计算从略。由表4-9砂石料密度值折算各工序单价见表4-11。

表4-11　砂石备料工序直接费单价计算成果

序号	工序名称	定额编号	工序单价	折算单价(元/(100 t))
1	覆盖层清除摊销费	10377调	735.41元/(100 m^3)(自然方)	735.41÷1.55＝474.46
2	砂砾料开采运输	60236	672.21元/(100 m^3)(成品方)	672.21÷1.74＝386.33
3	预筛分(弃料)	60075调	83.04元/(100 t)(成品)	83.04
4	砂砾料筛洗	60075	445.69元/(100 t)(成品)	445.69
5	成品料运输	60230	605.19元/(100 m^3)(成品方)	605.19÷1.65＝366.78(粗骨料) 605.19÷1.55＝390.45(细骨料)
6	超径石运输	60229	511.30元/(100 m^3)(成品方)	511.30÷1.65＝309.88

表 4-12　砂石备料工程单价

定额编号:60075　　砂砾料预筛分　　单位:100 t 成品方

项目	单位	数量	单价(元)	合价(元)
中级工	工时	3×0.2	8.9	5.34
初级工	工时	5×0.2	6.13	6.13
砂砾料采运	t	110		
其他材料费	%	1	0	0
圆振动筛　1500×3600	台时	0.29×0.2	33.31	1.93
圆振动筛　1800×4200	台时	1.17×0.2	38.31	8.96
螺旋分级机　1500	台时	0.59×0.2	40.54	4.78
直线振动筛　1500×4800	台时	0.29×0.2	46.83	2.72
槽式给料机　1100×2700	台时	0.59×0.2	31.54	3.72
胶带输送机　$B=500$	米时	50×0.2	0.33	3.30
胶带输送机　$B=650$	米时	50×0.2	0.48	4.80
胶带输送机　$B=800$	米时	171×0.2	0.51	17.44
胶带输送机　$B=1\ 000$	米时	34×0.2	0.59	4.01
推土机　88 kW	台时	0.80×0.2	103.10	16.50
其他机械费	%	5	68.16	3.41
合计				83.04

注:1. 根据《预算定额》砂石备料工程分章说明,编制预筛分单价时,需对天然砂砾料筛洗定额人工和机械乘以 0.2 的调整系数,并扣除用水量。

2. 砂砾料采运按单独工序计算单价,故本表不再计算其费用,其他材料费计算也不考虑其费用。

(3)综合系数计算。

根据《编规》,砂石备料工程综合系数为

$$K=(1+0.5\%)\times(1+4\%)\times(1+7\%)\times(1+3.28\%)=1.155$$

(4)粗、细骨料综合单价计算。

由上述计算成果,可列表计算粗、细骨料综合单价,如表 4-13、表 4-14 所示。

表 4-13　粗骨料单价计算

序号	项目	定额编号	折算工序单价(元/(100 t))	系数	摊销率(%)	计算单价(元/(100 t))
1	覆盖层清除摊销费	10377 调	474.46		10	47.45
2	砂砾料开采运输	60236	386.33	1.1		424.96
3	预筛分(弃料)	60075 调	83.04			83.04
4	砂砾料筛洗	60075	445.69			445.69
5	成品料运输	60230	366.78			366.78
6	超径石运输	60229	309.88			
7	超径石弃料摊销	60236 60075 调 60229	424.96+83.04+309.88=817.88		5	40.89
	合计					1 408.81
	计入综合系数单价	1 408.81×1.155=1 627.18(元/(100 t))				
	折算单价	1 627.18×1.65=2 684.85(元/(100 m³))(成品)				

注:表中 1.1 系数是指加工 100 t 成品骨料需采运 110 t 砂砾料。

表4-14　细骨料单价计算

序号	项目	定额编号	折算工序单价（元/（100 t））	系数	摊销率（%）	计算单价（元/（100 t））
1	覆盖层清除摊销费	10377 调	474.46		10	47.45
2	砂砾料开采运输	60236	386.33	1.1		424.96
3	预筛分（弃料）	60075 调	83.04			83.04
4	砂砾料筛洗	60075	445.69			445.69
5	成品料运输	60230	390.45			390.45
6	超径石运输	60229	309.88			
7	超径石弃料摊销	60236 60075 调 60229	424.96+83.04+309.88=817.88		5	40.89
	合计					1 432.48
	计入综合系数单价	1 432.48×1.155=1 654.51（元/（100 t））				
	折算单价	1 654.51×1.55=2 564.49（元/（100 m^3））（成品）				

思考与案例分析题

一、思考题

1. 试述人工预算单价的计算方法。

2. 材料预算价格和施工机械台时费分别由哪些费用组成？

3. 试述电、风、水单价的计算方法。

4. 什么叫覆盖层清除摊销率和弃料处理摊销率？如何计算覆盖层清除摊销单价和弃料处理摊销单价？

5. 试述天然砂石骨料单价的计算方法。

二、案例分析题

1. 工程背景：某水利工程电网供电占97%，自备柴油发电机组（400 kW 机组两台）供电占3%。该电网电价及附加费见表4-15。自备柴油发电机组能量利用系数0.85，厂用电率4%，变配电设备及配电线路损耗率6%，高压输电线路损耗率5%，循环冷却水摊销费0.04元/kWh，供电设施维修摊销费0.03元/kWh，柴油发电机组台时费240.60元/台时。

问题：试计算施工用电综合电价。

表4-15　电网电价及附加费

项目名称	单位	单价
大宗工业用电	元/kWh	0.381
非工业用电	元/kWh	0.432
三峡工程建设基金	元/kWh	0.007
国家批准的附加费	元/kWh	0.052

2. 工程背景：某水利工程人工预算单价中级工5.62元/工时，0#柴油2.80元/kg。问题：试按现行《台时费定额》计算1 m^3 液压挖掘机台时费。

项目五　建筑与安装工程单价

本项目重点

1. 熟悉建筑工程单价编制的步骤与方法。

2. 掌握土方工程、石方工程、混凝土工程、砌石工程、模板工程、钻孔灌浆工程、安装工程单价编制方法。

3. 会编制工程单价。

建筑与安装工程单价是编制水利水电工程建筑与安装费用的基础，它直接影响工程总投资的准确程度。工程单价编制工作量大，且细微复杂，必须高度重视。

工程单价是指完成单位工程量（如1 m^3、1 t、1台等）所耗用的全部费用，包括直接费、间接费、利润、材料补差和税金等。营业税改增值税后，按“价税分离”的计价原则计算工程单价，即税前的各种费用均不含增值税。

工程单价由“量、价、费”三要素组成。

量，指完成单位工程量所需的人工、材料和施工机械台时数量。需根据设计图纸及施工组织设计等资料，正确选用定额相应子目确定。

价，指人工预算单价、材料预算价格和机械台时费等基础单价。

费，指按规定计入工程单价的其他直接费、间接费、利润、材料补差和税金。需按现行《编规》规定的取费标准计算。

工程单价的编制方法分定额法和实物量法，我国目前广泛采用定额法。在初步设计阶段使用概算定额编制的工程单价称为工程概算单价，主要按照现行编规和概算定额规定计算；在施工图设计阶段和招标投标阶段参考现行预算定额和编规的取费标准编制的工程单价称为工程预算单价。本项目主要介绍概预算单价编制，需要说明的是，本项目编制的预算单价是依据预算定额和现行编规，在实际工作中，其定额数量和费用可以根据实际工程条件，结合多种因素加以调整。

任务一　建筑工程单价编制

一、建筑工程单价编制步骤

（1）了解工程概况，熟悉设计文件与设计图纸，收集编制依据（如定额、基础单价、费用标准等）。

（2）根据施工组织设计确定的施工方法，结合工程特征、施工条件、施工工艺和设备配备情况，正确选用定额子目。

(3)将本工程人工、材料、机械等的基础单价分别乘以定额的人工、材料、机械设备的消耗量,计算所得人工费、材料费、机械使用费相加可得基本直接费单价。

(4)根据基本直接费单价和各项费用标准计算其他直接费、间接费、利润、材料补差和税金,并汇总求得工程单价。当存在材料价差时,应将材料补差计入工程单价并计取税金合计工程单价。

二、建筑工程单价编制方法

(一)建筑工程单价表

工程单价编制一般采用列表法,该表称建筑工程单价表。工程单价计算程序及列式可用表5-1表示。

表5-1　建筑工程单价计算程序

序号	项目	计算方法
(一)	直接费	(1)+(2)
(1)	基本直接费	①+②+③
①	人工费	Σ(定额人工工时数×人工预算单价)
②	材料费	Σ(定额材料用量×材料预算价格)
③	机械使用费	Σ(定额机械台时用量×机械台时费)
(2)	其他直接费	(1)×其他直接费费率之和
(二)	间接费	(一)×间接费费率
(三)	利润	[(一)+(二)]×利润率
(四)	材料补差	(材料预算价格-材料基价)×材料消耗量
(五)	税金	[(一)+(二)+(三)+(四)]×税率
(六)	工程单价	(一)+(二)+(三)+(四)+(五)

(二)其他直接费费率

根据《编规》,表5-1中其他直接费费率取费如下。

1. 冬、雨季施工增加费

西南、中南、华东区为0.5%~1.0%,华北区为1.0%~2.0%,西北、东北区为2.0%~4.0%,西藏自治区为2.0%~4.0%。

西南区、中南区、华东区中,按规定不计冬季施工增加费的地区取小值,计算冬季施工增加费的地区可取大值;华北区中,内蒙古等较严寒地区可取大值,其他地区取中值或小值;西北区、东北区中,陕西、甘肃等省取小值,其他地区可取中值或大值。各地区包括的省(自治区、直辖市)如下:

(1)华北地区:北京、天津、河北、山西、内蒙古等5个省(自治区、直辖市)。

(2)东北地区:辽宁、吉林、黑龙江等3个省。

(3)华东地区:上海、江苏、浙江、安徽、福建、江西、山东等7个省(直辖市)。

(4)中南地区:河南、湖北、湖南、广东、广西、海南等6个省(自治区)。

(5)西南地区:重庆、四川、贵州、云南等4个省(直辖市)。

(6)西北地区:陕西、甘肃、青海、宁夏、新疆等5个省(自治区)。

2. 夜间施工增加费

枢纽工程:建筑工程为0.5%,安装工程为0.7%。

引水工程:建筑工程为0.3%,安装工程为0.6%。

河道工程:建筑工程为0.3%,安装工程为0.5%。

3. 特殊地区施工增加费

特殊地区施工增加费指在高海拔、原始森林、沙漠等特殊地区施工而增加的费用,其中高海拔地区施工增加已计入定额;其他特殊增加费(如酷热、风沙)应按工程所在地区规定的标准计算;地方没有规定的不得计算此项费用。

4. 临时设施费

枢纽工程:建筑及安装工程为3.0%。

引水工程:建筑及安装工程为1.8%~2.8%。若工程自采加工人工砂石料,费率取上限;若工程自采加工天然砂石料,费率取中值;若工程采用外购砂石料,费率取下限。

河道工程:建筑及安装工程为1.5%~1.7%。灌溉田间工程取下限,其他工程取中上限。

5. 安全生产措施费

枢纽工程:建筑及安装工程为2.0%。

引水工程:建筑及安装工程为1.4%~1.8%。一般取下限标准,隧洞、渡槽等大型建筑物较多的引水工程、施工条件复杂的引水工程取上限标准。

河道工程:建筑及安装工程为1.2%。灌溉田间工程取下限,其他工程取中上限。

6. 其他

枢纽工程:建筑工程为1.0%,安装工程为1.5%。

引水工程:建筑工程为0.6%,安装工程为1.1%。

河道工程:建筑工程为0.5%,安装工程为1.0%。

特别说明:砂石备料工程其他直接费费率取0.5%。掘进机施工隧洞工程其他直接费费率执行以下规定:土石方类工程、钻孔灌浆及锚固类工程,其他直接费费率为2%~3%;掘进机由建设单位采购、设备费单独列项时,台时费中不计折旧费,土石方类工程、钻孔灌浆及锚固类工程,其他直接费费率为4%~5%。敞开式掘进机费率取低值,其他掘进机费率取高值。

(三)间接费

根据工程性质不同,间接费标准分为枢纽工程、引水工程及河道工程两部分。间接费费率标准见表5-2。

表5-2 间接费费率

序号	工程类别	计算基础	间接费费率(%)		
			枢纽工程	引水工程	河道工程
一	建筑工程				
1	土方工程	直接费	8.5	5~6	4~5
2	石方工程	直接费	12.5	10.5~11.5	8.5~9.5
3	砂石备料工程(自采)	直接费	5	5	5
4	模板工程	直接费	9.5	7~8.5	6~7
5	混凝土浇筑工程	直接费	9.5	8.5~9.5	7~8.5
6	钢筋制安工程	直接费	5.5	5	5
7	钻孔灌浆工程	直接费	10.5	9.5~10.5	9.25
8	锚固工程	直接费	10.5	9.5~10.5	9.25
9	疏浚工程	直接费	7.25	7.25	6.25~7.25
10	掘进机施工隧洞工程(1)	直接费	4	4	4
11	掘进机施工隧洞工程(2)	直接费	6.25	6.25	6.25
12	其他工程	直接费	10.5	8.5~9.5	7.25
二	机电、金属结构设备安装工程	人工费	75	70	70

注:引水工程:一般取下限标准,隧洞、渡槽等大型建筑物较多的引水工程、施工条件复杂的引水工程取上限标准。

河道工程:灌溉田间工程取下限,其他工程取上限。

工程类别划分:

(1)土方工程:包括土方开挖与填筑。

(2)石方工程:包括石方开挖与填筑、砌石、抛石工程等。

(3)砂石备料工程(自采):包括天然砂砾料和人工砂石料的开采加工。

(4)模板工程:包括现浇各种混凝土时制作及安装的各类模板工程。

(5)混凝土浇筑工程:包括现浇和预制各种混凝土、钢筋制作安装、伸缩缝、止水、防水层、温控措施等。

(6)钢筋制安工程:包括钢筋制作与安装工程等。

(7)钻孔灌浆工程:包括各种类型的钻孔灌浆、防渗墙、灌注桩工程等。

(8)锚固工程:包括喷混凝土(浆)、锚杆、预应力锚索(筋)工程等。

(9)疏浚工程:指用挖泥船、水力冲挖机组等机械疏浚江河、湖泊的工程。

(10)掘进机施工隧洞工程(1):包括掘进机施工土石方类工程、钻孔灌浆及锚固类工程等。

(11)掘进机施工隧洞工程(2):包括掘进机设备单独列项采购并且在台时费中不计折旧费的土石方类工程、钻孔灌浆及锚固类工程等。

(12)其他工程:除表中所列11类工程外的其他工程。

（四）利润

利润率不分建筑工程和安装工程，均按7%计算。

（五）材料补差

$$材料补差=（材料预算价格-材料基价）×材料消耗量 \tag{5-1}$$

（六）税金

$$税金=（直接费+间接费+利润+材料补差）×税率 \tag{5-2}$$

营业税改征增值税后，税金指应计入建筑与安装工程费用的增值税销项税额，税率为11%。

当不计材料补差时，为了简化计算，也可采用较为便捷的综合系数法，又称公式法。其方法是先根据各费率标准计算综合系数，再用直接费单价乘以综合系数计算出工程单价。计算式为

$$J_{建} = J_{直} K \tag{5-3}$$

其中

$$J_{直} = F_{人} + F_{材} + F_{机} \tag{5-4}$$

$$K = (1+a)(1+c)(1+d)(1+e) \tag{5-5}$$

式中 $J_{建}$——建筑工程单价；

$J_{直}$——建筑工程直接费单价；

K——综合系数；

$F_{人}$、$F_{材}$、$F_{机}$——人工费、材料费、机械使用费；

a、c、d、e——其他直接费费率、间接费费率、企业利润率、税率。

三、编制建筑工程单价应注意的问题

（1）了解工程的地质条件及建筑物的结构型式和尺寸等。熟悉施工组织设计，了解主要施工条件、施工方法和施工机械等，以便正确选用定额。

（2）现行定额指标是按目前水利水电工程的平均先进水平列出的，编制单价时，除定额中规定允许调整外，均不得对定额中的人工、材料、施工机械台时数量以及施工机械的名称、规格、型号进行调整。定额是按一日三班作业施工，每班八小时工作制拟定。如采用一日一班或二班制，定额不做调整。

（3）定额中的人工是指完成该定额子目工作内容所需的人工耗用量。包括基本工作和辅助工作，并按其所需技术等级，分别列示出工长、高级工、中级工、初级工的工时及其合计数。定额中的材料是指完成该定额子目工作内容所需的全部材料耗用量，包括主要材料（以实物量形式在定额中列出）及其他材料、零星材料。定额中的机械是指完成该定额子目工作内容所需的全部机械耗用量，包括主要机械和其他机械。其中，主要机械以台（组）时数量在定额中列出。

（4）定额中凡一种材料（或机械）名称之后，同时并列几种不同型号、规格的，表示这种材料（或机械）只能选用其中一种进行计价。凡一种材料（或机械）分几种型号规格与材料（或机械）名称同时并列的，则表示这些名称相同而规格不同的材料或机械应同时计价。

（5）定额中其他材料费、零星材料费、其他机械费均以费率（%）形式表示，其计量基

数是:其他材料费以主要材料费之和为计算基数,零星材料费以人工费、机械费之和为计算基数,其他机械费以主要机械费之和为计算基数。

(6)定额只用一个数字表示的,仅适用于该数字本身。当所求值介于两个相邻子目之间时,可用插入法调整,调整方法如下

$$A = B + \frac{(C - B)(a - b)}{c - b} \tag{5-6}$$

式中　A——所求定额数;

B——小于 A 而最接近 A 的定额数;

C——大于 A 而最接近 A 的定额数;

a——A 项定额参数;

b——B 项定额参数;

c——C 项定额参数。

(7)注意定额总说明、分章说明、各子目下的"注"以及附录等当中的有关调整系数。如海拔超过 2 000 m 的调整系数、土方类别调整系数等。

(8)《概算定额》已按现行施工规范计入了合理的超挖量、超填量、施工附加量及施工损耗量所需增加的人工、材料和机械使用量;《预算定额》一般只计施工损耗量所需增加的人工、材料和机械使用量。所以,在编制工程概(估)算时,应按工程设计几何轮廓尺寸计算工程量;编制工程预算时,工程量中还应考虑合理的超挖、超填和施工附加量。

(9)凡定额中缺项或虽有类似定额,但其技术条件有较大差异时,应根据本工程施工组织设计编制补充定额,计算工程单价。补充定额应与现行定额水平及包含内容一致。

(10)非水利水电工程项目,按照专业专用的原则,应执行相关专业部门颁发的相应定额。如《公路工程设计概算定额》《铁路工程设计概算定额》《建筑工程预算定额》等。

任务二　土方工程单价编制

一、土方工程单价

土方工程包括土方挖运、土方填筑两大类。影响土方工程单价的主要因素有:土的级别、取(运)土的距离、施工方法、施工条件、质量要求等。土方工程定额也是按上述影响因素划分节和子目的,所以根据工程情况正确选用定额是编好土方工程单价的关键。

(一)土方开挖、运输

土方开挖工程分为明挖和暗挖,明挖分一般土方开挖、挖沟槽、渠道开挖、柱坑土方开挖,暗挖分平洞、斜井和竖井。

(1)一般土方开挖定额,适用于上口宽超过 16 m 的渠道、上口面积大于 80 m^2 的柱坑及一般明挖土方工程。编制土方开挖单价时,应根据设计开挖方案,考虑影响开挖的因素,选择相应定额子目。

(2)挖沟槽定额,适用于上口宽小于或等于 4 m 的矩形断面或边坡陡于 1:0.5 的梯形断面,长度大于宽度 3 倍的长条形,只修底不修边坡的土方工程。

(3)渠道开挖定额,适用于上口宽小于或等于16 m 的梯形断面、长条形、底和边均需要整修的土方工程。

(4)柱坑土方开挖定额,适用于上口面积小于或等于80 m^2,长度小于宽度3倍,深度小于上口短边长度或直径,四侧垂直或边坡陡于1∶0.5,不修边坡只修底的柱坑工程,如集水井、柱坑、机座等工程。

(5)平洞土方开挖定额,适用于水平夹角小于或等于6°,断面面积大于2.5 m^2 的各种隧洞洞挖工程。

(6)斜井土方开挖定额,适用于水平夹角为6°~75°,断面面积大于2.5 m^2 的各种隧洞洞挖工程。

(7)竖井土方开挖定额,适用于水平夹角大于75°,断面面积大于2.5 m^2,深度大于上口短边长度或直径的洞挖工程,如闸门井、交通井、通风井等。

土方开挖中的弃土一般都有运输要求,土方挖、运单价指挖运综合单价。土方工程定额中编入了大量的挖运综合子目,可直接套用编制挖运综合单价。编制土方工程单价时,应根据设计施工方案,考虑影响开挖、运输的主要因素,选择相应定额子目计算。

(二)土方填筑

土石坝、堤坊、道路、围堰等有大量的土方填筑施工。土方填筑主要由取土、压实两大工序组成,此外一般还包括伐树挖根、覆盖层清除、土料处理等辅助工序。在编制土方填筑工程概预算单价时,一般不单独编制伐树挖根、覆盖层清除、坝料开采运输、压实等工序单价,而编制综合单价。

1.土方填筑预算单价编制

土方填筑预算综合单价应包括以下内容:

(1)料场覆盖层清理及伐树挖根:料场内的树木及表面覆盖的乱石、杂草和不合格的表土等必须加以清除,清理的费用应按相应比例摊入填筑单价内。

(2)土料处理:当土料的含水量不符合规定要求时,应采取料场排水、分层取土等措施,如仍不符合要求,应采取加以翻晒、分区集中堆放或加水处理等措施,其费用按比例摊入土方填筑工程单价。

(3)土料开采运输:土方挖运定额的计量单位为自然方,而土方填筑综合单价为成品压实方(坝上方)。采用《预算定额》计算土料挖运工序单价时应考虑土料的体积变化和施工损耗等影响,即根据定额计算的挖运工序单价再乘以成品实方折算系数,折算系数可按下式计算

$$\text{成品实方折算系数} = (1 + A\%) \times \frac{\text{设计干重度}}{\text{天然干重度}} \tag{5-7}$$

式中 A——综合系数,包括开挖、上坝运输、雨后清理、边坡削坡、接缝削坡、施工沉陷、取土坑、试验坑和不可避免的压坏等损耗因素。

A 值可根据填筑部位和施工方法按表5-3选取。在《概算定额》中,土料压实定额已将压实所需土料运输方量(自然方)列出,无须再进行折算。

表 5-3 土石坝填筑综合系数

填筑方法与部位	预算定额 A(%)
机械填筑混合坝坝体土料	5.86
机械填筑均质坝坝体土料	4.93
机械填筑心(斜)墙土料	5.70
人工填筑坝体土料	3.43
人工填筑心(斜)墙土料	3.43
坝体砂砾料、反滤料填筑	2.20
坝体堆石料填筑	1.40

(4)压实:水利水电工程土方填筑一般要求标准较高。由于筑坝材料、压实标准、碾压机具等不相同,其工效也不同。所以,土方压实定额按压实机械的类型及压实干重度划分节和子目。

在《预算定额》中,无填筑综合定额,可先按分项定额计算出各工序单价,再按式(5-8)计算填筑综合单价。

$$J_{填} = f_1 J_{伐} + f_2 J_{覆} + f_3 J_{处理} + (1 + A\%)\frac{\gamma_{设}}{\gamma_{天}} J_{挖运} + J_{压} \tag{5-8}$$

$$f_1 = \frac{伐树挖根棵数(棵)}{填筑总方量(压实方)} \times 100\% \tag{5-9}$$

$$f_2 = \frac{覆盖层清除量(自然方)}{填筑总方量(压实方)} \times 100\% \tag{5-10}$$

$$f_3 = \frac{土料处理量(自然方)}{填筑总方量(压实方)} \times 100\% \tag{5-11}$$

式中 $J_{填}$——填筑综合单价,元/m^3(压实方);

$J_{伐}$——伐树挖根单价,元/棵;

f_1——伐树挖根摊销费率,棵/m^3;

$J_{覆}$——覆盖层清除单价,元/m^3(自然方);

f_2——覆盖层清除摊销费率;

$J_{处理}$——土料处理单价,元/m^3(自然方);

f_3——土料处理摊销率;

A——综合系数(%),按表 5-3 选用;

$\gamma_{设}$——填筑设计干重度,kN/m^3;

$\gamma_{天}$——土料料场天然干重度,kN/m^3;

$J_{挖运}$——土料挖运单价,元/m^3(自然方);

$J_{压}$——压实单价,元/m^3(压实方)。

2. 土方填筑概算单价

《概算定额》在土方压实定额中列“土料运输”数量,其数量已包含了各种施工综合损失和体积变化工程量。编制土料压实概算单价时,可将压实定额所列"土料运输"量乘以"土料运输"全部基本直接费,再乘以坝面施工干扰系数1.02计算压实单价。

其中,"土料运输"全部基本直接费包括覆盖层清除及土料处理摊销、土料挖运基本直接费单价等。如果利用施工弃土装运填筑,只计装运直接费单价。

(三)采用现行定额编制土方工程单价应注意的问题

(1)土方开挖和填筑工程定额,除规定的工作内容外,还包括挖小排水沟、修坡、清除场地草皮、杂物、交通指挥、安全设施及取土场和卸土场的小路修筑与维护等所需的人工和费用。但不包括伐树挖根及清除料场覆盖层所需的人工和费用。

(2)定额中挖土、推土、运土均以自然方计,土方压实和土石坝填筑综合定额均以压实方计,在编制单价时应注意统一计量单位。

(3) 汽车运输定额,适用于水利工程施工路况10 km以内的场内运输,运距超过10 km时,超过部分按增运1 km台时数乘0.75系数计算。使用时不另计高差折平和路面等级系数(包括人工挑抬、胶轮车、人力推车等运输)。

(4)挖掘机定额,均按液压挖掘机拟定。《预算定额》中挖掘机、轮斗挖掘机或装载机挖装土(含渠道土方)自卸汽车运输各节,适用于Ⅲ类土,Ⅰ、Ⅱ类土定额人工、机械乘0.91系数,Ⅳ类土定额人工、机械乘1.09系数。《概算定额》则是按土的级别划分子目,无须调整。

(5)挖掘机、装载机挖装土料,自卸汽车运输定额,系按挖装自然方拟定。如挖装松土,其中人工及挖装机械乘0.85系数。推土机的推土距离和铲运机的铲运距离是指取土中心至卸土中心的平均距离,推土机推松土时,定额乘0.8的系数。

(6)土类级别划分,除冻土外,均按土石十六级分类法的前四级划分土类级别。砂砾(卵)石开挖和运输,按Ⅳ类土定额计算。

(7)土方洞挖定额中轴流通风机台时数量,按一个工作面长200 m拟定,如超过200 m,按定额乘表5-4的系数。

表5-4 轴流通风机台时调整系数

工作面长度(m)	200	300	400	500	600	700	800	900	1 000
调整系数	1.00	1.33	1.50	1.80	2.00	2.28	2.50	2.78	3.00

(8)根据现行部颁定额,计算非土石堤、坝的一般土料、砂石料压实单价,采用土石坝物料压实定额时,其人工、机械定额应乘0.8调整系数。

二、土方工程单价编制示例

【例5-1】 工程背景:河南某县境内水利枢纽工程基坑采用1 m^3 反铲挖掘机开挖,Ⅱ类土。已知本工程初级工人工预算工资为6.13元/工时,中级工为8.90元/工时,柴油预算价格5.55元/kg(除特殊说明外,本项目例题材料单价均为某定位年的价格)。

问题:求基坑开挖预算单价。

解:(1)1 m^3 挖掘机台时费计算。

查《台时费定额》(2002)(定额编号 1009),一类费用折旧费 35.63 元/台时,修理及替换设备费 25.46 元/台时,安装拆卸费 2.18 元/台时;二类费用机上人工 2.7 工时/台时,柴油消耗量 14.9 kg/台时。故:

机械台时费 $=35.63 \div 1.15 + 25.46 \div 1.11 + 2.18 + 2.7 \times 8.90 + 14.9 \times 2.99 = 124.68$(元/台时)

该台时费进入工程单价,柴油补差计材料补差。

(2)确定各种费率。

根据工程所在地区及参考《编规》([2014]429 号)确定:河南地处中南,冬雨季施工增加费费率取 0.5%,夜间施工增加费费率取 0.5%,特殊地区施工增加费不计,临时设施费费率取 3.0%,安全生产措施费费率取 2.0%,其他费率取 1.0%,合计其他直接费费率为 7%。该工程属枢纽工程,间接费费率取 8.5%,企业利润率 7%,税率 11%。

(3)基坑开挖预算单价。

查《预算定额》第一章挖掘机挖土一节,计算见表 5-5。

表 5-5 建筑工程单价表

挖掘机挖土

单价编号	01	项目名称	基坑开挖工程		
定额编号	10360			定额单位	$100\ m^3$
施工方法	$1\ m^3$ 挖掘机挖土就近堆放				
序号	项目	单位	数量	单价(元)	合价(元)
(一)	直接费	元			154.29
(1)	基本直接费	元			144.20
①	人工费	元			25.13
	初级工	工时	4.3	6.13	26.36
②	材料费	元			6.87
	零星材料费	%	5	137.33	6.87
③	机械使用费	元			110.97
	$1.0\ m^3$ 挖掘机	台时	0.89	124.68	110.97
(2)	其他直接费	%	7	144.20	10.09
(二)	间接费	%	8.5	154.29	13.11
(三)	利润	%	7	167.40	11.72
(四)	材料补差	kg	14.9×0.86	2.56	32.80
(五)	税金	%	11	211.92	23.31
合计		元			235.23

注:表中材料补差 =(材料预算价格 − 材料基价)× 材料消耗量 $=(5.55-2.99) \times 14.9 \times 0.86 = 32.80$(元)。

【例 5-2】 工程背景:内蒙古自治区一类区某引水渠道(上口宽 8 m),土料为Ⅲ类土,采用人工开挖,胶轮车运土,运距 120 m。

已知:根据现行《编规》和《营改增计价办法》,本工程初级工人工预算单价为 4.84 元/工时,工长为 9.47 元/工时,架子车台时费为 0.90 元/台时,内蒙古自治区属于华北地区,冬雨季施工增加费费率取 1.0%,夜间施工增加费费率取 0.3%,特殊地区施工增加费不计,临时设施费费率取 2.0%,安全生产措施费费率取 1.5%,其他费率取 0.6%,合计其他直接费费率为 5.4%。间接费费率取 6%,企业利润率 7%,税率 11%。

问题:根据现行《概算定额》(2002)编制渠道开挖概算单价。

解:本例本工程由于无须材料补差,故不计。为了简化计算,采用综合系数计算。

(1)计算土方挖运基本直接费。

查《概算定额》第一章人工挖渠道土方胶轮车运输一节,由于题目中运距与定额不符,需对定额进行调整,计算见表 5-6。

表 5-6　建筑工程单价表

单价编号	01	项目名称	引水渠道开挖工程		
定额编号	10306,10307			定额单位	100 m^3
施工方法	人工挖土胶轮车运输				
序号	项目	单位	数量	单价(元)	合价(元)
①	工长	工时	5.4	9.47	51.14
	初级工	工时	267.6 + 8.3 × 5	4.84	1 496.04
②	零星材料费	%	2		32.79
	胶轮车	台时	68.98 + 6.75 × 5	0.9	92.46
③	合计	元			1 672.43

(2)确定综合系数。

综合系数 = (1 + 0.054) × (1 + 0.06) × (1 + 0.07) × (1 + 0.11) = 1.326 9

(3)计算开挖单价。

开挖单价 = 1 672.43 ÷ 100 × 1.326 9 = 22.19(元/m^3)

【例 5-3】　工程背景:地处河南境内的黄河干流上的某水利枢纽工程,主坝为黏土心墙堆石坝,坝长 2 000 m,心墙设计工程量为 150 万 m^3,设计干重度为 16.67 kN/m^3,土料天然干重度为 15.19 kN/m^3,土料含水量大,土料上坝前在料场用三铧犁进行翻晒处理,土壤级别为Ⅲ类土。

已知:(1)覆盖层为Ⅱ类土,清除量 6 万 m^3,由 74 kW 推土机推运 100 m 弃土。

(2)料场翻晒中心距坝址左岸坝头 4 km,翻晒后由 5 m^3 装载机配 25 t 自卸汽车装运上坝,16 t 轮胎碾压实。

(3)柴油单价为 3 500 元/t,其他基础单价及费率标准见表 5-7。

表 5-7 基础单价及费率标准

序号	项目名称	单位	单价(元)	序号	项目名称	单位	单价(元)
1	工长	工时	11.55	9	推土机 59 kW	台时	75.07
2	中级工	工时	8.90	10	推土机 74 kW	台时	101.13
3	高级工	工时	10.67	11	推土机 88 kW	台时	122.31
4	初级工	工时	6.13	12	三铧犁	台时	1.87
5	拖拉机 55 kW	台时	61.92	13	其他直接费费率	%	7
6	装载机 5 m^3	台时	396.51	14	间接费费率	%	8.5
7	自卸汽车 25 t	台时	213.21	15	利润率	%	7
8	缺口耙	台时	2.29	16	税率	%	11

问题:参考现行《编规》和《预算定额》计算黏土心墙的填筑综合预算单价。

解:(1)计算各工序单价(无须材料补差)。计算结果见表 5-8 ~ 表 5-11。

表 5-8 建筑工程单价表(一)

单价编号	01	项目名称	覆盖层清除		
定额编号	10273			定额单位	100 m^3
施工方法:覆盖层为Ⅱ类土,74 kW 推土机推运 100 m 弃土					
序号	名称及规格	单位	数量	单价(元)	合价(元)
一	直接费	元			564.64
1	基本直接费	元			527.70
(1)	人工费	元			36.78
	初级工	工时	6.0	6.13	36.78
(2)	材料费	元			47.97
	零星材料费	%	10	479.73	47.97
(3)	机械使用费	元			442.95
	推土机 74 kW	台时	4.38	101.13	442.95
2	其他直接费	%	7	527.70	36.94
二	间接费	%	8.5	564.64	47.99
三	利润	%	7	612.63	42.88
四	材料补差	元	0	0	0
五	税金	%	11	655.51	72.11
六	工程单价	元			727.62
	单价	元/ m^3			7.28

表5-9　建筑工程单价表(二)

单价编号	02	项目名称	土料翻晒		
定额编号	10463			定额单位	100 m³

施工方法:犁土,耙碎,翻晒,拢堆集料

序号	名称及规格	单位	数量	单价(元)	合价(元)
一	直接费	元			574.18
1	基本直接费	元			536.62
(1)	人工费	元			197.39
	初级工	工时	32.2	6.13	197.39
(2)	材料费	元			25.55
	零星材料费	%	5	511.07	25.55
(3)	机械使用费	元			313.68
	三铧犁	台时	0.95	1.87	1.78
	拖拉机　59 kW	台时	0.95	61.92	58.82
	缺口耙	台时	1.90	2.29	4.35
	拖拉机　55 kW	台时	1.90	55.84	106.10
	推土机　59 kW	台时	1.90	75.07	142.63
2	其他直接费	%	7	536.62	37.56
二	间接费	%	8.5	574.18	48.81
三	利润	%	7	622.99	43.61
四	材料补差	元	0	0	0
五	税金	%	11	666.60	73.33
六	工程单价	元			739.93
	单价	元/ m³			7.40

计算挖运和压实工序单价时,其中5 m^3装载机配25 t自卸汽车上坝工序,由于坝长2 000 m,翻晒中心距坝址左岸坝头4 km,故自卸汽车平均运距为5 km。工序单价计算见表5-10和表5-11。

表 5-10 建筑工程单价表(三)

单价编号	03	项目名称	土料运输	
定额编号	10423		定额单位	100 m^3

施工方法:5 m^3 装载机配 25 t 自卸汽车装运上坝,运距 5 km

序号	名称及规格	单位	数量	单价(元)	合价(元)
一	直接费	元			1 423.70
1	基本直接费	元			1 330.56
(1)	人工费	元			11.46
	初级工	工时	2.2 ×0.85	6.13	11.46
(2)	材料费	元			26.09
	零星材料费	%	2	1 304.47	26.09
(3)	机械使用费	元			1 293.01
	装载机 5 m^3	台时	0.41 ×0.85	396.51	138.18
	推土机 88 kW	台时	0.21 ×0.8	122.31	20.55
	自卸汽车 25 t	台时	5.32	213.21	1 134.28
2	其他直接费	%	7	1 330.56	93.14
二	间接费	%	8.5	1 423.70	121.01
三	利润	%	7	1 544.71	108.13
四	材料补差	元	0	0	0
五	税金	%	11	1 652.84	181.81
六	工程单价	元			1 834.65
	单价	元/m^3			18.35

表 5-11　建筑工程单价表(四)

单价编号	04	项目名称	土料压实	
定额编号	10471		定额单位	100 m^3

施工方法:16 t 轮胎碾压实

序号	名称及规格	单位	数量	单价(元)	合价(元)
一	直接费	元			410.76
1	基本直接费	元			383.89
(1)	人工费	元			129.96
	初级工	工时	21.2	6.13	129.96
(2)	材料费	元			34.90
	零星材料费	%	10	348.99	34.90
(3)	机械使用费	元			219.03
	轮胎碾　9～16 t 拖拉机　74 kW	组时	0.99	113.50	112.37
	推土机　74 kW	台时	0.50	101.13	50.57
	蛙式打夯机　2.8 kW	台时	1.00	20.48	20.48
	刨毛机	台时	0.50	66.88	33.44
	其他机械费	%	1	216.86	2.17
2	其他直接费	%	7	383.89	26.87
二	间接费	%	8.5	410.76	34.91
三	利润	%	7	445.67	31.20
四	材料补差	元	0	0	0
五	税金	%	11	476.87	52.46
六	工程单价	元			529.33
	单价	元/ m^3			5.29

(2)计算黏土心墙填筑综合预算单价。

$$土方填筑综合预算单价 = 7.28 \times \frac{6 \times 10^4}{150 \times 10^4} + (7.40 + 18.35) \times (1 + 0.057) \times \frac{16.67}{15.19} + 5.29$$

$$= 35.45(元/m^3)$$

任务三　石方工程单价编制

水利水电工程石方工程量很大，且多为基础、洞井及地下厂房工程。采用先进技术，合理安排施工，并充分利用弃渣作块石、碎石原料，可降低工程造价。石方工程包括各类石方开挖、运输和支撑等。

一、石方工程单价

（一）石方开挖

石方开挖按施工方法不同分为人工、钻孔爆破和掘进机开挖等几种，其中钻爆法在水利水电工程中应用广泛。石方开挖方式有明挖和暗挖两种，定额是按工程部位、设计开挖断面尺寸、开挖方式、岩石等级等划分节和子目，编制单价时应正确划分项目，合理选用定额。

1. 石方开挖的类型

石方明挖包括一般石方、一般坡面石方、沟槽石方、坑石方、基础石方等；石方暗挖是指平洞、斜井、竖井和地下厂房等。《概算定额》和《预算定额》石方开挖分类及其特征见表5-12。

表5-12　石方开挖类型划分

开挖类型		区分特征	
		概算定额	预算定额
明挖	一般石方	底宽 >7 m的沟槽；上口面积 $>160\ m^2$ 的坑；倾角 $\leqslant 20°$，开挖厚度大于5 m（垂直于设计面的平均厚度）的坡面；一般明挖石方工程	
	一般坡面石方	倾角 $>20°$，开挖厚度小于或等于5 m的坡面	
	沟槽石方	底宽 $\leqslant 7$ m，两侧垂直或有边坡的长条形石方开挖	
	坡面沟槽石方	槽底轴线与水平夹角 $>20°$ 的沟槽石方	
	坑石方	上口面积 $\leqslant 160\ m^2$，深度小于或等于上口短边长度或直径的工程	
	保护层石方	无此项目（其他分项定额中已综合了保护层开挖等措施）	设计规定不允许破坏岩层结构的石方开挖
	基础石方	不同深度的基础石方开挖	无此项目（已包含在其他分项定额中）
暗挖	平洞石方	洞轴线与水平夹角 $\leqslant 6°$ 的洞挖工程	
	斜井石方	井轴线与水平夹角成45°～75°的洞挖；井轴线与水平夹角成6°～45°的洞挖，按斜井石方开挖定额乘0.90系数计算	
	竖井石方	井轴线与水平夹角 $>75°$、上口面积 $>5\ m^2$、深度大于上口短边长度或直径的石方开挖工程	
	地下厂房石方	地下厂房或窑洞式厂房开挖	

2. 定额内容

石方开挖以自然方计。定额包括钻孔、爆破、撬移、解小、翻渣、清面、修整断面、安全处理、洞挖施工排烟、排水、挖排水沟等工作。但不包括隧洞支撑和锚杆支护，其费用应根据水工设计资料单独列项计算。

《概算定额》石方开挖已按各部位的不同要求，根据规范规定分别考虑了预裂爆破、光面爆破、保护层开挖等措施。例如，厂坝基础开挖定额中已考虑了预裂和保护层开挖措施，所以无须再单独编制预裂爆破和保护层开挖单价。《预算定额》对保护层和预裂、防震等措施均单独列项，不包括在各项石方开挖定额中。

3. 石方开挖工程单价

(1)《概算定额》石方开挖各节子目中，均已计入了允许的超挖量和合理的施工附加量所消耗的人工、材料和机械的数量及费用，编制概算单价时不得另计超挖量和施工附加工程量所需的费用。

(2)《预算定额》石方开挖各节子目中，未计入允许的超挖量和施工附加量所消耗的人工、材料和机械的数量及费用。编制石方开挖预算单价时，需将允许的超挖量及合理的施工附加量，按占设计工程量的比例计算摊销率，然后将超挖量和施工附加量所需的费用乘以各自的摊销率后计入石方开挖单价。施工规范允许的超挖石方，可按超挖石方定额（如平洞、斜井、竖井超挖石方）计算其费用。合理的施工附加量的费用按相应的石方开挖定额计算。

(二)石方运输

石方运输定额计量单位为自然方。石方运输定额与土方运输定额相似，亦按装运方法和运输距离等划分节和子目。

石方运输分露天运输和洞内运输。挖掘机或装载机装石渣汽车运输各节定额，露天与洞内的区分，按挖掘机或装载机装车地点确定。洞内运距按工作面长度的1/2计算，当一个工程有几个弃渣场时，可按弃渣量比例计算加权平均运距。

编制石方运输单价，当有洞内外连续运输时，应分别套用不同的定额子目。洞内运输部分，套用“洞内”运输定额的“基本运距”及“增运”子目；洞外运输部分，套用“露天”定额的“增运”子目，并且仅选用运输机械的台时使用量。洞内和洞外为非连续运输（如洞内为斗车，洞外为自卸汽车）时，洞外运输部分应套用“露天”定额的“基本运距”及“增运”子目。

(三)石方开挖工程综合单价

石方开挖综合单价是指包含石渣运输费用的开挖单价。《概算定额》石方开挖定额各节子目中均列有“石渣运输”项目，该项目的数量，已包括完成定额单位所需增加的超挖量和施工附加量。编制概算单价时，将石方运输直接费代入开挖定额中，便可计算石方开挖工程综合单价。《预算定额》石方开挖定额中没有列出石渣运输量，应分别计算开挖与出渣单价，并考虑允许的超挖量及合理的施工附加量的费用分摊，再合并计算开挖综合预算单价。

(四)编制石方工程单价应注意的问题

(1)定额材料中所列“合金钻头”，是指风钻（手提式、气腿式）所用的钻头；“钻头”是指液压履带钻或液压凿岩台车所用的钻头。定额中的其他材料费(或零星材料费),包括了石方开挖所需的脚手架、操作平台、棚架、漏斗等的搭拆摊销费,以及炮泥、燃香、火柴等次要材料费。

(2)定额中的炸药,一般根据不同施工条件和开挖部位,采用不同的品种,其价格按1~9 kg包装的炸药计算。炸药代表型号、规格见表5-13。

表5-13 炸药代表型号、规格

项目	代表型号
一般石方开挖	2#岩石铵梯炸药
边坡、槽、坑、基础、保护层石方开挖	2#岩石铵梯炸药和4#抗水岩石铵梯炸药各半
平洞、斜井、竖井、地下厂房石方开挖	4#抗水岩石铵梯炸药

(3)在使用石方开挖定额时,还应注意以下调整系数:

①概预算定额中,岩石共分为十二个等级,即十六级划分法的五至十六级。石方开挖定额子目中,岩石最高级别为XⅣ级,当岩石级别大于XⅣ级时,可按相应各节XⅢ~XⅣ级岩石开挖定额乘以表5-14调整系数计算。

表5-14 岩石级别影响系数

项目	人工	材料	机械
风钻为主各节定额	1.30	1.10	1.40
潜孔钻为主各节定额	1.20	1.10	1.30
液压钻、多臂钻为主各节定额	1.15	1.10	1.15

②《预算定额》中,预裂爆破、防震孔、插筋孔均适用于露天施工,若为地下工程,定额中人工、机械应乘1.15系数。

③洞挖定额中的通风机台时量是按一个工作面长400 m以内拟定的,如超过400 m,应按表5-15系数对定额通风机台时量进行修正,当工作面长度介于表中长度之间时,可用插入法计算调整系数。

表5-15 通风机台时调整系数

遂洞工作面长(m)	400	500	600	700	800	900	1 000	1 100	1 200
系数	1.00	1.20	1.33	1.43	1.50	1.67	1.80	1.91	2.00
遂洞工作面长(m)	1 300	1 400	1 500	1 600	1 700	1 800	1 900	2 000	
系数	2.15	2.29	2.40	2.50	2.65	2.78	2.90	3.00	

二、石方工程单价编制示例

【例5-4】 工程背景:西南某枢纽工程地处海拔1 800 m的二类区,有一圆形水工平洞总长3 000 m,围岩岩石级别为Ⅻ级。根据工程条件,施工组织设计分四个工作面掘进

(见图5-1),开挖直径7 m,设一条施工交通支洞长100 m,开挖采用三臂液压凿岩台车钻孔,钻爆爆破施工,洞内外均采用2 m^3 挖掘机装12 t自卸汽车运输石渣至弃渣场。

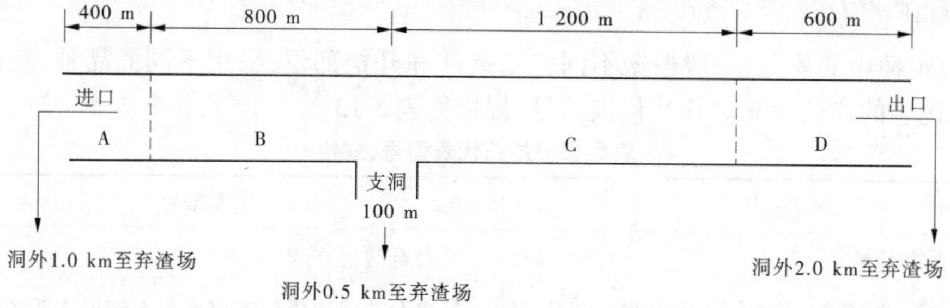

图5-1 隧洞开挖工作面布置示意

已知:(1)工程超挖量为设计断面开挖量的6%,工程附加量为设计开挖量的7%。

(2)材料预算价格、人工预算单价及机械台时费见表5-16。

表5-16 基础单价及费率标准

序号	项目名称	单位	单价(元)	序号	项目名称	单位	单价(元)
1	工长	工时	11.98	12	凿岩台车 三臂	台时	688.80
2	高级工	工时	11.09	13	轴流通风机 37 kW	台时	35.57
3	中级工	工时	9.33	14	挖掘机 2 m^3	台时	243.19
4	初级工	工时	6.55	15	推土机 88 kW	台时	123.34
5	钻头 φ45	个	350.00	16	自卸汽车 12 t	台时	113.55
6	钻头 φ102	个	1 500.00	17	液压平台车	台时	124.99
7	钻杆	m	60.00	18	其他直接费费率	%	7
8	炸药	kg	5.00	19	间接费费率	%	12.5
9	毫秒雷管	个	1.30	20	利润率	%	7
10	导爆管	个	2.0	21	税率	%	11
11	柴油	t	5 500				

问题:参考现行《编规》和《预算定额》,编制水工隧洞预算综合开挖工程单价。

解:1.计算定额通风机台时数量综合调整系数及石渣综合运输距离

(1)计算各工作面占主洞工程权重。

A段 $400 \div 3\,000 \times 100\% = 13.33\%$

B段 $800 \div 3\,000 \times 100\% = 26.67\%$

C 段　1 200 ÷ 3 000 × 100% = 40.00%

D 段　600 ÷ 3 000 × 100% = 20.00%

(2)计算通风机综合调整系数。

通风机综合调整系数计算过程见表 5-17。由表 5-17 知，通风机综合调整系数为 1.704。

表 5-17　通风机定额综合调整系数计算

编号	通风长度(m)	通风机调整系数	权重(%)	通风机权重系数
A	400	1.00	13.33	0.133
B	800 + 100 = 900	1.67	26.67	0.445
C	1 200 + 100 = 1 300	2.15	40.00	0.860
D	600	1.33	20.00	0.266
通风机综合调整系数			100.00	1.704

(3)计算洞内运输运距。

洞内运输运距计算过程见表 5-18。由表 5-18 知，洞内综合运距为 500.01 m，取 500 m。

表 5-18　洞内运输距离计算

编号	洞内运渣计算长度(m)	权重(%)	洞内综合运距(m)
A	400 ÷ 2 = 200	13.33	26.66
B	100 + 800 ÷ 2 = 500	26.67	133.35
C	100 + 1 200 ÷ 2 = 700	40.00	280.00
D	600 ÷ 2 = 300	20.00	60.00
合计		100.00	500.01

(4)计算洞外运输综合运距。

综合运距 = 1 000 × 13.33% + 500 × 26.67% + 500 × 40.00% + 2 000 × 20.00%

= 866.65(m)

根据计算结果，洞外综合运距取 900 m。

2. 计算石渣挖运直接费

(1)计算平洞石方开挖工程单价。

由设计开挖洞径 7 m 可得开挖断面面积为 38.47 m^2，据此及已知条件可选用《预算定额》编号为 20191 和 20195 的子目进行内插计算，见表 5-19。

表5-19　建筑工程单价表(一)

单价编号	01	项目名称	引水平洞石方开挖		
定额编号	20191,20195			定额单位	100 m³

施工方法:三臂液压凿岩台车钻孔,钻爆爆破施工

序号	名称及规格	单位	数量	单价(元)	合价(元)
一	直接费	元			9 253.04
1	基本直接费	元			8 647.70
(1)	人工费	元			2 288.03
	工长	工时	9.01	11.98	107.94
	中级工	工时	99.19	9.33	925.44
	初级工	工时	191.55	6.55	1 254.65
(2)	材料费	元			3 460.31
	钻头　φ45	个	0.63	350.00	220.50
	钻头　φ102	个	0.01	1 500.00	15.00
	钻杆	m	0.87	60.00	52.20
	炸药	kg	151.12	5.00	755.60
	毫秒雷管	个	116.61	1.30	151.59
	导爆管	m	786.68	2.0	1 573.36
	其他材料费	%	25	2 768.25	692.06
(3)	机械使用费	元			2 899.36
	凿岩台车　三臂	台时	2.10	688.80	1 446.48
	液压平台车	台时	1.40	124.99	174.99
	轴流通风机　37 kW	台时	19.69×1.704	35.57	1 193.44
	其他机械费	%	3		84.45
2	其他直接费	%	7	8 647.7	605.34
二	间接费	%	12.5	9 253.04	1 156.63
三	利润	%	7	10 409.67	728.68
四	材料补差	元	15.12+22.40	5.5−2.99	94.18
五	税金	%	11	11 232.53	1 235.58
六	工程单价	元			12 468.11

注:炸药低于《编规》基价,不计材料补差,只计柴油补差。

(2)计算洞挖石渣运输工程单价。

洞内运输500 m,选用《预算定额》20434计算。洞外运输900 m,选用《预算定额》

20433计算,由于定额给出的是增运1 000 m自卸汽车台时耗用量,需插补出900 m的台时耗用量。工程单价计算见表5-20。

表5-20 建筑工程单价表(二)

单价编号	02	项目名称	引水平洞开挖出渣		
定额编号	20434,20433			定额单位	100 m^3
施工方法:2 m^3 挖掘机装12 t自卸汽车运输石渣至弃渣场					
序号	名称及规格	单位	数量	单价(元)	合价(元)
一	直接费	元			1 817.86
1	基本直接费	元			1 698.93
(1)	人工费	元			81.88
	初级工	工时	12.5	6.55	81.88
(2)	材料费	元			33.31
	零星材料费	%	2		33.31
(3)	机械使用费	元			1 583.74
	挖掘机 2 m^3	台时	1.88	243.19	457.20
	推土机 88 kW	台时	0.94	123.34	115.94
	自卸汽车 12 t	台时	7.58 + 1.32	113.55	1 010.60
2	其他直接费	%	7	1 698.93	118.93
二	间接费	%	12.5	1 817.86	227.23
三	利润	%	7	2 045.09	143.16
四	材料补差	元	37.98 + 11.84 + 110.36	5.5 − 2.99	402.05
五	税金	%	11	2 590.30	284.93
六	工程单价	元			2 875.23

(3)计算超挖工程单价。

查《预算定额》平洞超挖石方(机械装渣)一节,由定额20379和20383内插计算超挖工程单价，计算结果见表5-21。

表5-21　建筑工程单价表(三)

单价编号	03	项目名称	引水平洞超挖石方		
定额编号	20379,20383			定额单位	100 m^3
施工方法:钻爆施工					
序号	名称及规格	单位	数量	单价(元)	合价(元)
一	直接费	元			1 166.02
1	基本直接费	元			1 089.74
	人工费	元			1 089.74
	工长	工时	3.13	11.98	37.50
	中级工	工时	15.52	9.33	144.80
	初级工	工时	138.54	6.55	907.44
2	其他直接费	%	7	1 089.74	76.28
二	间接费	%	12.5	1 166.02	145.75
三	利润	%	7	1 311.77	91.82
四	税金	%	11	1 403.59	154.40
五	工程单价	元			1 557.99

3. 计算平洞挖运综合工程单价(包括超挖量和施工附加量)

(1)施工附加量摊销工程单价计算。

施工附加量直接费的计算可套用平洞石方开挖定额，故施工附加量单价与平洞石方开挖单价相同。其摊销工程单价为

$$12\ 468.11 \div 100 \times 7\% = 8.73(元/m^3)$$

(2)超挖工程摊销单价计算。

超挖工程所需的材料和机械消耗已包含在平洞石方开挖定额中，所以超挖部分工程开挖所需的费用仅考虑人工费。其摊销工程单价为

$$1\ 557.99 \div 100 \times 6\% = 0.93(元/m^3)$$

(3)石渣运输单价计算(包括超挖量和施工附加量)。

石渣运输定额中不包括超挖量和施工附加量，应将超挖量和施工附加量所需费用分摊到石渣运输直接费中。其摊销后单价为

$$2\ 875.23 \div 100 \times (1 + 6\% + 7\%) = 32.49(元/m^3)$$

(4)平洞挖运综合工程单价计算。

$$124.68 + 8.73 + 0.93 + 32.49 = 166.83(元/m^3)$$

任务四 堆砌石工程单价编制

堆砌石工程包括堆石、砌石、抛石等,因它具有就地取材、施工技术简单、造价较低等优点,在水利工程中应用较普遍。

一、堆石坝填筑单价

随着施工技术的不断发展,堆石坝在水利工程中所占比例越来越大,合理编制堆石坝填筑单价显得尤为重要。堆石坝填筑可分为石料开采、运输、压实等工序,编制工程单价时,采用单项定额计算各工序单价,然后编制填筑综合单价。

(一)堆石坝填筑料单价

堆石坝物料按其填筑部位的不同,分为反滤料区、过渡料区和堆石区等,需分别列项计算。编制填筑料单价时,可将料场覆盖层(包括无效层)清除等辅助项目费用摊入开采单价中形成填筑料单价。其计算公式为

$$填筑料单价=\frac{覆盖层清除费用}{填筑料总方量(自然方或成品堆方)}+填筑料开采单价(自然方或成品堆方) \tag{5-12}$$

式中,覆盖层清除费用可按施工方法套用土方和石方工程相应定额计算。填筑料开采单价计算可分为以下两种情况:

(1)填筑料不需加工处理:对于堆石料,其单价可按砂石备料工程碎石原料开采定额计算,计量单位为堆方;对于天然砂石料,可按土方开挖工程砂砾(卵)石采运定额(按Ⅳ类土计)计算填筑料挖运单价,计量单位为自然方。

(2)填筑料需加工处理:这类堆石料一般对粒径有一定的要求,其开采单价是指在石料场堆存点加工为成品堆方的单价,可参照本书项目四砂石料单价所述方法计算,计量单位为成品堆方。对有级配要求的反滤料和过渡料,应按砂及碎(卵)石的数量和组成比例,采用综合单价。

利用基坑等开挖弃渣作为堆石料时,不需计算备料单价,但需计算上坝运输费用。

(二)填筑料运输单价

填筑料运输单价指从砂石料开采场或成品堆料场装车并运输上坝至填筑工作面的工序单价,包括装车、运输上坝、卸车、空回等费用。从石料场开采堆石料(碎石原料)直接上坝,运输单价套用砂石备料工程碎石原料运输定额计算,计量单位为堆方;利用基坑等开挖石渣作为堆石料时,运输单价采用石方开挖工程石渣运输定额计算,计量单位为自然方;自成品供料场上坝的物料运输,采用砂石备料工程定额相应子目计算运输单价,计量单位为成品堆方,其中反滤料运输采用骨料运输定额。

(三)堆石坝填筑单价

堆石坝填筑以建筑成品实方计。填筑料压实定额是按碾压机械和分区材料划分节和子目。对过渡料如无级配要求,可采用砂砾石定额子目;如有级配要求,需经筛分处理,则应采用反滤料定额子目。

1. 堆石坝填筑概算单价

《概算定额》堆石坝物料压实定额按自料场直接运输上坝与自成品供料场运输上坝两种情况分别编制，应根据施工组织设计方案正确选用定额子目。

(1)自料场直接运输上坝：砂石料压实定额，列有“砂石料运输(自然方)”项，适用于不需加工就可直接装运上坝的天然砂砾料和利用基坑开挖的石渣料等的填筑，在编制填筑工程单价时，只需将物料的装运直接费(对天然砂砾料，包括覆盖层清除摊销费用)计入压实定额的“砂石料运输”项，即可根据压实定额编制堆石坝填筑的综合概算单价。

(2)自成品供料场运输上坝：砂石料压实定额，列有“砂砾料、堆石料等”项和“砂石料运输(堆方)”项，适用于需开采加工为成品料后再运输上坝的物料(如反滤料、砂砾料、堆石料等)填筑，在编制填筑单价时，将“砂砾料、堆石料”等填筑料单价(或外购填筑料单价)，以及自成品供料场运输至填筑部位的“砂石料运输”直接费单价，分别代入堆石坝物料压实定额，计算堆石坝填筑的综合概算单价。

2. 堆石坝填筑预算单价

《预算定额》堆石坝物料压实在砌石工程定额中编列，定额中没有将物料压实所需的填筑料量及其运输方量列出，根据压实定额编制的单价仅仅是压实工序的单价，编制堆石坝填筑综合预算单价时，还应考虑填筑料的单价和填筑料运输的单价。

$$\text{堆石坝填筑预算单价}=(\text{填筑料预算单价}+\text{填筑料装运预算单价})\times(1+A\%)\times K_V+\text{填筑料压实预算单价} \tag{5-13}$$

式中 $A\%$——综合系数，可按表5-3选取；

K_V——体积换算系数，根据填筑料的来源参考表5-22进行折算。

(四)编制堆石坝填筑单价应注意的问题

(1)《概算定额》土石坝物料压实已计入了从石料开采到上坝运输、压实过程中所有的损耗及超填、施工附加量，编制概(估)算单价时不得加计任何系数。如为非土石坝、堤的一般土料、砂石料压实，其人工、机械定额乘0.8系数。

(2)《概算定额》堆石坝物料压实定额中的反滤料、垫层料填筑定额，其砂和碎石的数量比例可按设计资料进行调整。

(3)编制土石坝填筑综合概算单价时，根据定额相关章节子目计算的物料运输上坝直接费乘以坝面施工干扰系数1.02后代入压实单价。

(4)堆石坝分区使各区石料粒(块)径相差很大，因此各区石料所耗工料不一定相同，如堆石坝体下游堆石体所需的特大块石需人工挑选，而石料开采定额很难体现这些因素，在编制概(估)算单价时应注意这一问题。

另外，为了节省工程投资，降低工程造价，提高投资效益，在编制坝体填筑单价时，应考虑利用枢纽建筑物的基础或其他工程开挖出渣料直接上坝的可能性。其利用比例可根据施工组织设计安排的开挖与填筑进度的衔接情况合理确定。

二、砌石工程单价

水利水电工程中的护坡、墩墙、涵洞等均有用块石、条石或料石砌筑，在地方水利工程中应用尤为普遍。砌石工程单价主要由砌石材料单价和砌筑单价两部分组成。

(一)砌石材料单价

1. 定额计量单位

砌石工程所用石料均按材料计算,其计量单位视石料的种类而异。对堆石料、过渡料和反滤料,按堆方(松方)计;对片石、块石和卵石,按码方计;对条石、料石,以清料方计。如无实测资料,不同计量单位间体积换算关系可参考表5-22。

表5-22 石方松实系数换算

项目	自然方	松方	实方	码方	备注
土方	1	1.33	0.85		
石方	1	1.53	1.31		
砂方	1	1.07	0.94		
混合料	1	1.19	0.88		
块石	1	1.75	1.43	1.67	包括片石、大卵石

注:1. 松实系数是指土石料体积的比例关系,供一般土石方工程换算时参考。
2. 块石实方指堆石坝坝体方,块石松方即块石堆方。

2. 石料的规格与标准

定额中石料的规格及标准如表5-23所示,使用时不要混淆。

表5-23 石料的规格及标准

名称	规格、标准
碎石	指经破碎、加工分级后,粒径大于5 mm的石块
片石	指厚度大于15 cm,长、宽各为厚度的3倍以上,无一定规则形状的石块
卵石	指最小粒径大于20 cm的天然河卵石
块石	指厚度大于20 cm、长宽各为厚度的2~3倍,上下两面大致平行并大致平整,无尖角、薄边的石块
毛条石	指一般长度大于60 cm的长条形四棱方正石料
粗料石	指毛条石经过修边打荒加工、外露面方正、各相邻面正交、表面凸凹不超过10 mm的石料
细料石	指毛条石经过修边打荒加工、外露面四棱见线、表面凸凹不超过5 mm的石料

3. 石料单价

各种石料作为材料在计算其单价时分三种情况:第一种是施工企业自采石料,其基本直接费单价计算按项目四任务五所述方法计算;第二种是外购石料,其单价按项目四材料预算价格编制;第三种是从开挖石渣中捡集块石、片石,此时石料单价只计人工捡石费用(概预算定额中均有人工捡集块石定额)及从捡集石料地点到施工现场堆放点的运输费用。

(二)砌筑单价

根据设计确定的砌体形式和施工方法,套用相应定额可计算砌石材料单价。砌石包括干砌石和浆砌石。对于干砌石,只需将砌石材料单价代入砌筑定额,便可编制砌筑工程单价。对于浆砌石,还应计算砌筑砂浆和勾缝砂浆半成品(指砂浆的各组成材料)的价格。根据设计砂浆的强度等级,按照试验确定的材料配合比,考虑施工损耗量确定水泥、砂子等材料的预算用量(采用值)。当无试验资料时,可按定额附录中的砌筑砂浆材料配合表确定水泥、砂子等材料的预算用量,由材料预算量乘材料预算价格计算出砂浆半成品的价格。将石料、砂浆半成品的价格代入砌筑定额即可编制浆砌石工程单价。

(三)编制砌石工程单价应注意的问题

(1)石料自料场至施工现场堆放点的运输费用,应计入石料单价内。施工现场堆放点至工作面的场内运输已包括在砌石工程定额内,不得重复计费。

(2)料石砌筑定额包括了砌体外露的一般修凿,如设计要求作装饰性修凿,应另行增加修凿所需的人工费。

(3)浆砌石定额中已计入了一般要求的勾缝,如设计有防渗要求高的开槽勾缝,应增加相应的人工费和材料费。砂浆拌制费用已包含在定额内。

三、堆砌石工程单价编制示例

【例5-5】 工程背景:某二类地区混凝土面板堆石坝枢纽,主坝主堆石区堆石料由料场深孔梯段爆破开采,岩石为Ⅸ级。用3 m^3 装载机装20 t自卸汽车运输上坝,运距3 km,采用14 t振动平碾压实。

已知:(1)基础单价及费率标准见表5-24。

表5-24 基础单价及费率标准

序号	项目名称	单位	单价(元)	序号	项目名称	单位	单价(元)
1	初级工	工时	6.55	6	柴油	t	6 500
2	拖拉机 74 kW	台时	78.61	7	其他直接费费率	%	7
3	推土机 74 kW	台时	102.16	8	间接费费率	%	12.5
4	蛙式打夯机 2.8 kW	台时	21.34	9	利润率	%	7
5	振动平碾 14 t	台时	57.58		税率	%	11

(2)覆盖层清除基本直接费单价为8.68元/m^3,覆盖层清除率5%。假设堆石料开采基本直接费单价76.68元/m^3,基本直接费12.22元/m^3堆方。

问题:试编制堆石坝堆石料填筑概算综合单价。

解:(1)计算堆石料单价。

由题意知,由《概算定额》计算堆石料开采基本直接费,计算过程略。堆石料的价格计算如下

$$8.68\times5\%+76.68=77.11(元/m^3)(成品堆方)$$

(2)计算堆石料运输单价。

由原料运输基本直接费单价,并考虑坝面施工干扰系数1.02。

$$12.22\times1.02=12.46(元/m^3)$$

(3)计算堆石料填筑概算单价。

选用现行《概算定额》第三章土石坝料物压实一节自成品供料场运输上坝子目,定额编号30089,将堆石料及堆石料运输价格代入压实定额,计算过程见表5-25。

表5-25 建筑工程单价表

单价编号	04	项目名称	堆石料填筑		
定额编号	30089			定额单位	100 m^3
施工方法:3 m^3 装载机装20 t自卸汽车运输14 t振动碾压实					
序号	名称及规格	单位	数量	单价(元)	合价(元)
一	直接费	元			12 358.01
1	基本直接费	元			11 549.54
(1)	人工费	元			129.04
	初级工	工时	19.7	6.55	129.04
(2)	材料费	元			9 796.83
	堆石料	m^3	121	77.11	9 330.31
	其他材料费	%	5	9 330.31	466.52
(3)	机械使用费	元			1 623.67
	14 t振动碾	台时	0.26	57.58	14.97
	拖拉机 74 kW	台时	0.26	78.61	20.44
	推土机 74 kW	台时	0.55	102.16	56.19
	蛙式打夯机 2.8 kW	台时	1.09	21.34	23.26
	其他机械费	%	1	114.86	1.15
	堆石料运输(堆方)	m^3	121	12.46	1 507.66
2	其他直接费	%	7	11 549.54	808.47
二	间接费	%	12.5	12 358.01	1 544.75
三	利润	%	7	13 902.76	973.19
四	材料补差	元	2.57+5.83	6.5−2.99	29.48
五	税金	%	11	14 905.43	1 639.60
六	工程单价	元			16 545.03

堆石坝堆石料填筑概算综合单价165.45元/m^3。

【例5-6】 工程背景:华东地区某均质土石坝枢纽由于年久失修需要除险加固,其中坝坡干砌石需要拆除重建,由承包单位从开采方购买块石,人工砌筑。

已知:人工、材料和机械基础价格见表5-26。

表 5-26　基础单价及费率

序号	名称及规格	单位	单价(元)	序号	名称及规格	单位	单价(元)
1	工长	工时	11.55	6	其他直接费费率	%	7
2	中级工	工时	8.90	7	间接费费率	%	11
3	初级工	工时	6.13	8	利润率	%	7
4	块石	m^3	75	9	税率	%	3.28
5	胶轮车	台时	0.9				

问题:根据工程背景参考现行《预算定额》计算干砌块石护坡工程投标综合单价。

解:查《预算定额》第三章干砌块石一节,采用护坡砌筑子目,计算得干砌块石护坡单价为 182.21 元/m^3,过程见表 5-27。

表 5-27　建筑工程单价表

单价编号		项目名称	块石挡土墙
定额编号	30012	定额单位	100 m^3

施工方法:人工砌筑

序号	名称及规格	单位	数量	单价(元)	合价(元)
一	直接费	元			13 155.25
1	基本直接费	元			12 294.63
(1)	人工费	元			4 022.96
	工长	工时	11.3	11.55	130.52
	中级工	工时	173.90	8.90	1 547.71
	初级工	工时	382.50	6.13	2 344.73
(2)	材料费	元			8 201.2
	块石	m^3	116	70	8 120.00
	其他材料费	%	1	8 201.2	81.20
(3)	机械使用费	元			70.47
	胶轮车	台时	78.30	0.9	70.47
2	其他直接费	%	7	12 294.63	860.62
二	间接费	%	12.5	13 155.25	1 644.41
三	利润	%	7	14 799.66	1 035.98
四	材料补差	元			580
	块石	m^3	116	5	580
五	税金	%	11	16 415.64	1 805.72
六	合计	元			18 221.36
	工程单价	元/m^3			182.21

任务五 混凝土工程单价编制

混凝土在水利水电工程中应用十分广泛,其费用在工程总投资中常占有很大比重。混凝土工程包括各种水工建筑物不同结构部位的现浇混凝土、预制混凝土以及碾压混凝土和沥青混凝土等。此外,还有钢筋制作安装、锚筋、锚喷、伸缩缝、止水、防水层、温控措施等项目。

一、现浇混凝土单价

现浇混凝土由混凝土拌制、运输、浇筑等工序单价组成。在混凝土浇筑定额各节子目中,均列有"混凝土""混凝土拌制""混凝土运输"的数量,在编制混凝土工程单价时,应先根据分项定额计算这些项目的直接费单价,再将其分别代入混凝土浇筑定额计算混凝土工程单价。

(一)混凝土材料单价

混凝土浇筑定额中,材料消耗定额的"混凝土"一项,是指完成定额单位产品所需的混凝土半成品量,包括冲毛(或凿毛)、干缩、施工损耗、运输损耗和接缝砂浆等的消耗量(概算定额还包括超填量)在内。混凝土半成品单价是指按施工配合比配制的每立方米混凝土中砂、石、水泥、水、掺合料及外加剂等各种材料的费用之和。

1.确定混凝土中各种材料的用量

混凝土半成品中各种材料的用量,应按本工程混凝土配合比试验资料并考虑施工损耗量加以确定。其中,水泥、砂、石预算用量应比配合比理论计算量分别增加2%、3%、4%。如无试验资料,也可参照定额附录混凝土材料配合比表确定各种材料的用量。

在编制混凝土工程概算(或估算)单价时,如设计深度与试验资料不足,也可按下述方法计算每立方米混凝土半成品中的材料用量。

1)水泥品种与强度等级的选定

拦河坝等大体积水工混凝土,一般可选用强度等级为42.5 MPa和52.5 MPa的水泥。对水位变化区外部混凝土,宜选用普通硅酸盐大坝水泥和普通硅酸盐水泥;对大体积建筑物内部混凝土、位于水下的混凝土和基础混凝土,宜选用矿渣硅酸盐大坝水泥、矿渣硅酸盐水泥和粉煤灰硅酸盐水泥。

2)确定混凝土的强度等级和级配

混凝土的强度等级和级配是根据水工建筑物各结构部位的运用条件、设计要求和施工条件确定的。在投资预测的概(估)算阶段,设计资料不足的情况下,可参考表5-28及其他有关资料选定。

表 5-28　混凝土强度等级与级配参考

工程类别	不同强度等级、不同级配混凝土所占比例(%)			
	C19 ~ C24 二级配	C19 三级配	C14 三级配	C9 四级配
大体积混凝土坝	8	32		60
轻型混凝土坝	8	92		
水闸	6	50	44	
溢洪道	6	69	25	
进水塔	30	70		
进水口	20	60	20	
隧洞衬砌				
1. 混凝土泵衬砌边顶拱	80	20		
2. 混凝土泵衬砌顶拱	30	70		
竖井衬砌				
1. 混凝土泵浇筑	100			
2. 其他方法浇筑	30	70		
明渠混凝土		75	25	
地面厂房	35	35	30	
河床式电站厂房	50	25	25	
地下厂房	50	50		
扬水站	30	35	35	
大型船闸	10	90		
中小型船闸	30	70		

3)选用混凝土配合比

在无详细设计资料时,《概算定额》和《预算定额》附录中有纯混凝土、掺外加剂混凝土、掺粉煤灰混凝土及碾压混凝土等多种材料配合比表可供选择。为节省水泥用量,宜采用掺外加剂的混凝土配合比,对大体积混凝土还应掺粉煤灰,并尽可能利用混凝土的后期强度。混凝土各龄期强度换算为 28 d 龄期强度时,可参照表 5-29 中的系数进行换算。当换算介于两种强度等级之间时,应选用高一级的强度等级。

表 5-29　不同龄期混凝土强度等级换算系数

设计龄期(d)	28	60	90	180
强度等级换算系数	1.00	0.83	0.77	0.71

注:《预算定额》和《概算定额》附录中的混凝土配合比表系按 28 d 强度拟定,当混凝土的设计龄期与之不符时,应将设计龄期的强度折算为 28 d 的强度,方可使用定额附录中的混凝土配合比表。

2. 掺粉煤灰混凝土材料用量确定

现行《预算定额》和《概算定额》附录中掺粉煤灰混凝土配合比的材料用量是按超量

取代法(又称超量系数法)确定的,即按照与基准混凝土(纯混凝土)同稠度、等强度的原则,用超量取代法对基准混凝土中的材料量进行调整(调整系数称作粉煤灰超量系数)。计算步骤如下:

(1)掺粉煤灰混凝土的水泥用量:

$$C = C_0(1 - f) \tag{5-14}$$

式中　C——粉煤灰混凝土水泥用量,kg;

C_0——与掺粉煤灰混凝土等强度、同稠度的纯混凝土水泥用量,kg;

f——水泥取代百分率,为水泥节约量(纯混凝土水泥用量与粉煤灰混凝土水泥用量之差)与纯混凝土水泥用量之比乘以100%,可参考表5-30选取。

表5-30　水泥取代百分率参考

混凝土强度等级	普通硅酸盐水泥	矿渣硅酸盐水泥
≤C15	15%~25%	10%~20%
C20	10%~15%	10%
C25~C30	15%~20%	10%~15%

注:32.5(R)水泥及以下取下限,42.5(R)水泥及以上取上限。C20及以上混凝土宜采用Ⅰ、Ⅱ级粉煤灰,C15及以下素混凝土可采用Ⅲ级粉煤灰。

(2)确定粉煤灰的掺量:

$$F = K(C_0 - C) \tag{5-15}$$

式中　F——粉煤灰掺量,kg;

K——粉煤灰取代(超量)系数,为粉煤灰的掺量与取代水泥量(水泥节约量)的比值,可按表5-31取值。

表5-31　粉煤灰的取代(超量)系数

粉煤灰级别	Ⅰ级	Ⅱ级	Ⅲ级
超量系数	1.0~1.4	1.2~1.7	1.5~2.0

(3)砂、石用量。

掺粉煤灰混凝土灰重(水泥及粉煤灰总重)较纯混凝土的灰重多,增加的灰重可按下式计算

$$\Delta C = C + F - C_0 \tag{5-16}$$

式中　ΔC——增加的灰重,kg。

按照与纯混凝土密度相等的原则,掺粉煤灰混凝土砂、石总质量应相应减少ΔC,按含砂率相等的原则,则掺粉煤灰混凝土砂、石重计算式如下

$$S \approx S_0 - \Delta C \cdot S_0/(S_0 + G_0) \tag{5-17}$$

$$G \approx G_0 - \Delta C \cdot G_0/(S_0 + G_0) \tag{5-18}$$

式中　S——掺粉煤灰混凝土砂重,kg;

S_0——纯混凝土砂重,kg;

G——掺粉煤灰混凝土石重,kg;

G_0——纯混凝土石重,kg。

由于增加的灰重主要是代替细骨料(砂)填充粗骨料(石)的空隙,故简化计算时也可将增加的灰重全部从砂的质量中核减,石重不变。

(4)用水量。

掺粉煤灰混凝土用水量 W 等于纯混凝土用水量 W_0。

(5)外加剂用量。

外加剂用量 Y 可按掺粉煤灰混凝土水泥用量的0.2%~0.3%计算,概预算定额按0.2%计。

当设计选用掺粉煤灰混凝土的水泥取代百分率(定额中所称的"掺粉煤灰量"百分比)或粉煤灰取代系数与《预算定额》和《概算定额》附录中的不同时,可根据上述公式计算掺粉煤灰混凝土的材料用量。

【例5-7】 工程背景:某混凝土重力坝C20三级配掺粉煤灰混凝土,水灰比为0.6,水泥强度等级为42.5(R),水泥取代百分率为15%,粉煤灰取代系数为1.30。

问题:求该混凝土的配合比材料用量。

解:(1)计算掺粉煤灰混凝土水泥用量。

查《预算定额》附录7,C20三级配纯混凝土配合比材料预算用量为:42.5水泥 C_0 = 218 kg,粗砂 S_0 = 618 kg,卵石 G_0 = 1 627 kg,水 W_0 = 0.125 m³。则

$$C = 218 \times (1 - 15\%) = 185(\text{kg})$$

(2)计算粉煤灰掺量。

$$F = 1.30 \times (218 - 185) = 43(\text{kg})$$

(3)计算砂、石用量。

$$\Delta C = 185 + 43 - 218 = 10(\text{kg})$$

$$S = 618 - 10 \times 618 \div (618 + 1\ 627) = 615(\text{kg})(\text{折合}\ 0.42\ \text{m}^3)$$

$$G = 1\ 627 - 10 \times 1\ 627 \div (618 + 1\ 627) = 1\ 620(\text{kg})(\text{折合}\ 0.95\ \text{m}^3)$$

(4)计算用水量。

$$W = W_0 = 0.125\ \text{m}^3$$

(5)计算外加剂用量。

$$Y = 185 \times 0.2\% = 0.37(\text{kg})$$

3. 混凝土材料单价

$$\text{混凝土材料单价} = \sum 1\ \text{m}^3\ \text{混凝土各材料预算用量} \times \text{各种材料的预算价格} \quad (5\text{-}19)$$

4. 计算混凝土材料单价应注意的问题

(1)当工程采用水泥的强度等级与定额附录配合比表不同时,应对配合比表的水泥(包括粉煤灰)用量进行调整,见表5-32。定额配合比表中的水泥用量是按机械拌和拟定的,若采用人工拌和,水泥用量应增加5%。

表 5-32 水泥强度等级与用量换算系数

原水泥强度	代换水泥强度		
	32.5	42.5	52.5
32.5	1.00	0.86	0.76
42.5	1.16	1.00	0.88
52.5	1.31	1.13	1.00

(2)《预算定额》和《概算定额》附录混凝土配合比表是卵石、粗砂混凝土，如改用碎石或中、细砂，需按表 5-33 进行系数换算。

表 5-33 混凝土骨料换算系数

项目	水泥	砂	石子	水
卵石换为碎石	1.10	1.10	1.06	1.10
粗砂换为中砂	1.07	0.98	0.98	1.07
粗砂换为细砂	1.10	0.96	0.97	1.10
卵石换为特细砂	1.16	0.90	0.95	1.16

注：1. 水泥按质量计，砂、石子按体积计。
2. 若实际采用碎石及中、细砂，则总的换算系数应为各单项换算系数的连乘积。
3. 粉煤灰的换算系数同水泥的换算系数。

(3)大体积混凝土，为了节约水泥和温控的需要，常常采用埋块石混凝土。这时应将配合比表的材料用量，扣除埋块石实体的数量。计算式如下

$$\text{埋块石混凝土材料量} = \text{配合比表材料用量} \times (1 - \text{埋块石率}\%) \tag{5-20}$$

埋石为实体方(自然方)，而块石单价一般为码方，在计算埋石混凝土材料单价时应注意换算。

(二)混凝土拌制单价

混凝土的拌制工序有配料、运输、加水、加外加剂、搅拌、出料、清洗等。概预算混凝土拌制定额均以半成品方为计量单位，不包括干缩、运输、浇筑和超填等损耗的消耗量。编制混凝土拌制直接费单价时，应根据施工组织设计选定的拌和设备选用相应的拌制定额。

拌和楼拌制混凝土定额中，均列有“骨料系统”和“水泥系统”，是指骨料、水泥及掺合料进入拌和楼前与拌和楼相衔接必备的机械设备。包括自骨料调节料仓下料斗开始的胶带运输机和供料设备；自水泥罐或掺合料罐开始的水泥提升机械或空气输送设备，以及胶带输送机和吸尘设备等。编制混凝土拌制单价时，可根据施工组织设计确定的机械组合，将上述设备的台时费合计为组时费(组合台时费)。骨料调节料仓包括净料堆场、骨料仓、骨料罐。在骨料调节料仓下料斗之前的骨料运输费用，应计入骨料(砂石料)单价中。

混凝土拌制定额是按拌制常态混凝土拟定的，若拌制其他混凝土，则按表 5-34 中的系数对定额进行调整。

表 5-34　不同混凝土搅拌楼台时调整系数

搅拌楼规格	混凝土类别			
	常态混凝土	加冰混凝土	加粉煤灰混凝土	碾压混凝土
1×2.0 m^3 强制式	1.00	1.20	1.00	1.00
2×2.5 m^3 强制式	1.00	1.17	1.00	1.00
2×1.0 m^3 自落式	1.00	1.00	1.10	1.30
2×1.5 m^3 自落式	1.00	1.00	1.10	1.30
3×1.5 m^3 自落式	1.00	1.00	1.10	1.30
2×3.0 m^3 自落式	1.00	1.00	1.10	1.30
4×3.0 m^3 自落式	1.00	1.00	1.10	1.30

（三）混凝土运输单价

混凝土运输包括装料、运输、卸料、空回、冲洗、清理及辅助工作。现浇混凝土运输，是指混凝土自搅拌机（楼）出料口至浇筑现场工作面的全部水平运输和垂直运输。混凝土运输定额均以半成品方为计量单位，不包括干缩、运输、浇筑和超填等损耗的消耗量。

编制混凝土运输单价时，应根据施工组织设计选定的运输方式和机械类型，按相应定额分别计算水平运输和垂直运输直接费单价，再编制运输直接费单价。

（四）混凝土工程单价

常态混凝土浇筑定额包括冲毛（或凿毛）、冲洗、清仓，铺水泥砂浆、平仓、振捣、养护、工作面运输和一些辅助工作。混凝土浇筑定额只包括浇筑和工作面运输所需的人工、材料、机械的数量及费用，需将混凝土材料、混凝土拌制、混凝土运输直接费单价代入混凝土浇筑定额编制混凝土工程单价。

各类坝型现浇混凝土定额，仅指坝主体混凝土，不包括溢流面、闸墩、胸墙、工作桥和公路桥等，在项目划分时，应按设计实有的结构部位单独列项，分别编制工程单价。

（五）使用定额时应注意的问题

（1）混凝土工程定额的计量单位除注明者外，均按建筑物或构筑物成品实体方计。定额子目中的“混凝土”“混凝土运输”“混凝土拌制”的数量相同，且比定额单位实体方数量大。超出定额部分，是指冲毛（或凿毛）、干缩、施工损耗、运输损耗和接缝砂浆等的消耗量，对概算定额还包括超填量和施工附加量。

（2）采用埋石混凝土时，因埋块石需增加的人工工时见表 5-35。

表 5-35　埋块石混凝土增加人工工时数量

埋块石率（%）	5	10	15	20
每 100 m^3 埋块石混凝土增加人工工时	24.0	32.0	42.4	56.8

注：不包括块石运输及影响浇筑的工时。

（3）平洞衬砌定额，适用于水平夹角小于或等于 6°单独作业的平洞。如开挖、衬砌平行作业时，按平洞定额的人工和机械乘 1.1 系数；水平夹角大于 6°的斜井衬砌，按平洞定额的人工和机械乘 1.23 系数。

（4）平洞、竖井、地下厂房、渠道等混凝土衬砌定额中所列示的开挖断面和衬砌厚度为设计尺寸。若实际设计厚度与之不符,可用插入法计算。

(5)现浇混凝土定额不含模板制作、安装、拆除、修整。

(6)混凝土拌制及浇筑定额中,均不包括骨料预冷、加冰、通水等温控措施的费用。

(六)混凝土温度控制单价计算

为防止拦河坝等大体积混凝土(指结构断面最小边长大于或等于3 m)建筑物由于温度应力产生裂缝,并保证坝体在接缝灌浆前降到稳定温度,按现行设计和施工规范要求,大体积混凝土必须采取温度控制措施。在工程概预算编制中,凡大体积混凝土建筑物,均需单独列项计算温度控制措施费用。

1. 基本资料的收集和确定

(1)工程所在地区多年月平均气温、水温、寒潮降温幅度和次数等气象资料。

(2)温控设计提出的坝体允许温差、混凝土出机口温度和浇筑温度。

(3)需采取加冰、加冷水拌制混凝土的时间及相应混凝土数量,拌制每立方米混凝土所需加冰、加冷水的数量。

(4)需采取骨料预冷措施的时间及相应的混凝土数量,骨料预冷方式、预冷温度,每立方米混凝土骨料预冷消耗冷风、冷水数量。

(5)坝体稳定温度、接缝灌浆时间,一、二期通低温水的时间、流量及水温。

(6)各种制冷系统工艺流程、设备配置和制冷剂的消耗指标。

(7)混凝土表面保护材料品种、规格。

2. 温控措施费用计算标准

采取各种温控措施的混凝土数量占混凝土工程总量的比例,即温控措施费用计算标准。在概算阶段,如设计资料不足,可根据工程所在地夏季月平均气温和混凝土降温幅度(指夏季月平均气温和设计要求混凝土出机温度之差)参考表5-36确定。

表5-36 混凝土温控措施费用计算标准参考

夏季月平均气温(℃)	混凝土降温幅度(℃)	温控措施	占混凝土总量比例(%)
≤20	5	个别高温时,加冰或加冷水拌制混凝土	20
		加冰、加冷水拌制混凝土	35
20~25	5~10	风或水预冷大骨料	25~35
		加冰、加冷水拌制混凝土	40~45
	>10	风冷大、中骨料	35~40
		加冰、加冷水拌制混凝土	45~55
>25	10~15	风冷大、中、小骨料	35~45
		加冰、加冷水拌制混凝土	55~60
	>15	风或水预冷大、中、小骨料	50
		加冰、加冷水拌制混凝土	60

注:当混凝土降温幅度要求5 ℃以上时,不论夏季月平均气温多少,均需采取坝体一、二期通水冷却和混凝土表面保护措施,此项措施费用计算标准为100%。

3. 不同温控措施的制冷指标

温控措施的制冷指标是指1 m^3 混凝土采取温控措施时,骨料预冷所需的冷风或冷水量、混凝土拌制所需的冷水或片冰量、混凝土浇筑后所需的通冷却水量和表面保护量。该指标应在施工组织设计中确定。编制概算时，如设计资料不足，可参考表5-37确定。

表5-37　每立方米温控混凝土不同措施制冷指标参考

温控措施名称	单位	夏季月平均气温(℃)				
		<20	20~25		>25	
		降温幅度(℃)				
		1~5	5~10	10~15	10~15	>15
骨料预冷耗风	m^3		450	750	1 100	1 300
骨料预冷耗水	t		1.0			1.35
加2 ℃冷水	kg	70	60	50	50	50
加片冰	kg	30	40	50	50	50
坝体一期通水	t		0.32	0.37	0.42	0.47
坝体二期通水	t	0.3~0.6	0.4~0.8	0.6~1.0	1.0~1.7	1.7~2.3
混凝土表面保护	m^2	0.32	0.38	0.43	0.49	0.54

4. 混凝土温度控制单价的编制步骤

1)计算混凝土出机口的温度

根据不同强度等级混凝土的材料配合比及其自然温度，可计算混凝土的出机口温度，如表5-38所示。若混凝土出机口温度已确定，则可按表5-38中的公式计算确定应预冷材料所需的冷却温度，并据此验算混凝土出机口温度是否能满足设计要求。

表5-38　混凝土出机口温度计算

序号	材料	质量 G (kN/m^3)	比热容 C ($kJ/(kg \cdot ℃)$)	温度 t (℃)	$G \times C = P$ ($kJ/(m^3 \cdot ℃)$)	$G \times C \times t = Q$ (kJ/m^3)
1	水泥及粉煤灰		0.796	$t_1 = T + 15$		
2	砂		0.963	$t_2 = T - 2$		
3	石子		0.963	t_3		
4	砂含水		4.2	$t_4 = t_2$		
5	石子含水		4.2	$t_5 = t_3$		
6	拌和水		4.2			
7	片冰		2.1 潜热335			$Q_7 = -335G_7$
8	机械热					Q_8
合计		出机口温度 $t_c = \sum Q / \sum P$			$\sum P$	$\sum Q$

注：1. 表中"T"为月平均气温，石子的自然温度可取与"T"同值。

2. 砂子含水量可取5%。

3. 风冷骨料的石子含水量可取0。

4. 淋水预冷骨料脱水后的石子含水量可取0.75%。

5. 混凝土拌和机械热取值：常温混凝土 $Q_8 = 2\ 094\ kg/m^3$，14 ℃混凝土 $Q_8 = 4\ 187\ kg/m^3$，7 ℃混凝土 $Q_8 = 6\ 281\ kg/m^3$。

6. 若给定了出机口、加冷水和加片冰量，则可按下式确定石子的冷却温度

$$t_3 = \frac{t_c \sum P - Q_1 - Q_2 - Q_4 - Q_5 - Q_6 - Q_8 + 335G_7}{0.963G_3}$$

2）计算各种温控措施制冷单价

制冷单价指预冷骨料所需的冷风、冷水等单价，又称分项措施单价。《预算定额》和《概算定额》附录中列有各分项温控措施单价计算表，根据施工组织设计选定的制冷方法可计算制冷直接费单价。

3）计算温控措施综合单价

温控措施复价是指每立方米温控混凝土所需不同温控措施的费用，其值等于该项温控措施制冷指标乘以降温幅度再乘以制冷单价，将各项温控措施的复价相加，可计算每立方米混凝土的温控综合直接费单价（见表5-39），计入其他直接费、现场经费、间接费、企业利润及税金后可得混凝土温度控制综合单价。

表5-39　混凝土预冷综合单价计算　（单位：m^3）

序号	项目	单位	数量 G	材料温度（℃）			分项措施单价 M	复价（元）$G \cdot \Delta t \cdot M$
				初温 t_0	终温 t_i	降幅 $\Delta t = t_0 - t_i$		
1	制冷水	kg					元/（kg·℃）	
2	制片冰	kg					元/kg	
3	冷水喷淋骨料	kg					元/（kg·℃）	
4	一次风冷骨料	kg					元/（kg·℃）	
5	二次风冷骨料	kg					元/（kg·℃）	
合计								

注：1. 冷水喷淋预冷骨料和一次风冷骨料，二者择其一，不得同时计费。

2. 根据混凝土出机口温度计算，骨料最终温度大于8 ℃时，一般可不必进行二次风冷，有时二次风冷是为了保温。

3. 一次风冷或水冷石子的初温可取月平均气温值。

4. 一次风冷或水冷之后，骨料转运到二次风冷料仓过程中，温度回升值可取1.5～2 ℃。

二、预制混凝土工程单价

预制混凝土包括混凝土预制、构件运输、构件安装等工序。

混凝土预制包括预制场冲洗、清理、配料、拌制、浇筑、振捣、养护，模板制作、安装、拆除、修整，以及预制场内混凝土运输、材料运输、预制件吊移和堆放等工作。预制混凝土构件的运输是指预制场至安装现场之间的运输。预制混凝土构件在预制场和安装现场的运输，包括在预制及安装定额内。构件安装主要包括安装现场冲洗、拌浆、吊装、砌筑、勾缝等。

《预算定额》分为混凝土预制、构件运输和构件安装三部分，各有分项子目，编制安装单价时，先分别计算混凝土预制和构件运输的直接费，将二者之和作为构件安装（或吊装）定额中"混凝土构件"项的单价，然后根据安装定额编制预制混凝土的综合预算单价。

《概算定额》是预制和安装的综合定额，已考虑了构件预制、安装和构件在预制场、安装现场内的运输所需的全部工、料、机消耗量，但不包括预制构件从预制场至安装现场之间的场外运输费用。编制概算单价时，需根据选定的运输方式套用构件运输定额，计算预制构件的场外运输直接费，然后将其代入预制安装定额编制预制混凝土综合概算单价。

预制混凝土定额中的模板材料均按预算消耗量计算，包括制作（钢模为组装）、安装、拆除维修的消耗及损耗，并考虑了周转和回收。

混凝土构件的预制、运输及吊(安)装,若预制混凝土构件重量超过定额中起重机械起重量,可用相应起重量机械替换,定额台时数不做调整。

三、钢筋制作安装工程单价

钢筋制作安装内容有:钢筋加工、绑扎、焊接、运输、现场安装等工序。现行概预算定额混凝土工程分章中,都有"钢筋制作与安装"子目,该子目适用于现浇与预制混凝土的各部位,以"t"为计量单位。《概算定额》中"钢筋"项的量已包括了切断和焊接等的损耗量以及截余短头作废料和搭接帮条等的附加量;《预算定额》仅含加工损耗,不包括搭接长度及施工架立钢筋用量。

四、沥青混凝土工程单价

水利水电工程常用的沥青混凝土为碾压式沥青混凝土,分开级配(孔隙率大于5%,含少量或不含矿粉)和密级配(孔隙率小于5%,含一定量矿粉)。开级配适用于防渗墙的整平胶结层和排水层,密级配适用于防渗墙的防渗层和岸边接头部位。沥青混凝土单价编制方法与常规混凝土单价编制方法基本相同。

五、混凝土工程单价编制示例

【例5-8】 工程背景:一般地区某供水工程的引水闸工程,上游连接段翼墙为悬臂式挡土墙,墙厚30 cm,设计混凝土强度等级为C20,根据设计,混凝土埋石率5%,二级配,采用卵石、中砂配制;施工组织设计采用0.4 m^3 拌和机拌制混凝土,水平运输混凝土用胶轮车,运距50 m,采用泻槽垂直运输,斜距7 m,人工入仓浇筑。

已知:基础单价及费率见表5-40。

表5-40 基础单价及费率

序号	项目名称	单位	单价(元)	序号	项目名称	单位	单价(元)
1	工长	工时	9.27	10	水泥	t	300
2	高级工	工时	8.57	11	水	m^3	1.5
3	中级工	工时	6.62	12	购买块石	m^3	75
4	初级工	工时	4.64	13	购买中砂	m^3	75
5	搅拌机 0.4 m^2	台时	23.47	14	其他直接费费率	%	4.6
6	胶轮车	台时	0.9	15	间接费费率	%	8.5
7	振捣器插入式1.1 kW	台时	2.02	16	利润率	%	7
8	风水轮	台时	24.99	17	税率	%	11
9	卵石	m^3	70				

问题:参考《预算定额》和《编规》,如果块石运输影响浇筑的干扰系数为1.02,计算引水闸工程挡土墙混凝土工程预算单价。

解:(1)计算每立方米混凝土材料单价。

由《预算定额》附录"纯混凝土材料配合比及材料用量表",并考虑埋石和中砂换粗砂的影响，计算混凝土半成品材料单价如表5-41所示。

表5-41　埋石混凝土材料单价计算

材料名称	单位	材料预算量	材料预算单价(元)	合价(元)
块石	m^3	1.67×5%	70.00	5.85
水泥(32.5)	t	0.289×1.07×(1－5%)	255.00	74.91
中砂	m^3	0.49×0.98×(1－5%)	70.00	31.93
卵石	m^3	0.81×0.98×(1－5%)	70.00	52.79
水	m^3	0.15×1.07×(1－5%)	1.5	0.23
混凝土材料单价(元/m^3)				178.93

(2)计算混凝土拌制基本直接费。

由《预算定额》第四章搅拌机拌制混凝土，计算过程如表5-42所示。

表5-42　建筑工程单价表

单价编号	01		项目名称	块石挡土墙	
定额编号	40134		定额单位	100 m^3	
施工方法:0.4 m^3 混凝土拌和机拌制混凝土					
序号	名称及规格	单位	数量	单价(元)	合价(元)
1	基本直接费	元			2 102.88
(1)	人工费	元			1 564.49
	初级工	工时	162.4	4.64	753.54
	中级工	工时	122.5	6.62	810.95
(2)	材料费	元			
	零星材料费	%	2		41.23
(3)	机械使用费	元			497.16
	拌和机	台时	18.0	23.47	422.46
	胶轮车	台时	83.0	0.90	74.70
合计		元			2 102.88

(3)计算混凝土水平运输基本直接费，如表5-43所示。

表 5-43　建筑工程单价表

单价编号	02	项目名称	混凝土运输
定额编号	40143	定额单位	100 m^3

施工方法:胶轮车运混凝土 50 m

序号	名称及规格	单位	数量	单价(元)	合价(元)
1	基本直接费	元			419.36
(1)	人工费	元			345.22
	初级工	工时	74.4	4.64	345.22
(2)	材料费	元			23.74
	零星材料费	%	6		23.74
(3)	机械使用费	元			50.40
	胶轮车	台时	56.00	0.90	50.40
	合计	元			419.36

(4)计算混凝土垂直运输基本直接费如表 5-44 所示。

表 5-44　建筑工程单价表

单价编号	03	项目名称	混凝土运输
定额编号	40172	定额单位	100 m^3

施工方法:泻槽运送混凝土,斜距 7 m

序号	名称及规格	单位	数量	单价(元)	合价(元)
1	基本直接费	元			196.00
(1)	人工费	元			163.33
	初级工	工时	35.2	4.64	163.33
(2)	材料费	元			32.67
	零星材料费	%	20		32.67
	合计	元			196.00

混凝土运输基本直接费:(419.36 + 196.00) ÷ 100 = 6.15(元/m^3)。

(5)计算混凝土挡土墙预算单价。

《预算定额》混凝土墙浇筑是按混凝土泵入仓拟定的,采用人工入仓时,根据定额子目下面的"注",需增加初级工 165.1 工时,并取消混凝土输送泵。另本例还应考虑埋石增加初级工 24 工时。将混凝土材料单价、混凝土拌制、运输基本直接费单价代入表 5-45,计算得混凝土挡土墙单价。

表 5-45　建筑工程单价表

单价编号	04	项目名称	挡土墙混凝土
定额编号	40069	定额单位	100 m^3

施工方法:人工入仓,振捣器振捣浇筑

序号	名称及规格	单位	数量	单价(元)	合价(元)
一	直接费	元			27 024.02
1	基本直接费	元			25 835.58
(1)	人工费	元			3 659.82
	工长	工时	13.5	9.27	125.15
	高级工	工时	31.6	8.57	270.81
	中级工	工时	252.9	6.62	1 674.20
	初级工	工时	153.5 + 165.1 + 24	4.64	1 589.66
(2)	材料费	元			19 042.14
	埋石混凝土	m^3	103	178.92	18 428.76
	水	m^3	160	1.50	240.00
	其他材料费	%	2	18 668.76	373.38
(3)	机械使用费	元			462.02
	振捣器　1.1 kW	台时	49.50	2.02	99.99
	风水枪	台时	12.36	24.99	308.88
	其他机械费	%	13	408.87	53.15
(4)	混凝土拌制	m^3	103 × (1 – 5%)	21.03	2 057.79
(5)	混凝土运输	m^3	103 × (1 – 5%) × 1.02	6.15	613.81
2	其他直接费	%	4.6	25 835.58	1 188.44
二	间接费	%	8.5	27 024.02	2 297.04
三	利润	%	7	29 321.06	2 052.47
四	材料补差	元			1 639.56
	块石	m^3	1.67 × 5% × 103	5.00	43.00
	中砂	m^3	0.49 × 0.98 × (1 – 5%) × 103	5.00	234.94
	水泥		0.289 × 103 × 1.07 × (1 – 5%)	45	1 361.62
五	税金	%	11	33 013.09	3 631.44
六	合计	元			36 644.53
	工程单价	元/ m^3			366.44

任务六　模板工程单价编制

模板工程是混凝土施工中的重要工序,它不仅影响混凝土工程外观质量,制约混凝土施工进度,而且对混凝土工程造价影响也很大。模板一般包括平面模板、曲面模板、异形模板、滑模、钢模台车等。模板工程定额适用于各种水工建筑物的现浇混凝土。

模板工程包括模板制作、运输、安装及拆除。模板定额计量单位为立模面面积,即混凝土与模板的接触面积。立模面面积的计量,一般应按满足建筑物体型及施工分缝要求所需的立模面计算。当缺乏实测资料时,可参考《概算定额》和《预算定额》附录"水利工程混凝土建筑物立模面系数参考表",根据混凝土结构部位的工程量计算立模面面积。

一、模板定额的工作内容

(一)模板制作工作内容

模板制作主要包括:木模板制作,木桁(排)架制作,木立柱、围令制作,钢架制作,预埋铁件制作,以及模板的运输等。各工作包含的内容如下:

(1)木模板制作:板条锯断、刨光、裁口,骨架(或圆弧板带)锯断、刨光,板条骨架拼钉,板面刨光、修整。

(2)木桁(排)架制作:枋木锯断、凿榫、打孔,砍刨拼装,上螺栓、夹板。

(3)木立柱、围令制作:枋木锯断、刨平、打孔。

(4)钢架制作:型材下料、切断、打孔、组装、焊接。

(5)预埋铁件制作:拉筋切断、弯曲、套扣,型材下料、切割、组装、焊接。

(6)模板运输:包括模板、立柱、围令及桁(排)架等,自工地加工厂或存放场运输至安装工作面。

(二)模板安装、拆除工作内容

定额的主要工作内容有模板(包括模板、排架、钢架、预埋件等)的安装、拆除、除灰、刷脱模剂、维修、倒仓、拉筋割断等。

二、模板工程单价编制

(一)模板制作单价

按混凝土结构部位的不同,可选择不同类型的模板制作定额,编制模板制作单价。如悬臂组合钢模板、普通标准钢模板、普通平面木模板、蜗壳模板、滑升式模板等。在编制模板制作单价时,要注意各节定额的适用范围和工作内容,特别是各节定额下面的"注",应仔细阅读,以便对定额做出正确的调整。

模板属周转性材料,其费用应进行摊销。模板制作定额的人工、材料、机械用量是考虑多次周转和回收后使用一次的摊销量,也就是说,按模板制作定额计算的模板制作单价是模板使用一次的摊销价格。

(二)模板安装、拆除单价

1. 模板安装、拆除概算单价

《概算定额》模板安装各节子目中将“模板”作为材料列出,定额中“模板”的预算价格可按制作定额计算(取直接费)。如果采用外购模板,材料定额中“模板”的预算价格可按下式计算

$$模板预算价格=(外购模板预算价格-残值)\div 周转次数\times 综合系数 \quad (5\text{-}21)$$

式中,残值为10%,周转次数为50次,综合系数为1.15(含露明系数及维修损耗系数)。

将模板材料的价格代入相应的模板安装、拆除定额,可计算模板工程单价。

2. 模板安装、拆除预算单价

《预算定额》模板安装、拆除与制作一般在同一节定额相邻子目中编列,模板安装、拆除预算单价与制作预算单价的编制方法相同。

编制模板工程预算单价时,将制作单价和安装、拆除单价叠加即可。如采用外购模板,可按《概算定额》外购模板预算价格计算公式计算模板制作单价。

三、编制模板工程单价应注意的问题

(1)定额中模板材料均按预算消耗量计算,包括了制作、安装、拆除、维修的损耗和消耗,并考虑了周转和回收。

(2)《概算定额》隧洞衬砌模板及涵洞模板定额中的堵头和键槽模板已按一定比例摊入定额中,不再计算立模面面积。《预算定额》需计算堵头和键槽模板立模面面积,并单独编制其单价。

(3)模板定额中的“铁件”和“预制混凝土柱”均按成品预算价格计算。《概算定额》铁件包括铁钉、铁丝及预埋铁件,《预算定额》中铁件和预埋铁件分列。

(4)模板定额中的材料,除模板本身外,还包括支撑模板的立柱、围令、桁(排)架及铁件等。对于悬空建筑物(如渡槽槽身)的模板,计算到支撑模板结构的承重梁(或枋木)为止,承重梁以下的支撑结构未包括在本定额内,需另行计算。

(5)滑模台车、针梁模板台车和钢模台车的行走机构、构架、模板及其支撑型钢,为拉滑模板或台车行走及支立模板所配备的电动机、卷扬机、千斤顶等动力设备,均作为整体设备以工作台时计入定额。

(6)滑模台车定额中的材料包括滑模台车轨道及安装轨道所用的埋件、支架和铁件。针梁模板台车和钢模台车轨道及安装轨道所用的埋件等应计入其他施工临时工程。

(7)坝体廊道模板,均采用一次性(一般为建筑物结构的一部分)预制混凝土模板。混凝土模板制作及安装,可按混凝土工程定额中的混凝土预制及安装相应子目编制。若混凝土工程定额中没有相应的子目,采用编制补充定额的方法计算。

(8)《概算定额》其他材料费的计算基数不包括模板本身的费用。

四、模板工程单价编制示例

【例5-9】 工程背景:由例5-8供水工程的引水闸工程,挡土墙采用普通标准钢模板。已知:基础单价及费率见表5-46。

表 5-46 基础单价及费率

序号	项目名称	单位	单价(元)	序号	项目名称	单位	单价(元)
1	工长	工时	9.27	10	预埋铁件	kg	6.50
2	高级工	工时	8.57	11	预制混凝土柱	m^3	350.00
3	中级工	工时	6.62	12	钢筋切断机 20 kW	台时	28.98
4	初级工	工时	4.64	13	载重汽车 5 t	台时	53.16
					汽车起重机 5 t	台时	64.09
5	组合钢模板	kg	6.00	14	电焊机 25 kVA	台时	15.22
6	型钢	kg	4.60	15	其他直接费费率	%	4.6
7	卡扣件	kg	6.30	16	间接费费率	%	7
8	铁件	kg	6.50	17	利润率	%	7
9	电焊条	kg	5.00	18	税率	%	11

问题:(1)参考《预算定额》编制某引水闸底板模板工程基本直接费单价。

(2)若立模系数为 1.5 m^2/m^3,计算混凝土基本直接费单价。

解:(1)查《预算定额》第五章第二节,根据定额适用范围可知普通标准钢模板可用于水闸挡土墙。计算如下:

①模板制作基本直接费的计算见表 5-47。

表 5-47 建筑工程单价表(一)

单价编号	01	项目名称	模板制作
定额编号	50003	定额单位	100 m^2

施工方法:预埋件制作,模板运输

序号	名称及规格	单位	数量	单价(元)	合价(元)
1	基本直接费	元			972.51
(1)	人工费	元			75.55
	工长	工时	1.1	9.27	10.197
	高级工	工时	3.7	8.57	31.71
	中级工	工时	4.1	6.62	27.14
	初级工	工时	1.4	4.64	6.50
(2)	材料费	元			863.85
	组合钢模板	kg	79.57	6.00	477.42
	型钢	kg	42.97	4.60	197.66
	卡扣件	kg	25.33	6.30	159.58

续表 5-47

序号	名称及规格	单位	数量	单价(元)	合价(元)
	铁件	kg	1.50	6.50	9.75
	电焊条	kg	0.50	5.00	2.50
	其他材料费	%	2		16.94
(3)	机械使用费	元			33.11
	钢筋切断机　20 kW	台时	0.06	28.98	1.74
	载重汽车　5 t	台时	0.36	53.16	19.14
	电焊机　25 kVA	台时	0.70	15.22	10.65
	其他机械费	%	5		1.58
	合计	元			972.51

②计算模板安装、拆除基本直接费(见表 5-48)。

表 5-48　建筑工程单价表(二)

单价编号	02	项目名称	模板安装、拆除
定额编号	50004	定额单位	100 m^2

施工方法:模板安装、拆除、拉筋割断、维修、倒仓

序号	名称及规格	单位	数量	单价(元)	合价(元)
1	基本直接费	元			3 560.41
(1)	人工费	元			1 658.08
	工长	工时	17.0	9.27	157.59
	高级工	工时	82.7	8.57	708.74
	中级工	工时	119.6	6.62	791.75
(2)	材料费	元			916.80
	预埋铁件	kg	121.68	6.50	790.92
	混凝土柱	m^3	0.28	350	98.00
	电焊条	kg	1.98	5.00	9.90
	其他材料费	%	2		17.98
(3)	机械使用费	元			985.53
	汽车起重机　5 t	台时	14.17	64.09	908.16
	电焊机　25 kVA	台时	2.00	15.22	30.44
	其他机械费	%	5		46.93
	合计	元			3 560.41

③模板工程预算基本直接费单价

$$9.73+35.60=45.33(\text{元}/m^2)$$

(2)若立模系数为1.5 m^2/m^3,混凝土基本直接费单价计算如下:

模板分摊入混凝土基本直接费单价为:$45.33\times1.5=68(\text{元}/m^3)$

混凝土基本直接费单价为:$258.36+68=326.36(\text{元}/m^3)$

任务七　基础处理工程单价编制

基础处理工程包括钻孔灌浆、混凝土防渗墙、灌注桩、锚杆支护、预应力锚索、喷混凝土等。

一、钻孔灌浆工程单价

钻孔灌浆按其作用可分为帷幕灌浆、固结灌浆、接触灌浆等。灌浆方式有一次灌浆法和分段灌浆法,后者又可分为自上而下法和自下而上法。灌浆的工艺流程一般为:施工准备、钻孔、冲洗、表面处理、压水试验、灌浆、封孔和质量检查。

影响灌浆工程单价的因素多而复杂,需根据施工条件和工艺流程正确选用定额,具体编制步骤如下。

(一)认真收集基本资料

(1)设计数据:包括灌浆孔深、排数、灌浆压力、钻灌比等。设计钻孔深度与灌浆深度之比,即钻灌比。例如廊道中灌浆,钻孔深度是指基岩面以下灌浆孔深和基岩面以上到廊道底面的混凝土厚度,而灌浆深度只从基岩面以下计算。

(2)地质资料:包括地层剖面情况、岩石级别和岩层单位吸水率等。定额系按岩石十六级分类法中Ⅴ~ⅩⅣ级拟定,大于ⅩⅣ级的岩石,可参照有关资料拟定定额。钻混凝土时,除定额注明外,一般按粗骨料的岩石级别计算。

(3)灌浆试验资料:如灌浆孔单位水泥耗量(干料耗用量)等。定额中的水泥和化学材料耗用量系概算(或预算)参考量,如有实测资料,可按实际耗用量调整。

(4)施工组织设计资料:包括灌浆方式、制浆方式(集中制浆或分散制浆)、钻孔方法(机钻或风钻)、施工条件(露天、洞内等)和水泥品种与强度等级等。

(二)选用定额

1.定额计量单位

定额中帷幕、固结灌浆工程量,按设计灌浆长度(m)计算;回填、接缝灌浆工程量,按设计灌浆面积(m^2)计算。定额钻孔与灌浆分列,工程量分别以钻孔长度和灌浆长度或面积计算。

2.定额内容

《概算定额》已综合考虑了不同类型的钻孔,如基本孔、检查孔、先导孔和试验孔,同时,钻检查孔、压水试验等工作内容已按灌浆施工规范计入了定额,编制概算单价时,不需要再单独计算此项费用。

《预算定额》一般没有综合考虑上述内容,计算钻孔工作量时应分别列项计算检查孔、试验孔和先导孔的钻孔量。计算灌浆工程量时，除设计灌浆总长度外，应考虑检查孔补灌浆长度。此外，检查孔压水试验工程量，应单独列项编制其单价。

钻孔、灌浆各节定额子目下面的“注”较多，选用定额时应认真阅读，以免发生错误。还应指出，有些工程只需计算钻孔工作量，如排水孔和观测孔等；有些工程只需计算灌浆工作量，如回填灌浆、接缝灌浆等；有些工程则需分别计算钻孔和灌浆工作量，根据钻灌比编制钻孔灌浆综合单价，如帷幕灌浆和固结灌浆等。

（三）使用定额注意事项

（1）钻机钻孔时，当终孔孔径大于91 mm或孔深超过70 m时，改用300型钻机。

（2）在廊道或隧洞内施工时，人工、机械定额乘以表5-49所列系数。

表5-49　人工、机械数量调整系数

廊道或隧洞高度(m)	0~2.0	2.0~3.5	3.5~5.0	>5.0
系数	1.19	1.10	1.07	1.05

（3）采用地质钻钻不同角度的灌浆孔或观测孔、试验孔时，人工、机械、合金片、钻头和岩芯管定额乘以表5-50所列系数。

表5-50　人工、机械等调整系数

钻孔与水平夹角(°)	0~60	60~75	75~85	85~90
系数	1.19	1.05	1.02	1.00

（4）在有架子的平台上钻孔，平台到地面孔口高差超过2.0 m，钻机和人工定额乘1.05系数。

（5）灌浆定额中水泥强度等级的选择应符合设计要求，设计未明确的，可按以下标准选择：回填灌浆32.5、帷幕与固结灌浆32.5、接缝灌浆42.5、劈裂灌浆32.5、高喷灌浆32.5。

（6）定额中灌浆压力划分标准为：高压大于3.0 MPa，中压1.5~3.0 MPa，低压小于1.5 MPa。

二、混凝土防渗墙单价

混凝土防渗墙分为造孔定额和水下浇筑混凝土定额，造孔按地层（分为十一类）划分子目，混凝土浇筑按墙厚（或浇筑量）划分子目。使用定额时需注意：

（1）《概算定额》造孔和混凝土浇筑均以防渗墙阻水面积（m^2）作为定额的计量单位。《预算定额》冲击钻造孔计量单位为折算米，液压开槽机成槽和射水成槽计量单位为阻水面积（m^2），混凝土浇筑以浇筑量（m^2）为单位。折算米计算方法如下

$$\text{折算米} = \frac{LH}{d} \tag{5-22}$$

式中　L——槽长，m；

H——平均槽深，m；

d——槽底厚度，m。

（2）《预算定额》混凝土防渗墙墙体连接如采用钻凿法，需增加钻凿混凝土的工程量，其计算方法如下

$$钻凿混凝土(m) = (n-1)H \tag{5-23}$$

式中　n——墙段个数；

H——平均墙深，m。

《概算定额》增加钻凿混凝土工程量所需的人工、材料和机械消耗已包含在定额中。

（3）《预算定额》浇筑混凝土工程量中未包括施工附加量及超填量，计算施工附加量时应考虑接头和墙顶增加量，计算超填量时应考虑扩孔的增加量。具体计算方法可参考混凝土防渗墙浇筑定额下面的"注"。《概算定额》浇筑混凝土工程量中已包含了上述内容。

三、桩基础工程单价

桩基础工程包括振冲桩、灌注桩等。使用定额时应注意：

（1）振动桩按地层不同划分子目，以桩深（m）为计量单位。

（2）灌注桩《预算定额》一般按造孔和灌注划分，造孔按地层划分子目，以桩长（m）计量。灌注混凝土以造孔方式划分子目，以灌注量（m^3）计量。《概算定额》以桩径大小、地层情况划分子目，综合了造孔和浇筑混凝土整个施工过程。

四、基础处理工程单价编制示例

【例5-10】　工程背景：某水利工程位于海拔1 000 m以下地区，地基处理采用混凝土防渗墙方案，选用冲击反循环钻机成槽法施工，墙体接头采用钻凿法，地层为粉细砂，墙长1 500 m，墙厚0.8 m，平均墙深50 m，槽长10 m。

已知：（1）接头系数 $K_1 = 1 + 墙厚 \div (槽长 - 墙厚)$，墙顶系数 $K_2 = 1 + 0.5 \div 墙深$，扩孔系数 $K_3 = 1.15$。

（2）混凝土防渗墙造孔预算单价为1 000元/折算米，钻凿混凝土预算单价为233.28元/m，混凝土防渗墙浇筑预算单价为300元/m^3。

问题：计算该防渗墙工程预算投资。

解：（1）造孔。

造孔工程量 $=1\,500 \times 50 \div 0.8 = 93\,750$（折算米）

造孔预算投资 $=93\,750 \times 1\,000 \div 10\,000 = 9\,375$（万元）

（2）钻凿混凝土。

钻凿混凝土工程量 $=(1\,500 + 10 - 1) \times 50 = 75\,450$（m）

钻凿混凝土预算投资 $=75\,450 \times 233.28 \div 10\,000 = 173.79$（万元）

混凝土浇筑接头系数 $K_1 = 1 + 0.8 \div (10 - 0.8) = 1.09$

墙顶系数 $K_2 = 1 + 0.5 \div 50 = 1.01$

扩孔系数 $K_3=1.15$

混凝土浇筑工程量 $=1\ 500\times50\times0.8\times K_1\times K_2\times K_3$

$=1\ 500\times50\times0.8\times1.09\times1.01\times1.15=75\ 962.10(m^3)$

混凝土浇筑预算投资 $=75\ 962.10\times300\div10\ 000=2\ 278.86$(万元)

(3)总预算投资。

$$9\ 375+173.79+2\ 278.86=11\ 827.65(\text{万元})$$

【例 5-11】 工程背景:地处一般地区的某重力坝枢纽,坝基采用双排帷幕灌浆防渗,坝基注水试验透水率为 8 ~ 10 Lu,在基础灌浆排水廊道内灌浆,廊道高度 3m,采用自下而上灌浆,钻孔平均深度 35 m,坝基岩层平均级别为Ⅸ ~ Ⅹ。

已知:基础单价和费率见表 5-51。

问题:根据工程背景分别编制坝基帷幕灌浆造孔、帷幕灌浆概算单价。

表 5-51 基础单价及费率

序号	项目名称	单位	单价(元)	序号	项目名称	单位	单价(元)
1	工长	工时	11.55	12	地质钻孔 150 型	台时	46.96
2	高级工	工时	10.67	13	地质钻孔 300 型	台时	51.44
3	中级工	工时	8.9	14	灌浆泵中压泥浆	台时	39.18
4	初级工	工时	6.13	15	胶轮车	台时	0.7
5	金刚石钻头	个	1 000	16	泥浆搅拌机	台时	29.61
6	岩芯管	m	80	17	灰浆搅拌机	台时	18.66
7	钻杆	m	45	18	其他直接费费率	%	7
8	水泥	t	255	19	间接费费率	%	10.5
9	水	m^3	0.4	20	利润率	%	7
10	扩孔管	个	450.00	21	税率	%	11
11	钻杆接头	个	16.00				

解:(1)帷幕灌浆造孔单价计算。

如表 5-52 所示,由计算结果可知帷幕灌浆造孔单价为 228.19 元/m。

(2)帷幕灌浆单价计算。

如表 5-53 所示,由计算结果可知帷幕灌浆单价为 415.44 元/m。

表 5-52　建筑工程单价表

单价编号	01	项目名称	帷幕灌浆造孔
定额编号	70002	定额单位	100 m

施工方法:150 型地质钻机廊道内钻孔,自下而上灌浆,岩层平均级别为Ⅸ ~ Ⅹ

序号	名称及规格	单位	数量	单价(元)	合价(元)
一	直接费				17 387.32
1	基本直接费				16 249.83
(1)	人工费	元			3 722.81
	工长	工时	21 × 1.10	11.55	266.81
	高级工	工时	43 × 1.10	10.67	504.69
	中级工	工时	152 × 1.10	8.9	1 488.08
	初级工	工时	217 × 1.10	6.13	1 463.23
(2)	材料费	元			5 801.41
	金钢石钻头	个	3.3	1 000	3 300
	扩孔器	个	2.3	450	1 035
	岩芯管	m	3.3	80	264
	钻杆	m	2.9	45	130.5
	钻杆接头	个	3.2	16	51.2
	水	m^3	660	0.4	264
	其他材料费	%	15	5 044.7	756.71
(3)	机械使用费	元			6 725.61
	地质钻机　150 型	台时	124 × 1.10	46.96	6 405.34
	其他机械费	%	5	6 405.34	320.27
2	其他直接费	%	7	16 249.83	1 137.49
二	间接费	%	10.5	17 387.32	1 825.67
三	利润	%	7	19 212.99	1 344.91
四	材料补差	元	0	0	0
五	税金	%	11	20 557.90	2 261.37
六	合计	元			22 819.27
	单价	元/m			228.19

表 5-53 建筑工程单价表

单价编号	02	项目名称	帷幕灌浆
定额编号	70033	定额单位	100 m

施工方法:自下而上灌浆,基岩透水率为 8 ~ 10 Lu

序号	名称及规格	单位	数量	单价(元)	合价(元)
一	直接费				31 654.81
1	基本直接费				29 583.93
(1)	人工费	元			10 759.93
	工长	工时	67 × 1.10 × 0.97	11.55	825.70
	高级工	工时	137 × 1.10 × 0.97	10.67	1 559.73
	中级工	工时	408 × 1.10 × 0.97	8.9	3 874.49
	初级工	工时	688 × 1.10 × 0.97	6.13	4 500.01
(2)	材料费	元			2 226.71
	水泥	m^3	8.9 × 0.75	255	1 702.12
	水	m^3	699 × 0.96	0.4	268.42
	其他材料费	%	13	1 970.54	256.17
(3)	机械使用费	元			16 597.29
	灌浆泵 中压泥浆	台时	243.7 × 1.10 × 0.97	39.18	10 187.89
	灰浆搅拌机	台时	209.6 × 1.10	18.66	4 302.25
	地质钻机 300 型	台时	22.8 × 1.10	51.44	1 290.12
	胶轮车	台时	46.2 × 1.10 × 0.75	0.70	26.68
	其他机械费	%	5	15 806.94	790.35
2	其他直接费	%	7	29 583.93	2 070.88
二	间接费	%	10.5	31 654.81	3 323.75
三	利润	%	7	34 978.56	2 448.50
四	材料补差	元	0	0	0
五	税金	%	11	37 427.06	4 116.98
六	合计	元			41 544.04
	单价	元/m			415.44

任务八 设备安装工程单价编制

安装工程包括机电设备安装和金属结构设备安装。前者主要指水轮机组、起重设备、辅助设备、主变压器、高压设备和电气设备等;后者主要指闸门、启闭机、压力钢管等。安装工程费包括设备安装费和构成工程实体的装置性材料费与装置性材料安装费。

一、安装工程定额

(一)定额的内容

《安装工程概算定额》包括"水轮机安装、水轮发电机安装、大型水泵安装、进水阀安装、水力机械辅助设备安装、电气设备安装、变电站设备安装、通信设备安装、起重设备安装、闸门安装、压力钢管制作及安装"共十一章以及附录。《安装工程预算定额》章节划分较细,并将"调速系统安装"和"电器调整"单列成两章,另外,增列"设备工地运输"一章共十四章及附录。

(二)定额的表现形式

1. 实物量形式

以实物量形式表示的定额,给出了设备安装所需的人工工时、材料和机械使用量,此方法计算较准确,应用普遍。现行《安装工程预算定额》的全部和《安装工程概算定额》中的主要设备采用此方式表示。

2. 安装费率形式

安装费率是指安装费占设备原价的百分率。以安装费率形式表示的定额,给出了人工费、材料费、机械使用费和装置性材料费占设备原价的百分比。定额人工费安装费率以北京地区为基准给出,在编制安装工程单价时,需根据编制地区的不同进行调整。设备原价本身受市场价格变化的影响而浮动,因此材料费和机械使用费费率不需调整(可认为与市场价格同步增长)。这种简化的计算方法对投资不大的辅助设备、试验设备等不失为一种节省计算工作量的好方法。如《安装工程概算定额》中水力机械辅助设备,电气设备中的发电电压设备、电气试验设备等,采用安装费率形式表示。

二、安装工程单价编制

安装工程单价由直接工程费、间接费、计划利润和税金组成。其编制方法有实物量法和安装费率法。

(一)实物量法

安装工程实物量形式定额与建筑工程定额相似,单价编制方法亦基本相同,只是单价的费用项目组成略有不同。安装工程中的材料可分为消耗性材料和装置性材料。消耗性材料是指在安装过程中被逐渐消耗的材料,如氧气、电石、焊条等。装置性材料是指按照设备与材料的划分规则,那些不属于设备但又和设备一样需要安装的材料及附件。例如轨道、管路、电缆、母线等;附件如轨道的垫板、螺栓,电缆的支架等。

在安装工程概预算定额的分章说明中,一般都将本章未计价装置性材料的名称列出。

编制安装工程单价时，对于定额中未计价的装置性材料，应按设计确定的规格、数量和在本工程中的预算价格计算其费用（含规定损耗量增加的费用）。在初步设计阶段，如设计提不出具体的装置性材料的规格、数量，也可参照《安装工程概算定额》附录中有关资料计算。

（二）安装费率法

采用安装费率计算安装费单价时，定额人工费安装费率需要调整，调整方法是将定额人工费安装费率乘以本工程人工费安装费率调整系数。人工费安装费率调整系数计算如下

$$人工费安装费率调整系数=\frac{工程所在地人工预算单价}{北京地区人工预算单价} \tag{5-24}$$

式中，人工预算单价是指工时预算单价，北京地区人工预算单价需根据定额主管部门发布的与工程同期北京地区安装人工预算单价确定。

进口设备的安装费率也需要调整，调整方法是将定额人工费、材料费、机械使用费、装置性材料费安装费率乘以进口设备安装费率调整系数。进口设备安装费率调整系数计算如下

$$进口设备安装费率调整系数=\frac{同类国产设备原价}{进口设备原价} \tag{5-25}$$

（三）安装工程单价计算

安装工程单价费用组成及计算方法见表5-54。

表5-54　安装工程单价计算程序

序号	项目	计算方法	
		实物量法	安装费率法
（一）	直接费	（1）+（2）+（3）	（1）+（2）+（3）
（1）	基本直接费	①+②+③	①+②+③+④
①	人工费	Σ（定额人工工时数×人工预算单价）	设备原价×定额人工费安装费率×人工费调整系数
②	材料费	Σ（定额材料用量×材料预算价格）	设备原价×定额材料费安装费率
③	机械使用费	Σ（定额机械台时用量×机械台时费）	设备原价×定额机械使用费安装费率
④	装置性材料费		设备原价×定额装置性材料费安装费率
（2）	其他直接费	（1）×其他直接费费率	（1）×其他直接费费率
（二）	间接费	①×间接费费率	①×间接费费率
（三）	利润	[（一）+（二）]×利润率	[（一）+（二）]×利润率
（四）	未计价装置性材料费	未计价装置性材料用量×材料预算价格	
（五）	税金	[（一）+（二）+（三）+（四）]×税率	[（一）+（二）+（三）]×税率
（六）	工程单价	（一）+（二）+（三）+（四）+（五）	（一）+（二）+（三）+（五）

（四）编制安装工程单价需注意的问题

（1）使用电站主厂房桥式起重机进行安装工作时，桥式起重机台时费不计基本折旧

费和安装拆卸费。

(2)计算装置性材料预算用量时,应按定额规定操作损耗率计入操作损耗量。

(3)安装工程概预算定额除各章说明外,还包括以下工作内容:

①设备安装前后的开箱、检查、清扫、滤油、注油、刷漆和喷漆工作。

②安装现场内的设备运输。

③随设备成套供应的管路及部件的安装。

④设备的单体试运转、管和罐的水压试验、焊接及安装的质量检查。

⑤现场施工临时设施的搭拆及其材料、专用特殊工器具的摊销。

⑥施工准备及完工后的现场清理工作。

⑦竣工验收移交生产前对设备的维护、检修和调整。

(4)设备与材料的划分。

①制造厂成套供货范围的部件、备品备件、设备体腔内定量填充物(透平油、变压器油、六氟化硫气体等)均作为设备。

②不论成套供货、现场加工或零星购置的贮气罐、阀门、盘用仪表、机组本体上的梯子、平台和栏杆等均作为设备,不能因供货来源不同而改变设备的性质。

③管道和阀门如构成设备本体部件,应作为设备,否则应作为材料。

④随设备供应的保护罩、网门等,凡已计入相应设备出厂价格内的,应作为设备,否则应作为材料。

⑤电缆和电缆头,电缆和管道用的支架、母线、金具、滑触线和架,屏盘的基础型钢、钢轨、石棉板、穿墙隔板、绝缘子,一般用保护网、罩、门、梯子、平台、栏杆和蓄电池木架等,均作为材料。

(5)《安装工程预算定额》单列"设备工地运输"一章,是指设备自工地设备库(或堆放场)至安装现场的运输。编制设备安装预算单价时,应计入"设备工地运输"单价。

(6)使用安装工程定额时,除有规定外,对不同地区、施工企业、机械化程度和施工方法等因数,均不做调整。

安装工程定额与建筑工程定额有许多相似之处,这里不再赘述。如定额中数字适用范围的表示方式,定额中零星材料费、其他材料费、其他机械使用费的取费基础等。

【例5-12】 工程背景:一般地区某水电站桥机自重200 t,主钩起吊力250 t,另有平衡梁25 t;轨道长182 m(18.2×双10 m),型号QU120,滑触线长182 m(18.2×三相10 m),无辅助母线。

已知:其他直接费费率7.7%,间接费费率75%,利润率7%,税率11%。

问题:编制水电站发电厂桥式起重设备安装概算单价。

解:(1)定额子目的选用。

《安装工程概算定额》桥机、轨道、滑触线分列不同子目,应分别计算安装费单价。其中,桥机按主钩起重能力选用子目,但本题桥机起吊时配有平衡梁,按桥机主钩起重能力加平衡梁质量之和(计275 t)选用定额子目。

(2)未计价装置性材料用量确定。

根据《安装工程概算定额》起重设备安装一章说明,轨道和滑触线属于装置性材料的安装，其数量可从《安装工程概算定额》附录中查得，见表5-55。

(3)安装工程直接费计算。

查定额可计算桥机、轨道、滑触线安装直接费，详细计算过程略，表5-55仅列出人工费、材料费、机械使用费和装置性材料费。

(4)计算安装工程概算单价。

桥机、轨道、滑触线等安装概算单价计算结果见表5-56。

(5)桥式起重机的安装工程费。

178 194.08 + 25 377.14 × 18.2 + 3 220.15 × 18.2 = 178 194.08 + 461 863.95 + 58 606.73 = 698 664.76(元/台)

表5-55　桥式起重设备安装直接费计算

序号	项目	桥机 (元/台)	轨道 (元/双10 m)	滑触线 (元/三相10 m)
1	人工费	49 926.35	2 279.35	551.26
2	材料费	14 178.40	685.93	240.34
3	机械使用费	40 433.92	412.41	165.15
4	装置性材料费 其中：钢轨 垫板 型钢 螺栓 绝缘子		17 140.70 2 433 × 4.30 1 358 × 4.00 163 × 4.60 142 × 3.50	1 356.10 236 × 4.60 3 × 3.50 13 × 20
5	基本直接费	104 538.67	3 377.69	956.75
6	定额编号	09011,09012	09095	09099

表5-56　桥式起重设备安装单价计算

序号	项目	桥机 (元/台)	轨道 (元/双10 m)	滑触线 (元/三相10 m)
(一)	直接费	112 588.15	3 637.77	1 030.42
(1)	基本直接费	104 538.67	3 377.69	956.75
(2)	其他直接费	8 049.48	260.08	73.67
(二)	间接费	37 444.76	1 709.51	413.45
(三)	利润	10 502.30	374.31	101.07
(四)	未计价装置性材料费		17 140.70	1 356.10
(五)	税金	17 658.87	2 514.85	319.11
(六)	合计	178 194.08	25 377.14	3 220.15

【例5-13】　工程背景：某水力发电电压设备电压10.5 kV，水力设备原价15万元。

已知：人工费安装费率调整系数1.15，其他直接费费率7.7%，间接费费率75%，企业利润率 7%，税率 11%。

问题：计算该发电电压设备概算安装费单价。

解：发电电压设备安装费《安装工程概算定额》是以安装费率形式给出的，根据发电电压设备电压为 10.5 kV，可选定定额编号为 06002（见表 5-57）。安装费概算单价计算如下

$J_{直} = 150\ 000 \times (1.15 \times 4.9\% + 2.6\% + 1.4\% + 3.3\%) = 19\ 402.5$（元/项）

$F_{人} = 150\ 000 \times 1.15 \times 4.9\% = 8\ 452.5$（元/项）

$J_{安} = [19\ 402.5 \times (1 + 7.7\%) + 8\ 452.5 \times 75\%] \times (1 + 7\%) \times (1 + 11\%)$

$= (20\ 896.49 + 6\ 339.375) \times 1.187\ 7 = 32\ 348.04$（元/项）

表 5-57　发电电压设备安装费率定额

编号	项目	计量单位	安装费（%）				装置性材料费（%）
			合计	人工费	材料费	机械使用费	
06002	电压 10.5 kV	项	8.9	4.9	2.6	1.4	3.3

思考与案例分析题

一、思考题

1. 建筑与安装工程单价由哪几部分费用组成？如何进行计算？

2. 简述土石坝填筑综合单价构成，其概算和预算综合单价计算有何不同？

3. 石方开挖《概算定额》与《预算定额》所包含的内容及工程量有何不同？

4. 混凝土材料单价与混凝土工程单价有何关系？如何进行混凝土工程单价的编制？

5. 安装工程单价编制方法有哪几种？与建筑工程单价编制有何不同？

二、案例分析题（人工预算单价及材料预算单价可根据《编规》和当地具体情况确定）

1. 工程背景：某一类地区混凝土面板堆石坝填筑，料场堆石开采采用 150 型潜孔钻钻孔，深孔爆破，岩石为Ⅸ级，用 3 m^3 液压挖掘机装 20 t 自卸汽车运输上坝，运距 4 km，采用 14 t 振动碾压实。另有 30% 的石料（占填筑料的比例）来自弃渣场，弃渣石料采用 3 m^3 装载机装 20 t 自卸汽车运输上坝，运距 3 km。料场覆盖层清除单价为 3.56 元/m^3，覆盖层清除率 5%（占开采量的比例）。

问题：编制堆石坝堆石料填筑概算综合单价。

2. 工程背景：某地处一般地区水利枢纽泄洪洞施工开挖的交通洞，洞深 400 m，底坡 20%（水平夹角 11.3°），洞身岩性为白云岩，坚固系数 $f = 11$，设计开挖断面面积 15 m^2。采用光面爆破、风钻钻孔（下行）电力起爆，0.6 m^3 耙斗装岩机装 3.5 m^3 矿车，单筒绞车（卷筒 1.2×1.0，功率 75 kW）提升出渣。

问题：试根据《概算定额》和《编规》，编制其概算单价。

3. 工程背景：西北某引水工程水闸底板厚 150 cm，混凝土强度等级为 C15（三级配），埋石率 10%，混凝土组成材料及价格见表 5-58。采用 0.8 m^3 搅拌机拌和混凝土，混凝土

运输采用胶轮车，运距 80 m。

问题：试编制该水闸底板混凝土工程概算单价（不包括块石运输及影响浇筑的费用）。

表 5-58　混凝土组成材料及价格

名称	水泥	中砂	碎石	水
材料预算价格	300 元/t	80 元/t^3	85 元/m^3	1.30 元/m^3

4. 工程背景：某地处一般地区的水电站枢纽安装有 5 万 kW 竖轴混流式水轮机 5 台，已知：水轮机总重 280 t，其他直接费费率 7.7%，间接费费率为 75%，利润率 7%，税率 11%。

问题：编制某电站 5 万 kW 竖轴混流式水轮机安装概算单价。

项目六 水利工程初步设计概算编制

本项目重点

1. 熟悉初步设计概算编制程序及文件组成。
2. 掌握设计工程量计算规定。
3. 掌握设计概算各部分概算编制。
4. 掌握分年度投资及资金流量的编制方法。
5. 会编制设计概算文件。

任务一 初步设计概算编制程序及文件组成

一、初步设计概算编制依据

(1)国家及省、自治区、直辖市颁发的有关法令法规、制度、规程。
(2)水利工程设计概(估)算编制规定。
(3)水利行业主管部门颁发的概算定额和有关行业主管部门颁发的定额。
(4)水利水电工程设计工程量计算规则。
(5)初步设计文件及图纸。
(6)有关合同协议及资金筹措方案。
(7)其他。

二、初步设计概算文件编制程序

(一)准备工作

(1)了解工程概况,即了解工程位置、规模、枢纽布置、地质、水文情况、主要建筑物的结构型式和主要技术数据、施工总体布置、施工导流、对外交通条件、施工进度及主体工程施工方案等。

(2)拟订工作计划,确定编制原则和依据;确定计算基础价格的基本条件和参数;确定所采用的定额、标准及有关数据;明确各专业提供的资料内容、深度要求和时间;落实编制进度及提交最后成果的时间;编制人员分工安排和提出计划工作量。

(3)调查研究,收集资料。主要了解施工砂、石、土料的储量、级配、料场位置、料场内外交通运输条件、开挖运输方式等。收集物资、材料、税务、交通及设备价格资料,调查新技术、新工艺、新材料的有关价格等。

(二)计算基础单价

基础单价是建安工程单价计算的重要依据。应根据收集到的各项资料,按工程所在地编制年价格水平，执行上级主管部门有关规定分析计算。

（三）划分工程项目、计算工程量

按照水利水电基本建设项目划分的规定将工程项目进行划分，并按水利水电工程量计算规定计算工程量。设计工程量就是编制概算的工程量。合理的超挖、超填和施工附加量及各种损耗与体积变化等均已按现行规范计入有关概算定额，设计工程量中不再另行计算。

（四）套用定额计算工程单价

在上述工作的基础上，根据工程项目的施工组织设计、现行定额、费用标准和有关基础单价，分别编制工程单价。

（五）编制工程概算

根据工程量、设备清单、工程单价和费用标准分别编制各部分概算。

（六）进行工、料、机分析汇总

将各工程项目所需的人工工时和费用，主要材料数量和价格，施工机械的规格、型号、数量及台时，进行统计汇总。

（七）汇总总概算

各部分概算投资计算完成后，即可进行总概算汇总，主要内容为：

（1）汇总建筑工程、机电设备及安装工程、金属结构设备及安装工程、施工临时工程、独立费用五部分投资。

（2）五部分投资合计之后，再依次计算基本预备费、价差预备费、建设期融资利息，最终计算静态总投资和总投资。

（八）编写编制说明及装订整理

最后编写编制说明并将校核、审定后的概算成果一同装订成册，形成初步设计概算文件。

三、初步设计概算文件组成内容

概算文件包括设计概算报告（正件）、附件、投资对比分析报告。

（一）概算正件组成内容

1. 编制说明

（1）工程概况：流域，河系，兴建地点，工程规模，工程效益，工程布置型式，主体建筑工程量，主要材料用量，施工总工期等。

（2）投资主要指标：工程总投资和静态总投资，年度价格指数，基本预备费费率，建设期融资额度、利率和利息等。

（3）编制原则和依据：①概算编制原则和依据；②人工预算单价主要材料，施工用电，水、风、砂石料等基础单价的计算依据；③主要设备价格的编制依据；④建筑安装工程定额、施工机械台时费定额和有关指标的采用依据；⑤费用计算标准及依据；⑥工程资金筹措方案。

（4）概算编制中其他应说明的问题。

（5）主要技术经济指标表。

2. 工程概算总表

工程概算总表应汇总工程部分、建设征地移民补偿、环境保护工程、水土保持工程总概算表。

3. 工程部分概算表

(1)概算表:①工程部分总概算表;②建筑工程概算表;③机电设备及安装工程概算表;④金属结构设备及安装工程概算表;⑤施工临时工程概算表;⑥独立费用概算表;⑦分年度投资表;⑧资金流量表(枢纽工程)。

(2)概算附表:①建筑工程单价汇总表;②安装工程单价汇总表;③主要材料预算价格汇总表;④次要材料预算价格汇总表;⑤施工机械台时费汇总表;⑥主要工程量汇总表;⑦主要材料量汇总表;⑧工时数量汇总表。

(二)概算附件组成内容

(1)人工预算单价计算表。

(2)主要材料运输费用计算表。

(3)主要材料预算价格计算表。

(4)施工用电价格计算书(附计算说明)。

(5)施工用水价格计算书(附计算说明)。

(6)施工用风价格计算书(附计算说明)。

(7)补充定额计算书(附计算说明)。

(8)补充施工机械台时费计算书(附计算说明)。

(9)砂石料单价计算书(附计算说明)。

(10)混凝土材料单价计算表。

(11)建筑工程单价表。

(12)安装工程单价表。

(13)主要设备运杂费率计算书(附计算说明)。

(14)临时房屋建筑工程投资计算书(附计算说明)。

(15)独立费用计算书(勘测实际费可另附计算书)。

(16)分年度投资计算表。

(17)资金流量计算表。

(18)价差预备费计算表。

(19)建设期融资利息计算书(附计算说明)。

(20)计算人工、材料、设备预算价格和费用依据的有关文件、询价报价资料及其他。

(三)投资对比分析报告

应从价格变动、项目及工程量调整、国家政策性变化等方面进行详细分析,说明初步设计阶段与可行性研究阶段(或可行性研究阶段与项目建议书阶段)相比较的投资变化原因和结论,编写投资对比分析报告。工程部分报告应包括以下附表:

(1)总投资对比表。

(2)主要工程量对比表。

(3)主要材料和设备价格对比表。

(4)其他相关表格。

投资对比分析报告应汇总工程部分、建设征地移民补偿、环境保护、水土保持各部分对比分析内容。

以上设计概算报告(正件)、投资对比分析报告可单独注册,也可作为初步设计报告(设计概算章节)的相关内容;设计概算附件宜单独成册,并应随初步设计文件报审。

任务二　工程量计算

工程量计算的准确性直接影响工程造价的编制质量。在初步设计阶段,如果工程量不按有关规定计算或计算不准确,则编制的设计概算也就不正确。因此,工程造价人员应具有一定程度的水工、施工、机电等方面的专业知识,掌握工程量计算的规则和方法。编制设计概算时,造价人员应熟悉主要设计图纸和设计说明书,对设计各专业提供的工程量,应进行详细审核后,方可采用。

一、水利建筑工程量分类

(一)设计工程量

设计工程量由图纸工程量和设计阶段扩大工程量组成。设计工程量就是编制概(估)算的工程量。

1. 图纸工程量

图纸工程量是指按设计图纸计算出的工程量。即按照水工建筑物设计的几何轮廓尺寸计算的工程量。对于钻孔灌注工程,就是按设计参数(孔距、排距、孔深等)计算的工程量。

2. 设计阶段扩大工程量

设计阶段扩大工程量是指由于初步设计工作的深度有限,存在一定的误差,为留有一定的余地而增加的工程量。

(二)施工超挖量

为保证建筑物的安全,施工开挖一般都不容许欠挖。为保证建筑物的设计尺寸,施工超挖往往是不可避免的。影响施工超挖量的因素主要有施工方法、施工技术及管理水平、地质条件等。

(三)施工附加量

施工附加量是指为完成本项目工程必须增加的工程量。例如,小断面圆形隧洞为满足施工交通需要扩挖下部而增加的工程量,隧洞开挖工程为满足交通和爆破的安全而设置错车道、避炮洞所增加的工程量,为固定钢筋网而增加固定筋的工程量等。

(四)施工超填量

施工超填量是指由施工超挖量和施工附加量增加的相应回填工程量。如隧洞超挖需要回填混凝土的工程量。

（五）施工损失量

1. 体积变化损失量

体积变化损失量是指施工期沉陷、体积变化影响而增加的工程量。如土石方填筑工程中施工期沉陷而增加的工程量，混凝土体积收缩而增加的工程量等。

2. 运输及操作损耗量

运输及操作损耗量是指混凝土及土石方在运输、操作过程中的损耗，以及围垦工程、堤坝抛填工程的损耗量等。

3. 其他损耗量

其他损耗量如土石方填筑工程施工，按设计边坡要求的削坡损失工程量，接缝削坡损失工程量，黏土心（斜）墙及土坝的雨后坝面清理损失工程量，混凝土防渗墙一、二期墙槽接头孔重复造孔需混凝土浇筑增加的工程量。

（六）质量检查工程量

1. 基础处理检查工程量

基础处理工程大多数采用钻一定数量检查孔的方法进行质量检查。

2. 其他检查工程量

如土石方填筑工程通常采用的挖试坑的方法来检查其填筑成品方的干重度。

（七）试验工程量

试验工程量如土石坝工程为取得石料场爆破参数和坝上碾压参数进行的爆破试验、碾压试验而增加的工程量。

二、各类工程量在概预算中的处理

在编制概（估）算时，应按工程量计算规定和项目划分及定额等有关规定，正确处理上述的各类工程量。

（一）设计工程量

设计工程量是图纸工程量乘以设计阶段系数，可行性研究、初步设计阶段的阶段系数应采用《水利水电工程设计工程量计算规定》（见表6-1）中的数值。利用施工图设计阶段成果计算工程造价的，不论是预算或是调整概算，其设计阶段系数均为1，即设计工程量就是图纸工程量，不再保留设计阶段扩大工程量。

（二）施工超挖量、施工附加量及施工超填量

现行《预算定额》中均未计入施工超挖量、施工附加量及施工超填量三项工程量，故采用时，应将这三项合理的工程量按相应的超挖、超填预算定额摊入单价中，而不是简单地乘以这三项工程量的扩大系数。现行《概算定额》已将这三项工程量的合理值计入定额中。

（三）试验工程量

碾压试验、爆破试验、级配试验、灌浆试验等大型试验均为设计工作提供重要参数，应列入独立费用中的勘测设计费或工程科研试验费中。

表 6-1　工程量阶段系数

项目		永久水工建筑物		施工临时建筑物		金属结构	
		可行性研究	初步设计	可行性研究	初步设计	可行性研究	初步设计
钢筋混凝土		1.05	1.03	1.10	1.05		
混凝土（万 m^3）	300 以上	1.03	1.01	1.05	1.03		
	100～300	1.05	1.03	1.10	1.05		
	100 以下	1.10	1.05	1.15	1.10		
土石方开挖（万 m^3）	500 以上	1.03	1.01	1.05	1.03		
	200～500	1.05	1.03	1.10	1.05		
	200 以下	1.10	1.05	1.15	1.10		
土石方填筑（万 m^3）	500 以上	1.03	1.01	1.05	1.03		
	200～500	1.05	1.03	1.10	1.05		
	200 以下	1.10	1.05	1.15	1.10		
钢筋		1.05	1.03	1.10	1.05		
钢材		1.05	1.03	1.10	1.05	1.05	1.10
木材		1.15	1.10		1.05		

三、计算工程量应注意的问题

（一）工程项目的划分

工程项目的划分除必须满足《水利水电工程设计工程量计算规定》提出的基本要求（如土石方开挖工程应按不同土壤、岩石类别分别列项，洞挖应将平洞、斜井、竖井分列，混凝土工程应按不同的强度等级等分列）外，还必须与概算定额子目划分相适应，如土石方填筑工程应按抛石、堆石料、垫层料等分列，固结灌浆应按深孔（地质钻机钻孔）、浅孔（风钻钻孔）分列等。

（二）工程量单位必须与采用的定额单位相一致

工程量的单位应与定额章节子目的定额单位及定额的有关规定相一致。有的工程项目，工程量单位可以有两种表达方式，如喷射混凝土可以用 m^2，也可以用 m^3；混凝土防渗墙可以用 m^2（阻水面积），也可以用 m（进尺）和 m^3（混凝土浇筑）；高压喷射防渗墙可以用 m^2（阻水面积），也可以用 m（进尺）。设计采用的工程量单位应与定额单位相一致，如不一致，则要按定额的单位进行换算使之一致。

任务三　分部工程概算编制

一、建筑工程

建筑工程按“建筑工程概算表”格式编制，按主体建筑工程、交通工程、房屋建筑工程、供电设施工程、其他建筑工程分别采用不同的方法编制。

(一)主体建筑工程

(1)主体建筑工程概算按设计工程量乘以工程单价进行编制。

(2)主体建筑工程量应遵照《水利水电工程设计工程量计算规定》，按项目划分要求，计算到三级项目。

(3)当设计对混凝土施工有温控要求时，应根据温控措施设计，计算温控措施费用，也可以经过分析确定指标后，按建筑物混凝土方量进行计算。

(4)细部结构工程。参照水工建筑工程细部结构指标表确定，见表6-2。

表6-2　水工建筑工程细部结构指标

项目名称	混凝土重力坝、重力拱坝、宽缝重力坝、支墩坝	混凝土双曲拱坝	土坝、堆石坝	水闸	冲砂闸、泄洪闸
单位	元/m^3(坝体方)			元/m^3(混凝土)	
综合指标	16.20	17.2	1.15	48	42
项目名称	进水口、进水塔	溢洪道	隧洞	竖井、调压井	高压管道
单位	元/m^3(混凝土)				
综合指标	19.00	18.1	15.3	19	4

项目名称	电(泵)站地面厂房	电(泵)站地下厂房	船闸	倒虹吸、暗渠	渡槽	明渠(衬砌)
单位	元/m^3(混凝土)					
综合指标	37.00	57.00	30	17.7	54	8.45

注：1. 表中综合指标包括多孔混凝土排水管、廊道木模制作与安装、止水工程(面板坝除外)、伸缩缝工程、接缝灌浆管路、冷却水管路、栏杆、照明工程、爬梯、通气管道、排水工程、排水渗井钻孔及反滤料、坝坡踏步、孔洞钢盖板、厂房内上下水工程、防潮层、建筑钢材及其他细部结构工程。

2. 表中综合指标仅包括基本直接费内容。

3. 改扩建及加固工程根据设计确定细部结构工程的工程量。其他工程，如果工程设计能够确定细部结构工程的工程量，可按设计工程量乘以工程单价进行计算，不再按表中指标计算。

(二)交通工程

交通工程投资按设计工程量乘以单价进行计算，也可根据工程所在地造价指标或有关实际资料，采用扩大单位指标编制。

(三)房屋建筑工程

1. 永久房屋建筑

(1)用于生产、办公的房屋建筑面积，由设计单位按有关规定结合工程规模确定，单位造价指标根据当地相应建筑造价水平确定。

(2)值班宿舍及文化福利建筑的投资按主体建筑工程投资的百分率计算:

枢纽工程	
50 000 万元≥投资	1.0% ~1.5%
100 000 万元≥投资 >50 000 万元	0.8% ~1.0%
100 000 万元 < 投资	0.5% ~0.8%
引水工程	0.4% ~0.6%
河道工程	0.4%

投资小或工程位置偏远者取大值,反之取小值。

(3)除险加固工程(含枢纽工程、引水工程、河道工程)、灌溉田间工程的永久房屋建筑面积由设计单位根据有关规定结合工程建设需要确定。

2. 室外工程投资

室外工程投资一般按房屋建筑工程投资的 15% ~20% 计算。

(四)供电设施工程

根据设计的电压等级、线路架设长度及所需配备的变配电设施要求,采用工程所在地区造价指标或有关实际资料计算。

(五)其他建筑工程

(1)安全监测设施工程,指属于建筑工程性质的内外部观测设施。安全监测工程项目投资应按设计资料计算。如无设计资料,可根据坝型或其他工程型式,按照主体建筑工程投资的百分率计算:

当地材料坝	0.9% ~1.1%
混凝土坝	1.1% ~1.3%
引水式电站(引水建筑物)	1.1% ~1.3%
堤防工程	0.2% ~0.3%

(2)照明线路、通信线路等三项工程投资按设计工程量乘以单价或采用扩大单位指标编制。

(3)其余各项按设计要求分析计算。

二、机电设备及安装工程

机电设备及安装工程投资由设备费和安装工程费两部分组成。

(一)设备费

设备费包括设备原价、运杂费、运输保险费和采购及保管费等。

1. 设备原价

以出厂价或设计单位分析论证后的询价为设备原价。

2. 运杂费

运杂费分主要设备运杂费和其他设备运杂费,均按占设备原价的百分率计算。

(1)主要设备运杂费率见表 6-3。

表6-3 主要设备运杂费率 (%)

设备分类		铁路		公路		公路直达基本费率
		基本运距 1 000 km	每增运 500 km	基本运距 50 km	每增运 10 km	
水轮发电机组		2.21	0.30	1.06	0.15	1.01
主阀、桥机		2.99	0.50	1.85	0.20	1.33
主变压器	≥120 000 kVA	3.50	0.40	2.80	0.30	1.20
	<120 000 kVA	2.97	0.40	0.92	0.15	1.20

设备由铁路直达或铁路、公路联运时，分别按里程求得费率后叠加计算；如果设备由公路直达，应按公路里程计算费率后，再加公路直达基本费率。

(2)其他设备运杂费率见表6-4。

表6-4 其他设备运杂费率

类别	适用地区	费率(%)
Ⅰ	北京、天津、江苏、江西、安徽、湖北、湖南、河南、广东、山西、山东、河北、陕西、辽宁、吉林、黑龙江等省(直辖市)	3~5
Ⅱ	甘肃、云南、贵州、广西、四川、重庆、福建、海南、宁夏、内蒙古、青海等省(自治区、直辖市)	5~7

工程地点距铁路线近者费率取小值，远者取大值。新疆、西藏地区的设备运杂费率可视具体情况另行确定。

3.运输保险费

运输保险费按有关规定计算。

4.采购及保管费

采购及保管费按设备原价、运杂费之和的0.7%计算。

5.运杂综合费率

运杂综合费率计算式如下

运杂综合费率＝运杂费率＋(1＋运杂费率)×采购及保管费率＋运输保险费率 (6-1)

式(6-1)适用于计算国产设备运杂费。国产设备运杂综合费率乘以相应国产设备原价占进口设备原价的比例系数，即为进口设备的国内段运杂综合费率。

6.交通工具购置费

工程竣工后，为保证建设项目初期生产管理单位正常运行必须配备的车辆和船只。

交通设备数量应由设计单位按有关规定结合工程规模确定，设备价格根据市场情况结合国家有关政策确定。无设计资料时，可按表6-5的方法计算。除高原、沙漠地区外，不得用于购置进口、豪华车辆。灌溉田间工程不计此项费用。

计算方法：以第一部分建筑工程投资为基数，按表6-5的费率，以超额累进方法计算。

表6-5　交通工具购置费费率

第一部分建筑工程投资(万元)	费率(%)	辅助参数(万元)
10 000及以内	0.50	0
10 000~50 000	0.25	25
50 000~100 000	0.10	100
100 000~200 000	0.06	140
200 000~500 000	0.04	180
500 000以上	0.02	280

简化计算公式:交通工具购置费=第一部分建筑工程投资×该档费率+辅助参数。

(二)安装工程费

安装工程投资按设备数量乘以安装单价进行计算。

【例6-1】 工程背景:某水电站工程安装单机容量为75 MW的水轮发电机4台,其水轮机型号为HL220-LJ-410,主机重300 t/台,辅机重13 t/套,总重313 t/台,平均出厂价3.2万元/t。全厂水轮机用透平油总量300 t,透平油预算价格0.6万元/t。

水轮机运输:铁路1 900 km,公路150 km,运杂费率规定见表6-3。运输保险费率为0.4%,设备采购及保管费率为0.7%。

问题:根据上述资料计算全厂水轮机设备费。

解:(1)设备原价。

水轮机设备原价

$$313\ \text{t/台}\times 4\ \text{台}\times 3.2\ \text{万元/t}=4\ 006.40\ \text{万元}$$

设备透平油费用

$$300\ \text{t}\times 0.6\ \text{万元/t}=180.00\ \text{万元}$$

(2)设备运杂费。

铁路运杂费率

$$2.21\%+0.30\%\times 2=2.81\%$$

公路运杂费率

$$1.06\%+0.15\%\times 3=1.51\%$$

铁路、公路运杂费率

$$2.81\%+1.51\%=4.32\%$$

运杂费

$$4\ 006.40\times 4.32\%=173.08\ (\text{万元})$$

(3)保险费

$$4\ 006.40\times 0.4\%=16.03\ (\text{万元})$$

(4)采购及保管费

$$(4\ 006.40+173.08)\times 0.7\%=29.26\ (\text{万元})$$

(5)全厂水轮机设备费

$$4\ 006.40+173.08+16.03+29.26+180.00=4\ 404.77\ (\text{万元})$$

【例6-2】 工程背景:某工程从国外进口设备1套,经海运抵达上海港后再转运至工地。已知资料如下:

(1)设备合同到岸价格418万美元/套;

(2)汇率比:1美元=6.83元人民币;

(3)设备质量:净重400 t/套,毛重系数1.05;

(4)银行财务费0.5%;

(5)外贸手续费1.5%;

(6)进口关税10%;

(7)增值税17%;

(8)商检费0.24%;

(9)港口费150元/t;

(10)同类型国产设备原价3.20万元/t,上海港至工地运杂费率6%;

(11)国内运输保险费0.4%;

(12)采购及保管费率0.7%。

问题:试计算进口设备费。

解:(1)设备到岸价格=418×6.83=2 854.94(万元);

(2)银行财务费=2 854.94×0.5%=14.27(万元);

(3)外贸手续费=2 854.94×1.5%=42.82(万元);

(4)进口关税=2 854.94×10%=285.49(万元);

(5)增值税=(2 854.94+285.49)×17%=533.87(万元);

(6)商检费=2 854.94×0.24%=6.85(万元);

(7)港口费=150×400×1.05=6.30(万元);

(8)设备原价=2 854.94+14.27+42.82+285.49+533.87+6.85+6.30=3 744.54(万元);

(9)国内段运杂费=3.20×400×6%=76.80(万元)或国内段运杂费=3 744.54×6%×(3.20×400÷3 744.54)=76.80(万元);

(10)运输保险费=3 744.54×0.4%=14.98(万元);

(11)采购及保管费=(3.20×400+76.80)×0.7%=9.50(万元);

(12)进口设备费=3 744.54+76.80+14.98+9.50=3 845.82(万元)。

三、金属结构设备及安装工程

编制方法同“二、机电设备及安装工程”。

四、施工临时工程

(一)导流工程

导流工程按设计工程量乘以工程单价进行计算。

（二）施工交通工程

施工交通工程按设计工程量乘以单价进行计算，也可根据工程所在地造价指标或有关实际资料，采用扩大单位指标编制。

（三）施工场外供电工程

施工场外供电工程根据设计的电压等级、线路架设长度及所需配备的变配电设施要求，采用工程所在地造价指标或有关实际资料计算。

（四）施工房屋建筑工程

施工房屋建筑工程包括施工仓库和办公、生活及文化福利建筑两部分。施工仓库，指为工程施工而临时兴建的设备、材料、工器具等仓库；办公、生活及文化福利建筑，指施工单位、建设单位（包括监理）及设计代表在工程建设期所需的办公室、宿舍、招待所和其他文化福利设施等房屋建筑工程。

不包括列入临时设施和其他施工临时工程项目内的电、风、水，通信系统，砂石料系统，混凝土拌和及浇筑系统，木工、钢筋、机修等辅助加工厂，混凝土预制构件厂，混凝土制冷、供热系统，施工排水等生产用房。

1. 施工仓库

施工仓库的建筑面积由施工组织设计确定，单位造价指标根据当地相应建筑造价水平确定。

2. 办公、生活及文化福利建筑

（1）枢纽工程按下式计算

$$I = AUPK_1K_2K_3 \div NL \tag{6-2}$$

式中　I——房屋建筑工程投资；

A——建安工作量，按工程一至四部分建安工作量（不包括办公、生活及文化福利建筑和其他施工临时工程）之和乘以（1 + 其他施工临时工程百分率）计算；

U——人均建筑面积综合指标，按 12 ~ 15 m^2/人标准计算；

P——单位造价指标，参考工程所在地的永久房屋造价指标（元/ m^2）计算；

N——施工年限，按施工组织设计确定的合理工期计算；

L——全员劳动生产率，一般按 80 000 ~ 120 000 元/（人·年），施工机械化程度高取大值，反之取小值，采用以掘进机施工为主的工程全员劳动生产率应适当提高；

K_1——施工高峰人数调整系数，取 1.10；

K_2——室外工程系数，取 1.10 ~ 1.15，地形条件差的可取大值，反之取小值；

K_3——单位造价指标调整系数，按不同施工年限，采用表 6-6 中的调整系数。

表 6-6　单位造价指标调整系数

工期	系数
2 年之内	0.25
2 ~ 3 年	0.40
3 ~ 5 年	0.55
5 ~ 8 年	0.70
8 ~ 11 年	0.80

(2)引水工程按一至四部分建安工作量的百分率计算(见表6-7)。

表6-7 引水工程施工房屋建筑工程费率

工期	百分率(%)
≤3年	1.5~2.0
>3年	1.0~1.5

一般引水工程取中上限,大型引水工程取下限。

掘进机施工隧洞工程按表中费率乘0.5调整系数。

(3)河道工程按一至四部分建安工作量的百分率计算(见表6-8)。

表6-8 河道工程施工房屋建筑工程费率

工期	百分率(%)
≤3年	1.5~2.0
>3年	1.0~1.5

(五)其他施工临时工程

其他施工临时工程按工程一至四部分建安工作量(不包括其他施工临时工程)之和的百分率计算。

(1)枢纽工程为3.0%~4.0%。

(2)引水工程为2.5%~3.0%。

一般引水工程取下限,隧洞、渡槽等大型建筑物较多的引水工程、施工条件复杂的引水工程取上限。

(3)河道工程为0.5%~1.5%。灌溉田间工程取下限,建筑物较多、施工排水量大或施工条件复杂的河道工程取上限。

五、独立费用

(一)建设管理费

1.枢纽工程

枢纽工程建设管理费以一至四部分建安工作量为计算基数,按表6-9所列费率,以超额累进方法计算。

表6-9 枢纽工程建设管理费费率

一至四部分建安工作量(万元)	费率(%)	辅助参数(万元)
50 000及以内	4.5	0
50 000~100 000	3.5	500
100 000~200 000	2.5	1 500
200 000~500 000	1.8	2 900
500 000以上	0.6	8 900

简化计算公式:建设管理费 = 一至四部分建安工作量 × 该档费率 + 辅助参数(下同)。

2. 引水工程

引水工程建设管理费以一至四部分建安工作量为计算基数,按表 6-10 所列费率,以超额累进方法计算。原则上应按整体工程投资统一计算,工程规模较大时可分段计算。

表 6-10　引水工程建设管理费费率

一至四部分建安工作量(万元)	费率(%)	辅助参数(万元)
50 000 及以内	4.2	0
50 000 ~ 100 000	3.1	550
100 000 ~ 200 000	2.2	1 450
200 000 ~ 500 000	1.6	2 650
500 000 以上	0.5	8 150

3. 河道工程

河道工程建设管理费以一至四部分建安工作量为计算基数,按表 6-11 所列费率,以超额累进方法计算。原则上应按整体工程投资统一计算,工程规模较大时可分段计算。

表 6-11　河道工程建设管理费费率

一至四部分建安工作量(万元)	费率(%)	辅助参数(万元)
10 000 及以内	3.5	0
10 000 ~ 50 000	2.4	110
50 000 ~ 100 000	1.7	460
100 000 ~ 200 000	0.9	1 260
200 000 ~ 500 000	0.4	2 260
500 000 以上	0.2	3 260

(二)工程建设监理费

按照国家发展和改革委员会发改价格〔2007〕670 号文颁发的“建设工程监理与相关服务收费管理规定”及其他相关规定执行。

(三)联合试运转费

联合试运转费费用指标见表 6-12。

表 6-12　联合试运转费费用指标

水电站工程	单机容量(万 kW)	≤1	≤2	≤3	≤4	≤5	≤6	≤10	≤20	≤30	≤40	>40
	费用(万元/台)	6	8	10	12	14	16	18	22	24	32	44
泵站工程	电力泵站	每千瓦 50 ~ 60 元										

（四）生产准备费

1. 生产及管理单位提前进厂费

枢纽工程按一至四部分建安工程量的0.15% ~0.35%计算，大(1)型工程取小值，大(2)型工程取大值。

引水工程视工程规模参照枢纽工程计算。

河道工程、除险加固工程、田间工程原则上不计此项费用。

2. 生产职工培训费

生产职工培训费按一至四部分建安工作量的0.35% ~0.55%计算。

枢纽工程、引水工程取中上限，河道工程取下限。

3. 管理用具购置费

枢纽工程按一至四部分建安工作量的0.04% ~0.06%计算，大(1)型工程取小值，大(2)型工程取大值。

引水工程按建安工作量的0.03%计算。

河道工程按建安工作量的0.02%计算。

4. 备品备件购置费

备品备件购置费按占设备费的0.4% ~0.6%计算，大(1)型工程取下限，其他工程取中、上限。

设备费应包括机电设备、金属结构设备及运杂费等全部设备费。电站、泵站同容量与同型号机组超过一台时，只计算一台的设备费。

5. 工器具及生产家具购置费

工器具及生产家具购置费按占设备费的0.1% ~0.2%计算。枢纽工程取下限，其他工程取中、上限。

（五）科研勘测设计费

1. 工程科学研究试验费

工程科学研究试验费按工程建安工作量的百分率计算。其中，枢纽工程和引水工程取0.7%，河道工程取0.3%。

灌溉田间工程一般不计此项费用。

2. 工程勘测设计费

项目建议书、可行性研究阶段的勘测设计费及报告编制费：执行国家发展和改革委员会发改价格〔2006〕1352号文颁布的《水利、水电工程建设项目前期工作工程勘察收费标准》和国家发展计划委员会计价格〔1999〕1283号文颁布的《关于印发建设项目前期工作咨询收费暂行规定的通知》。

初步设计、招标设计及施工图设计阶段的勘测设计费：执行国家发展计划委员会、建设部计价格〔2002〕10号文件颁布的《工程勘察设计收费管理规定》。

工程勘测设计费应根据所完成相应勘测设计工作阶段确定，未发生的工作阶段不计相应阶段的勘测设计费。

(六)其他

1. 工程保险费

工程保险费按工程一至四部分投资合计的4.5‰~5.0‰计算,田间工程原则上不计此项费用。

2. 其他税费

其他税费按国家有关规定计取。

任务四　分年度投资及资金流量

一、分年度投资

分年度投资是根据施工组织设计确定的施工进度和合理工期而计算出的工程各年度预计完成的投资额。

(一)建筑工程

(1)建筑工程分年度投资表应根据施工进度的安排,对主要工程按各单项工程分年度完成的工程量和相应的工程单价计算。对于次要的和其他工程,可根据施工进度,按各年所占完成投资的比例,摊入分年度投资表。

(2)建筑工程分年度投资的编制可视不同情况按项目划分列至一级项目或二级项目,分别反映各自的建筑工作量。

(二)设备及安装工程

设备及安装工程分年度投资应根据施工组织设计确定的设备安装进度计算各年预计完成的设备费和安装费。

(三)费用

根据费用的性质和费用发生的时段,按相应年度分别进行计算。

二、资金流量

资金流量是为满足工程项目在建设过程中各时段的资金需求,按工程建设所需资金投入时间计算的各年度使用的资金量。资金流量表的编制以分年度投资表为依据,按建筑安装工程、永久设备工程和独立费用三种类型分别计算。本资金流量计算办法主要用于初步设计概算。

(一)建筑及安装工程资金流量

(1)建筑工程可根据分年度投资表的项目划分,以各年度建筑工作量作为资金流量的依据。

(2)资金流量是在原分年度投资的基础上,考虑预付款、预付款的扣回、保留金和保留金的偿还等编制出的分年度资金安排。

(3)预付款一般可划分为工程预付款和工程材料预付款两部分。

①工程预付款按划分的单个工程项目的建安工作量的10%~20%计算,工期在3年以内的工程全部安排在第一年,工期在3年以上的可安排在前两年。工程预付款的扣回

从完成建安工作量的30%起开始,按完成建安工作量的20% ~30%扣回至预付款全部回收完毕为止。

对于需要购置特殊施工机械设备或施工难度较大的项目,工程预付款可取大值,其他项目取中值或小值。

②工程材料预付款。水利工程一般规模较大,所需材料的种类及数量较多,提前备料所需资金较大,因此考虑向承包商支付一定数量的材料预付款。可按分年度投资中次年完成建安工作量的20%在本年提前支付,并于次年扣回,依此类推,直至本项目竣工。

(4)保留金。水利工程的保留金按建安工作量的2.5%计算。在概算资金流量计算时,按分项工程分年度完成建安工作量的5%扣留至该项工程全部建安工作量的2.5%时终止(完成建安工作量的50%时),并将所扣的保留金100%计入该项工程终止后一年(如该年已超出总工期,则此项保留金计入工程的最后一年)的资金流量表内。

(二)永久设备工程资金流量

永久设备购置费资金流量计算,划分为主要设备和一般设备两种类型分别计算。

主要设备的资金流量计算,按设备到货周期确定各年资金流量比例,具体比例见表6-13。

表6-13 主要设备资金流量比例

到货周期	年份					
	第1年	第2年	第3年	第4年	第5年	第6年
1年	15%	75%	10%			
2年	15%	25%	50%	10%		
3年	15%	25%	10%	40%	10%	
4年	15%	25%	10%	10%	30%	10%

注:1.表中年份为设备到货年份。

2.主要设备为水轮发电机组、大型水泵、大型电机、主阀、主变压器、桥机、门机、高压断路器或高压组合电器、金属结构闸门启闭设备等。

任务五 总概算编制

在各部分概算完成后,即可进行总概算表的编制。总概算表是工程设计概算文件的总表,反映了整个工程项目的全部投资,现行总概算表的内容包括各部分投资、一至五部分投资合计、基本预备费、静态总投资、价差预备费、建设期融资利息、总投资等费用。

一、预备费

预备费是指在初设阶段难以预料而在施工过程中又可能发生的规定范围内的工程和费用,以及工程建设期内发生的价差。

(一)基本预备费

基本预备费主要解决在施工过程中,经上级批准的设计变更和国家政策性变动增加的投资及为解决意外事故而采取的措施所增加的工程项目和费用。

《编规》规定,基本预备费根据工程规模、施工年限和地质条件等不同情况按一至五部分投资合计(依据分年度投资表)的百分率计算,初设阶段概算为5.0%~8.0%,技术复杂、建设难度大的工程项目取大值,其他工程取中、小值。可行性研究阶段投资估算为10%。

(二)价差预备费

价差预备费主要解决在工程建设过程中,因人工工资、材料和设备价格上涨及费用标准调整而增加的投资。其计算根据施工年限,不分设计阶段,以资金流量表的静态投资为计算基数,按有关部门适时发布的物价指数计算。计算公式为

$$E = \sum_{n=1}^{N} F_n[(1+P)^n - 1] \tag{6-3}$$

式中　E——价差预备费;

N——合理建设工期,年;

n——施工年度;

F_n——建设期间资金流量表内第 n 年的投资;

P——年物价指数。

二、建设期融资利息

建设期融资利息是根据国家财政金融政策规定,工程在建设期内需偿还并应计入工程总投资的融资利息。

根据合理建设工期,按一至五部分分年度投资、基本预备费、价差预备费之和,按国家规定的贷款利率复利计息。计算公式为

$$S = \sum_{n=1}^{N}\left[\left(\sum_{m=1}^{N} F_m B_m - \frac{1}{2}F_n B_n\right) + \sum_{m=0}^{N-1} S_m\right] i \tag{6-4}$$

式中　S——建设期融资利息;

N——合理建设工期,年;

n——施工年度;

m——还息年度;

F_n、F_m——在建设期资金流量表内的第 n、m 年的投资;

B_n、B_m——各施工年份融资额占当年投资比例;

i——建设期融资利率(%);

S_m——第 m 年的付息额度。

三、静态总投资及总投资

在建设期融资利息计算后,计算静态总投资和总投资。

静态总投资 = 一至五部分投资之和 + 基本预备费　　(6-5)

总投资 = 静态总投资 + 价差预备费 + 建设期融资利息　　(6-6)

四、移民和环境部分概(估)算编制

移民和环境部分由移民征地补偿、水土保持工程、环境保护工程组成。

(一)移民征地补偿

1. 编制依据

大中型工程按照《大中型水利水电工程建设征地补偿和移民安置条例(2006 年国务院令 471 号)编制,地方工程按照地方实施《中华人民共和国土地管理法的办法执行。

2. 项目组成

移民征地补偿费也就是水库淹没处理补偿费,由农村移民安置费、集镇迁建费、城镇迁建费、工业企业迁建费、专业项目恢复改建费、防护工程费、库底清理费、其他费用等组成。

1)农村移民安置费

农村移民安置费包括征用土地补偿费和安置补助费、房屋及附属建筑物补偿费、工副业设施补偿费、小型水利电力设施补偿费、工矿企业迁建补偿费、公用工程设施复建费、搬迁运输费、其他补偿费、过渡期生活补助费等项目。

2)集镇迁建费

集镇迁建费包括新址征地费和场地平整费、对外交通及道路工程恢复费、公用工程设施恢复费、公共设施恢复费、居民迁移补偿费、工矿企业迁建补偿费、行政机关和事业单位迁建补偿费等项目。

3)城镇迁建费

城镇迁建费包括新址征地费和场地平整费、对外交通及道路工程恢复费、公用工程设施恢复费、市政公用设施恢复费、居民迁建补偿费、工矿企业迁建补偿费、行政机关和事业单位迁建补偿费等项目。

4)工业企业迁建费

工业企业迁建费包括新址征地费、场地平整费、防护工程费、房屋及附属建筑物补偿费、基础设施费、生产设施费、不可迁机械设备补偿费、搬迁运输费、其他设施(水文站、测量永久标志)补偿费、库周交通恢复费、文物古迹保护费等项目。

5)专业项目恢复改建费

专业项目恢复改建费包括铁路、公路、电信、广播电视、电力、航运等工程设施复建费,基础设施费,水利水电设施补偿费,搬迁运输费,停产损失补助费等共 10 项。

6)防护工程费

防护工程费包括永久工程、临时工程和其他费用等。

7)库底清理费

库底清理费包括建筑物拆除与清理、卫生清除与消毒、坟墓迁移、林木砍伐与林地清理等项费用。

8)其他费用

其他费用包括勘测设计费、实施管理费及移民培训费等。利用外资的建设项目(包括移民项目),应计列外资机构咨询、评估、检查费及配合工作经费,还应包括国家有关税费,如耕地开垦费、耕地征用税、植被恢复费等。

水库淹没处理补偿概(估)算表如表6-14所示。

表6-14　水库淹没处理补偿概(估)算表

序号	项目	投资(万元)	比重(%)	备注
1	农村移民补偿费			
2	集镇迁建补偿费			
3	城镇迁建补偿费			
4	专业项目复建补偿费			
5	防卫工程费			
6	库底清理费			
7	其他费用			
8	基本预备费			
9	价差预备费			
10	建设期贷款利息			
11	有关税费			
12	静态总投资(1+2+…+8)			
13	总投资(9+10+11+12)			

(二)水土保持工程

1.编制依据

水土保持概(估)算编制依据的编制文件不同于枢纽工程,其有单独的编制办法和配套定额,见水利部水总〔2003〕67号文《关于颁发〈水土保持工程概(估)算编制规定和定额〉的通知》。

2.项目组成

水土保持工程由工程措施、植物措施、设备及安装工程、临时工程和独立费用组成。

1)工程措施

工程措施通常包括边坡固定工程、拦渣工程、防洪排水工程、土地整治工程和泥石流防治等。

2)植物措施

植物措施通常包括植物护坡工程、植物防风固沙工程、绿化工程、农业复垦工程等。

3)设备及安装工程

设备及安装工程主要是指园林及农田用泵站、施工期水土流失监测仪器等。

4)临时工程

临时工程指为防止施工期水土流失而采取的临时措施。

5)独立费用

独立费用主要是指水土保持项目管理费、科研勘测设计费、施工期水土流失监测费及质量监督监测费等。

水土保持工程总概(估)算表如表6-15所示。

表 6-15　水土保持工程总概(估)算表

工程和费用名称	建安工程费	设备购置费	独立费用	合计	占一至五部分合计(%)
第一部分　工程措施工程					
××(一级项目)					
第二部分　植物措施工程					
××(一级项目)					
第三部分　设备及安装工程					
××(一级项目)					
第四部分　施工临时工程					
××(一级项目)					
第五部分　独立费用					
××(一级项目)					
一至五个项目合计					
基本预备费					
价差预备费					
建设期融资利息					
静态总投资					
总投资					

(三)环境保护工程

环境保护工程概(估)算是计算因工程兴建对环境造成的不利影响需采取的环境保护措施、环境监测措施及进行环境管理等所需的投入。因工程兴建对环境造成不利影响需采取补偿措施,应按原规模、原标准(等级),恢复原功能迁(改)建所需的投资列入水利水电工程环境保护投资;凡结合迁、改建提高标准或扩大规模增加的投资,由地方政府或有关部门、产权所有者自行承担,对于难以恢复、改建的环境影响对象,可给予合理的补偿。此外,还需符合国家、省、自治区、直辖市和相关行业现行有关法规、技术标准的规定。

1. 编制依据

2004 年水利部《水利水电工程环境保护设计概(估)算标准规程(征求意见稿)》。

2. 项目组成

环境保护工程概(估)算由环境保护措施、环境监测措施、设备及安装工程、环境保护临时措施、独立费用、预备费和建设期贷款利息等 7 部分组成。

1)环境保护措施

环境保护措施指减免工程对环境不利影响和保护环境采取的措施。包括水质(水温)保护、土壤环境保护、陆生植物保护、野生动物保护、水生生物保护、景观保护及绿化、人群健康保护及下游脱水段水环境影响补偿等。估算按类似工程的项目估列,概算按具体的工程措施四级项目，进行单价分析计算。

2）环境监测措施

环境监测措施指工程完建后为掌握环境要素的变化动态需采取的监测措施，包括建立水环境监测、大气监测、噪声监测、卫生防疫监测、生态监测和土壤监测站（点）等。概算按站房的面积，单位平方米的造价计算，监测点按每点每次所需花费的费用计算。

3）设备及安装工程

设备及安装工程指保护和监测环境所需的仪器、设备及其安装工程。保护设备包括污水处理、垃圾收集处理及卫生防疫等；监测仪器包括水环境监测、大气监测、噪声监测、卫生防疫监测、生态监测和土壤监测等。概（估）算按不同设备数量每台（套）所需的费用计算。

4）环境保护临时措施

环境保护临时措施指工程施工过程中为保护施工区及其周围环境和人群健康而采取的措施。如排污、治污、生活及生产垃圾处理、粉尘及噪声处理等。概（估）算按具体的工程措施四级项目进行单价分析计算。

5）独立费用

独立费用包括工程建设期的环境管理费、环境监测费、勘测设计费和其他。

环境保护工程总概（估）算表如表6-16所示。

表6-16　环境保护工程总概（估）算表

工程和费用名称	工程费	仪器设备及安装费	独立费用	合计	占一至五部分合计（%）
第一部分　环境保护措施					
××（一级项目）					
第二部分　环境监测措施					
××（一级项目）					
第三部分　设备及安装工程					
××（一级项目）					
第四部分　环境保护临时措施					
××（一级项目）					
第五部分　独立费用					
××（一级项目）					
一至五个项目合计					
基本预备费					
价差预备费					
建设期融资利息					
静态总投资					
总投资					

五、总概(估)算编制

(一)总概算表

水利工程总概(估)算由工程部分的概(估)算与移民和环境概(估)算两部分构成(见表6-17)。

表6-17 水利工程概(估)算总表 (单位:万元)

序号	工程或费用名称	建安工程费	设备购置费	独立费用	合计
Ⅰ	工程部分投资				
	…				
	静态总投资				
	总投资				
Ⅱ	移民和环境部分投资				
	…				
	静态总投资				
	总投资				
Ⅲ	工程投资总计(Ⅰ+Ⅱ)				
	静态总投资				
	总投资				

注:1. 表Ⅰ部分是工程部分总概(估)算表,按项目划分的五部分填表并列至一级项目。五部分之后的内容为:一至五部分投资合计、基本预备费、静态总投资、价差预备费、建设期融资利息、总投资。

2. 表Ⅱ部分是指移民和环境总概(估)算表,按其项目划分要求填表并列至一级项目。其后内容为:各部分投资合计、基本预备费、静态总投资、价差预备费、建设期融资利息、总投资。

3. 表Ⅲ部分为前两部分静态总投资和总投资之和。

(二)主要技术经济指标

根据工程具体情况进行编制,反映出主要技术经济指标即可。一般包括:总投资,静态总投资,工程部分总投资和静态总投资,移民和环境部分的总投资,静态总投资,工程单位千瓦投资,单位电度投资。采用的年物价上涨指数,价差预备费占总投资的百分比,工程建设期融资利率和利息。

【例6-3】 工程背景:某枢纽工程资金流量如表6-18所示。

问题:试按给定条件,计算并填写枢纽工程总概算表。

表 6-18　资金流量表　（单位:万元）

工程或费用名称	第1年	第2年	第3年	合计
一、建筑工程	5 150.00	8 100.00	2 050.00	15 300.00
二、安装工程	10.00	50.00	40.00	100.00
三、设备工程	140.00	300.00	360.00	800.00
四、独立费用	400.00	300.00	200.00	900.00
一至四部分合计	5 700.00	8 750.00	2 650.00	17 100.00
基本预备费	285.00	437.50	132.50	855.00
价差预备费	359.10	1 135.58	531.50	2 026.18
建设期融资利息	177.63	658.53	1 093.05	1 929.21
静态总投资	5 985.00	9 187.50	2 782.50	17 955.00
总投资	6 521.73	10 981.61	4 407.05	21 910.39

注:1. 基本预备费费率5%,物价指数6%,融资利率8%,融资比例70%。
2. 基本预备费按分年度投资计算,分年度投资表略。

解:计算结果如表 6-18 和表 6-19 所示。

表 6-19　总概算表

序号	工程或费用名称	建安工程费（万元）	设备购置费（万元）	独立费用（万元）	合计（万元）
1	第一部分　建筑工程	15 000.00			15 000.00
2	第二部分　机电设备及安装工程	50.00	500.00		550.00
3	第三部分　金属结构设备及安装工程	50.00	300.00		350.00
4	第四部分　施工临时工程	300.00			300.00
5	第五部分　独立费用			900.00	900.00
6	一至五部分合计	15 400.00	800.00	900.00	17 100.00
7	基本预备费				855.00
8	价差预备费				2 026.18
9	建设期融资利息				1 929.21
10	静态总投资				17 955.00
11	总投资				21 910.39

【例 6-4】　工程背景:某拦河闸的设计工程量和工程单价如表 6-21 ~ 表 6-23 所示。问题:试编制设计概算(2002 年价格水平)。

解：设计概算编制结果如表 6-20 ~ 表 6-24 所示。

表 6-20　总概算表

编号	工程或费用名称	建安费（万元）	设备购置费（万元）	独立费用（万元）	合计（万元）	各部分比例（%）
(1)	(2)	(3)	(4)	(5)	(6)	(7)
	第一部分　建筑工程	699.48			699.48	36.67
一	拦河闸	637.48			637.48	
二	交通工程	50.00			50.00	
三	房屋建筑工程	12.00			12.00	
	第二部分　机电设备及安装	0.00	0.00		0.00	0.00
	第三部分　金属结构设备及安装	45.16	331.24		376.40	19.73
	拦河闸	45.16	291.84		337.00	
	设备融资利息		39.40		39.40	
	第四部分　施工临时工程	398.94			398.94	20.92
一	施工导流工程	180.96			180.96	
二	交通工程	85.00			85.00	
三	房屋建筑工程	67.00			67.00	
四	场外供电	22.00			22.00	
五	其他临时工程	43.98			43.98	
	第五部分　独立费用			432.65	432.65	22.68
一	建设管理费			264.95	264.95	
二	生产准备费			7.44	7.44	
三	科研勘测设计费			59.47	59.47	
四	建设及施工场地征用费			66.70	66.70	
五	其他			34.09	34.09	
	一至五部分投资合计	1 143.58	331.24	432.65	1 907.47	100.00
	预备费				270.48	
	基本预备费（按一至五部分之和的5%计）				95.37	
	价差预备费（资金流量按两年均分 $P=6\%$）				183.86	
	建设期融资利息					
	静态总投资				2 002.84	
	总投资				2 186.70	

表 6-21　建筑工程概算表

编号	工程或费用名称	单位	数量	单价（元）	合价（万元）
(1)	(2)	(3)	(4)	(5)	(6)
	第一部分　建筑工程				699.48
一	拦河闸				637.48
1	土方工程				87.27
	土方开挖（Ⅰ类、Ⅱ类土）	100 m^3	476.00	145.00	6.90
	土方挖运运距 1.5～2.0 km（Ⅰ类、Ⅱ类土）	100 m^3	401.00	1 105.00	44.31
	推土机推土（Ⅰ类、Ⅱ类土）	100 m^3	476.00	177.00	8.43
	土方回填（蛙夯机）	100 m^3	263.10	1 050.00	27.63
2	混凝土				303.63
	C15 混凝土护底	100 m^3	32.37	20 884.00	67.60
	C25 混凝土闸墩	100 m^3	15.19	26 746.00	40.63
	C25 混凝土底板	100 m^3	16.19	21 243.00	34.39
	C30 混凝土排架	100 m^3	0.39	36 361.00	1.42
	C30 混凝土工作桥	100 m^3	2.15	41 077.00	8.83
	C20 混凝土挡土墙	100 m^3	43.66	24 400.00	106.53
	混凝土拌制、水平运输、垂直运输（运距 0.5～1.0 km）	100 m^3	109.95	4 023.00	44.23
3	其他工程				246.58
	钢筋制作及安装	t	480.00	4 156.00	199.49
	混凝土温控	100 m^3	109.95	800.00	8.80
	细部结构	100 m^3	109.95	2 300.00	25.29
	模板	m^2	260.00	500.00	13.00
二	交通工程				50.00
	公路	m	1 000.00	500.00	50.00
三	房屋建筑				12.00
	管理房	m^2	200.00	600.00	12.00

表 6-22　金属结构设备及安装工程概算表

编号	名称及规格	单位	数量	单价(元)		合价(万元)	
				设备费	安装费	设备费	安装费
(1)	(2)	(3)	(4)	(5)	(6)	(7)	(8)
	第三部分　金属结构设备及安装					331.24	45.16
一	拦河闸					291.84	45.16
1	闸门设备及安装					172.40	42.71
	闸门	10 t	13.60	95 000	11 870	129.20	16.14
	埋件	t	48.00	9 000	2 368	43.20	11.37
	防腐处理	10 t	15.20		10 000		15.20
2	启闭设备及安装					80.28	2.45
	启闭机	台	4.00	199 200	5 982	79.68	2.39
	30 kN 手拉单轨小车	套	1.00	5 000	500	0.50	0.05
	30 kN 手拉葫芦	台	1.00	1 000	100	0.10	0.01
3	其他					39.16	
	运杂费(按设备费 5% 计)					12.63	
	电器设备(按设备费 10% 计)					26.53	
二	设备融资利息(按年利率 13.5% 计)					39.40	

表 6-23　施工临时工程概算表

编号	工程或费用名称	单位	数量	单价(元)	合价(万元)
(1)	(2)	(3)	(4)	(5)	(6)
	第四部分　施工临时工程				398.94
一	施工导流工程				180.96
1	施工围堰				125.82
	围堰填筑	100 m^3	12.30	964.00	1.19
	围堰拆除	100 m^3	12.30	964.00	1.19
	拖拉机压实筑堤	100 m^3	12.30	178.86	0.22
	帷幕灌浆	100 m	15.00	82 148.00	123.22
2	导流明渠				55.14
	土方开挖	100 m^3	286.00	964.00	27.57
	土方填筑	100 m^3	286.00	964.00	27.57
二	施工交通工程				85.00
	施工干道(泥结碎石)	m	2 000.00	200.00	40.00
	临时支线	m	1 000.00	50.00	5.00
	施工便桥	m	20.00	20 000.00	40.00
三	施工房屋建筑工程				67.00
1	文化福利房屋	m^2	1 000.00	300.00	30.00
2	施工仓库	m^2	1 233.30	300.00	37.00
四	施工场外供电	m	2 000.00	110.00	22.00
五	其他施工临时工程	(按一至四部分建安工作量的 4% 计,不包括其他施工临时工程)			43.98

表 6-24　独立费用概算表

编号	工程或费用名称	单位	数量	单价(元)	合价(万元)
(1)	(2)	(3)	(4)	(5)	(6)
	第五部分　独立费用				432.65
一	建设管理费				264.95
(一)	项目建设管理费				252.51
1	建设单位开办费(定员 20 人)				120.00
2	建设单位经常费				132.51
	建设单位人员经常费(定员 20 人,2 年工期)	人·年		22 727.50	90.91
	工程管理经常费		208.00	20%	41.60
(二)	工程建设监理费(建安工作量的 1%)		1 143.58	1%	11.44
(三)	联合试运转费				1.00
二	生产准备费				7.44
(一)	生产及管理单位提前进厂费(建安工作量的 0.2%)		1 143.58	0.2%	2.29
(二)	生产职工培训费(建安工作量的 0.3%)		1 143.58	0.3%	3.43
(三)	管理用具购置费(建安工作量的 0.02%)		1 143.58	0.02%	0.23
(四)	备品备件购置费(设备费的 0.4%)		311.24	0.4%	1.24
(五)	工器具及生产家具购置费(设备费的 0.08%)		311.24	0.08%	0.25
三	科研勘测设计费				59.47
(一)	工程科学研究试验费(建安工作量的 0.2%)		1 143.58	0.2%	2.29
(二)	工程勘测设计费(建安工作量的 5%)		1 143.58	5%	57.18
四	建设及施工场地征用费				66.70
	永久征地	hm^2	3.00	150 000.0	45.00
	临时占地	hm^2	2.5	50 000.0	12.50
	其他(按以上两项赔偿的 16%)	万元	57.50	16%	9.20
五	其他				34.09
(一)	定额编制管理费(建安工作量的 0.15%)		1 143.58	0.15%	1.72
(二)	工程质量监督费(建安工作量的 0.25%)		1 143.58	0.25%	2.86
(三)	工程保险费(一至四部分投资的 0.45%)		1 474.82	0.45%	6.64
(四)	其他税费(建安工作量的 2%)		1 143.58	2%	22.87

思考与案例分析题

一、思考题

1. 名词解释：总投资，静态总投资，基本预备费，价差预备费，建设期融资利息。

2. 试述设计概算的编制程序。

3. 设计概算文件的组成包括哪些内容？

4. 设计概算的工程量计算应注意哪些问题？

5. 各部分概算如何编制？

二、案例分析题

工程背景：某枢纽工程的分年度投资如表6-25所示，已知：基本预备费费率6.0%，年物价指数5%，建设期融资利率4.5%，各施工年份融资额占当年投资比例70%。

问题：试根据《编规》计算资金流量。

表6-25　分年度投资表　（单位：万元）

项目	合计	建设工期（年）			
		1	2	3	4
一、建筑工程	18 000	4 000	6 000	5 000	3 000
二、安装工程	1 300	50	450	500	300
三、设备工程	4 150	150	1 200	1 800	1 000
四、独立费用	1 000	350	300	250	100

项目七　其他工程造价文件编制

本项目重点

1. 熟悉投资估算、项目管理预算的编制程序及文件组成。
2. 熟悉投资估算、项目管理预算、施工图预算、施工预算的作用。
3. 掌握施工图预算、施工预算的编制方法和步骤。
4. 会编制施工图预算。

任务一　投资估算

一、投资估算的作用

投资估算是可行性研究阶段的造价文件，是可行性研究报告的重要组成部分，是国家为选定近期开发项目做出科学决策和批准开展初步设计的依据之一。

投资估算在项目划分和费用构成、估算文件组成上与初步设计概算基本相同，但由于两者的设计深度不同，所以在编制方法和计算标准上投资估算要比概算更具有概括性与综合性。

二、编制方法和内容

（一）编制基础单价

基础单价即人工、材料、施工用电水风预算单价、施工机械台时费、砂石料单价等，可根据现行《编规》编制。

（二）编制建筑、安装工程单价

建筑、安装工程单价的组成与设计概算相同，一般采用概算定额，但考虑投资估算的深度和精度，应在概算定额的基础上增加10%的定额扩大系数。

（三）编制分部工程估算

分部工程估算与设计概算相同，分五部分编制。

第一部分　建筑工程　主体工程大体同概算编制，其他建筑工程可视工程规模按主体建筑工程投资的3%～5%计算。

第二部分　机电设备及安装工程　编制方法与设计概算基本相同。

第三部分　金属结构设备及安装工程　编制方法与设计概算基本相同。

第四部分　施工临时工程　编制方法与设计概算基本相同。

第五部分　独立费用　编制方法与设计概算基本相同。

预备费：可行性研究阶段投资估算基本预备费的费率取10%～12%，项目建议书阶段投资估算基本预备费的费率取 15% ~18%。

建设期融资利息,计算方法同设计概算。

投资估算表格,基本与设计概算相同。

任务二　项目管理预算

水利部《水利工程建设实施阶段造价管理办法》中明确指出,水利工程建设实施阶段造价管理的基本原则是:静态控制,动态管理,各负其责。

水利工程项目管理预算是工程建设实施阶段造价管理工作的重要组成部分,是静态控制的有力措施。

一、项目管理预算的概念

工程项目实施过程中项目法人不仅要了解总投资,更要系统了解各个标段的投资。由于初步设计阶段分标方案尚未明确,因而设计概算是无法按照标段反映投资的。因此,在批准的设计概算静态总投资额度之内,不同的建设阶段编制不同形式的投资文件很有必要。项目管理预算是在国家批准的初步设计概算基础上,以有利于投资人和项目法人对投资进行有效的管理为目的,根据工程分标方案和招标文件的工程量清单进行编制的投资文件。

二、项目管理预算的作用

设计概算是前期工作中向主管部门及投资人提供投资规模的重要文件,设计概算作为项目的总控目标,其作用无可置疑,但它不是工程实施过程控制投资的唯一文件。在项目实施过程中,仍然用设计概算来控制投资则操作困难,具体表现在设计概算的项目划分与实际的标段划分完全不同,设计概算按照五部分划分投资,而实施过程是依据标段划分项目的;设计概算的设计深度有局限,在实施过程中设计方案、施工方案及工程量等变更在所难免;设计概算采用的定额整体水平及计费标准是全国的平均水平,这与不同标段承包商的投标报价水平及施工实际存在较大出入,难以体现个性。例如,按照定额计算的砂石料单价与实际差别颇大,有些项目甚至余度很大。

为了有效控制静态投资,就要解决工程量、中标价及风险预留金等关键问题。根据分标方案的标段划分项目和招标文件,按照"实事求是、合理调整、留出空间"的原则来编制项目管理预算,以此作为项目法人控制各招标工程项目、各独立费用项目投资限额的主要依据。静态投资是项目法人制订年度投资计划、编报统计报表、考核造价盈亏、项目法人绩效评价的重要依据。这样的投资文件与工程施工的标段一致,在控制投资方面可操作性强,也有助于计划、统计、财务、审计、稽查统一尺度和标准。

目前,多数项目法人委托有一定资质的工程造价咨询单位编制项目管理预算。项目管理预算价与合同价两种价格体系相抵的预算盈余额是考核造价管理水平的重要指标。

三、项目管理预算的编制

根据项目分标方案和招标文件编制项目管理预算。编制项目管理预算一般在主体工程招标完成后进行，按照招标文件提供的工程量清单，以批准的设计概算编制年价格水平进行编制，允许在批准的静态投资额度内进行合理调整，预留风险费用，总投资控制在批准的设计概算总投资之内。

（一）项目管理预算的项目划分

项目管理预算原则上划分为三到四个层次，第一层次一般划分为建安工程采购、设备采购、专项工程采购、技术服务采购、地方政府包干项目、项目法人管理费用、预留风险费用，以及价差预备费和建设期融资利息等部分，前七部分构成工程静态总投资，后两部分构成工程动态投资。

上述项目划分也可以根据投资管理的要求和工程的具体情况增删调整；每个部分一般可再划分二到三个层次的项目，二、三层次的项目划分，可参照水利部（水总〔2002〕116号）颁发的《水利工程设计概（估）算编制规定》的工程项目划分、工程招标标段划分、招标工程量清单等结合工程的具体情况设置。

第一部分　建安工程采购

主体建安工程和大型临时建安工程按照工程分标项目分别独立列项；一般招标工程项目，可参照设计概算采用的项目划分方法适度合并。

第二部分　设备采购

机电主要设备按照招标项目独立列项；水力机械辅助设备、电气设备等可按招标项目合并为系统列项；公用设备按通信、通风采暖、机修等分类列项。金属结构设备按闸门设备、启闭设备和拦污设备分类列项。

第三部分　专项工程采购

专项工程采购指专业技术相对独立的工程项目，列入专项工程采购部分。

第四部分　技术服务采购

技术服务采购指科学研究试验等技术服务项目，列入技术服务采购部分。

第五部分　地方政府包干项目

地方政府包干项目指水库淹没处理补偿费、水土保持工程、环境保护工程等项目。若这些项目中有不由地方政府包干的工程，可列入专项工程采购项下。

第六部分　项目法人管理费用项目

项目法人管理费用项目指项目法人自身开支和管理的费用项目，如项目建设管理费、联合试运转费及生产准备费等。

第七部分　预留风险费用

预留风险费用指可调剂预留费、基本预留费和建设期融资利息。

（二）编制方法

1. 工程量

（1）已完工的工程项目，按结算工程量编制。

（2）已完成招标设计的工程项目，按招标设计工程量编制。

（3）未完成招标设计的一般工程项目，按初步设计工程量编制。

2. 工程单价

（1）基础价格。编制工程单价所依据的人工、电、风、水、砂石料、主要材料预算价格和施工机械台时费用,应与设计概算所采用的价格水平保持一致。

(2)定额依据。编制工程单价所选取的人工、机械效率,应根据该工程实际情况或施工企业可能达到的效率,在留有余地的基础上,对设计概算中相应工程单价所采用定额的人工和机械的效率予以提高;编制工程单价所选取的材料消耗量,在取得试验资料和有准确定量的前提下,可对设计概算中相应工程单价所采用定额的材料消耗量适当降低(如混凝土水泥用量、石方开挖炸药用量等)。总之,其调整幅度,应视其招标工程的风险程度予以区别对待。

(3)其他直接费。可直接采用设计概算采用的费率计算,也可按各招标工程的具体情况,适当降低费率。如部分临时工程摊入工程单价的,应增列临时工程摊销费。同时,相应降低其他临时工程费用。

(4)现场经费、间接费和企业利润。可直接采用设计概算的费率计算,也可根据工程具体情况适当降低费率。

(5)税金。直接按设计概算的税费率计算。如设计概算采用的税费率与国家现行税费率有出入,应执行国家现行税费率。

(6)施工组织设计。可根据招标工程的施工组织设计方案,修改设计概算中相应单价采用的施工条件和施工方法。

上述工程单价的编制方法,适用于项目管理预算中需编制工程单价的所有项目。

3. 设备价格

(1)已招标的设备采用中标价。

(2)未招标的设备采用设计概算价。

4. 费用项目

费用项目包括技术服务采购、项目法人管理费用和预留风险费用。

(1)技术服务采购项目不得突破设计概算相应额度,可根据项目的招标价和国家有关规定分别编制。

(2)项目法人管理费用项目原则上按设计概算相应值计列。

(3)预留风险费用项目。基本预备费,按设计概算值计列;可调剂预留费用,根据工程可能存在的风险预测分析计列。

5. 地方政府包干项目

地方政府包干项目按设计概算值计列。

6. 建设期融资利息

建设期融资利息按设计概算值计列。

7. 价差预备费

可按设计概算规定计算,作为投资动态管理的依据。

任务三 施工图预算

施工图预算(又称设计预算)是依据施工图设计文件、施工组织设计、现行的水利水电工程预算定额及费用标准等文件编制的。

一、施工图预算的作用

施工图预算是在施工图设计阶段，在批准的概算范围内，根据国家现行规定，按施工图纸和施工组织设计综合计算的造价。其主要作用如下：

(1)是确定单位工程项目造价的依据。施工图预算比主要起控制造价作用的概算更为具体和详细，因而可以起确定造价的作用。对工业与民用建筑而言尤为突出。如果施工图预算超过了设计概算，应由建设单位会同设计部门报请上级主管部门核准，并对原设计概算进行修改。

(2)是签订工程承包合同，实行投资包干和办理工程价款结算的依据。因施工图预算确定的投资较概算准确，故对于不进行招标投标的特殊或紧急工程项目等，常采用预算包干。按照规定程序，经过工程量增减、价差调整后的预算作为结算依据。

(3)是施工企业内部进行经济核算和考核工程成本的依据。施工图预算确定的工程造价是工程项目的预算成本，其与实际成本的差额即为施工利润，是企业利润总额的主要组成部分。这就促使施工企业必须加强经济核算，提高经营管理水平，以降低成本，提高经济效益。同时也是编制各种人工、材料、半成品、成品、机具供应计划的依据。

(4)是进一步考核设计方案经济合理性的依据。施工图预算更详尽和切合实际，可以进一步考核设计方案的技术先进性和经济合理程度。施工图预算也是编制固定资产的依据。

二、施工图预算的编制方法

施工图预算与设计概算的项目划分、编制程序、费用构成、计算方法等基本相同。施工图是工程实施的蓝图，建筑物的细部结构构造、尺寸，设备及装置性材料的型号、规格都已明确，所以据此编制的施工图预算，较概算编制要精细。编制施工图预算的方法与设计概算的不同之处具体表现在以下几个方面。

(一)主体工程

施工图预算与概算都采用工程量乘单价的方法计算投资，但深度不同。

概算根据概算定额和初步设计工程量编制，其三级项目经综合扩大，概括性强，而施工图预算则依据预算定额和施工图设计工程量编制，其三级项目较为详细。如概算的闸、坝工程，一般只需套用定额中的综合项目计算其综合单价；而施工图预算需根据预算定额将各部位划分为更详细的三级项目，分别计算单价。

(二)非主体工程

概算中的非主体工程及主体工程中的细部结构采用综合指标（如铁路单价以元/km计、遥测水位站单价以元/座计等）或百分率乘二级项目工程量的方法估算投资；而施工图预算则均要求按三级项目乘工程单价的方法计算投资。

(三)造价文件形成和组成

概算是初步设计报告的组成部分，在初步设计阶段一次完成，概算完整地反映整个建设项目所需的投资。由于施工图的设计工作量大、历时长，故施工图设计大多以满足施工为前提，陆续出图。因此，施工图预算通常以单项工程为单位，陆续编制，各单项工程单独成册，最后汇总形成总预算投资。

任务四　施工预算

施工预算是施工企业根据施工图纸、施工措施及企业施工定额编制的建筑安装工程在单位工程或分部分项工程上的人工、材料、施工机械台班(时)消耗数和直接费标准,是建筑安装产品及企业基层成本考核的计划文件。施工预算、施工图预算、竣工结算是施工企业进行施工管理的“三算”。

一、施工预算的作用

施工预算的作用主要有以下几个方面:

(1)施工预算是施工企业进行经济活动分析的依据。进行经济活动分析是企业加强经营管理,提高经济效益的有效手段。经济活动分析,主要是应用施工预算的人工、材料和机械台时数量等与实际消耗量对比,同时与施工图预算的人工、材料和机械台时数量进行对比,分析超支、节约的原因,改进操作技术和管理手段,以有效地控制施工中的消耗,节约开支。

(2)施工预算是编制施工作业计划的依据。施工作业计划是施工企业计划管理的中心环节,也是计划管理的基础和具体化。编制施工作业计划,必须依据施工预算计算单位工程或分部分项工程的工程量、材料构配件数量、劳力数量等。

(3)施工预算是计算超额奖和计算计件工资、实行按劳分配的依据。社会主义应当体现按劳分配的原则,施工预算所确定的人工、材料、机械使用量与工程量的关系是衡量工人劳动成果、计算应得报酬的依据,它把工人的劳动成果与劳动报酬联系起来,很好地体现了多劳多得、少劳少得的按劳分配原则。

(4)施工预算是施工单位向施工班组签发施工任务单和限额领料的依据。施工任务单是把施工作业计划落实到班组的计划文件,也是记录班组完成任务情况和结算班组工人工资的凭证。施工任务单的内容可以分为两部分:第一部分是下达给班组的工程任务,包括工程名称、工作内容、质量要求、开工日期和竣工日期、计量单位、工程量、定额指标、计件单价和平均技术等级;第二部分是实际任务完成的情况记载和工资结算,包括实际开工日期和竣工日期、完成工程量、实际工日数、实际平均技术等级、完成工程的工资额、工人工时记录表和每人工资分配额等。其主要工程量、工日消耗量、材料品种和数量均来自施工预算。

二、施工预算的编制依据

编制施工预算的主要依据包括施工图纸、施工定额及补充定额、施工组织设计和实施方案、有关的手册资料等。

(一)施工图纸

施工图纸和说明书必须是经过建设单位、设计单位和施工单位会审通过的,不能采用未经会审通过的图纸,以免返工。

（二）施工定额

施工定额包括全国建筑安装工程统一劳动定额和各部、各地区颁发的专业施工定额。凡是已有施工定额可以查照使用的，应参照施工定额编制施工预算中的人工、材料及机械使用费。在缺乏施工定额作为依据的情况下，可按有关规定自行编排补充定额。施工定额是编制施工预算的基础，也是施工预算与施工图预算的主要差别之一。

（三）施工组织设计

由施工单位编制详细的施工组织设计，所确定的施工方法、施工进度及所需的人工、材料和施工机械的数量作为编制施工预算的基础。例如，混凝土浇筑工程，应根据设计施工图，结合工程具体的施工条件，确定拌和、运输浇筑机械的数量，具体的施工方法和运输距离等。

（四）其他资料

诸如建筑材料手册，人工、材料、机械台时费用标准，施工机械手册等。

三、施工预算的编制步骤和方法

（一）编制步骤

编制施工预算和编制施工图预算的步骤相似。首先应熟悉设计图纸及施工定额，对施工单位的人员、劳力、施工技术等有大致地了解；对工程的现场情况、施工方式方法要比较清楚；对施工定额的内容、所包括的范围应了解。为了便于与施工图预算相比较，编制施工预算时，应尽可能与施工图预算的分部分项工程相对应。在计算工程量时所采用的计算单位要与定额的计量单位相适应。具备施工预算所需的资料，在已熟悉了基础资料和施工定额的内容后，就可以按以下步骤编制施工预算。

1. 计算工程量

工程实物量的计算是编制施工预算的基本工作，要认真、细致、准确，不得错算、漏算和重算。凡是能够利用施工图预算的工程量，就不必再算，但工程项目、名称和单位一定要符合施工定额。工程量计算应仔细核对无误后，再根据施工定额的内容和要求，按工程项目的划分逐项汇总。

2. 按施工图纸内容进行分项工程计算

套用的施工定额必须与施工图纸的内容相一致。分项工程的名称、规格、计量单位必须与施工定额所列的内容相一致，逐项计算分部分项工程所需的人工、材料、机械台时使用量。

3. 工料分析和汇总

有了工程量后，按照工程的分项名称顺序，套用施工定额的单位人工、材料和机械台时消耗量，逐一计算出各个工程项目的人工、材料和机械台时的用工用料量，最后同类项目工料相加予以汇总，便成为一个完整的分部分项工料汇总表。

4. 编写编制说明

编制说明包括的内容有：编制依据，包括采用的图纸名称及编号，采用的施工定额，施工组织设计或施工方案；遗留项目或暂估项目的原因和存在的问题及处理的办法等。

（二）编制方法

编制施工预算的方法有两种：一是实物法，二是实物金额法。

1. 实物法

实物法的应用比较普遍。它是根据施工图和说明书，按照劳动定额或施工定额规定计算工程量，汇总、分析人工和材料数量，向施工班组签发施工任务单和限额领料单。实行班组核算，与施工图预算的人工和主要材料进行对比，分析超支、节约原因，以加强企业管理。

2. 实物金额法

实物金额法即根据实物法编制施工预算的人工和材料数量分别乘以人工和材料单价，求得直接费，或根据施工定额规定计算工程量，套用施工定额单价计算直接费。其实物量用于向施工班组签发施工任务单和限额领料单，实行班组核算。直接费与施工图预算的直接费进行对比，以改进企业管理。

四、施工预算和施工图预算对比

施工预算和施工图预算对比是建筑企业加强经营管理的手段，通过对比分析，找出节约、超支的原因，研究解决措施，防止人工、材料和机械使用费的超支，避免发生计划成本亏损。

施工预算和施工图预算对比是将施工预算计算的工程量，套用施工定额中的人工定额、材料定额，分析出人工和主要材料数量，然后按施工图预算计算的工程量套用预算定额中的人工、材料定额，得出人工和主要材料数量，对两者人工和主要材料数量进行对比，对机械台时数量也应进行对比，这种对比称为实物对比法。

将施工预算的人工和主要材料、机械台时数量分别乘以单价，汇总成人工、材料和机械使用费，与施工图预算相应的人工、材料和机械使用费进行对比，这种对比法称为实物金额对比法。

由于施工图预算定额与施工预算定额的定额水平不一样，施工预算的人工、材料、机械使用量及其相应的费用一般应低于施工图预算。当出现相反情况时，要调查分析原因，必要时要改变施工方案。

思考题

1. 投资估算与设计概算有什么区别？
2. 项目管理预算的项目划分有什么特点？
3. 施工图预算与施工预算的区别是什么？
4. 投资估算、设计概算、施工图预算、施工预算造价文件的编制方法和步骤主要有哪些？

项目八 水利水电工程施工招标投标阶段造价

本项目重点

1. 熟悉工程招标投标法的有关规定。
2. 熟悉招标文件的内容。
3. 掌握水利水电工程施工招标的程序。
4. 掌握标底和报价编制的方法。
5. 掌握水利水电工程投标报价及投标文件的编制。
6. 会编制工程量清单。

任务一 招标投标程序

一、招标投标范围和规模

根据水利部《水利工程建设项目招标投标管理规定》(水利部令第14号),水利工程施工符合下列具体范围并达到规模标准之一的水利工程施工必须招标。

(一)具体范围

(1)关系社会公共利益及公共安全的防洪、排涝、灌溉、水力发电、引(供)水、滩涂治理、水土保持、水资源保护等水利工程建设项目。

(2)使用国有资金投资或者国家融资的水利工程建设项目。

(3)使用国际组织或者外国政府贷款、援助资金的水利工程建设项目。

其中,国有资金投资项目的范围包括:

(1)使用各级财政预算资金的项目。

(2)使用纳入财政管理的各种政府性专项建设基金的项目。

(3)使用国有企业事业单位自有资金,并且国有资产投资者实际拥有控制权的项目。

国家融资项目的范围包括:

(1)使用国家发行债券所筹资金的项目。

(2)使用国家对外借款或者担保所筹资金的项目。

(3)使用国家政策性贷款的项目。

(4)国家授权投资主体融资的项目。

(5)国家特许的融资项目。

使用国际组织或者外国政府资金的项目的范围包括:

(1)使用世界银行、亚洲开发银行等国际组织贷款资金的项目。

(2)使用外国政府及其机构贷款资金的项目。

(3)使用国际组织或者外国政府援助资金的项目。

(二)规模标准

(1)施工单项合同估算价在200万元人民币以上的。

(2)单项合同估算价低于200万元人民币,但项目总投资额在3 000万元人民币以上的。

二、水利工程施工招标方式

水利工程施工招标方式分为公开招标和邀请招标。

(一)公开招标

依法必须招标的项目中,有下列情形之一的必须公开招标:

(1)国家重点水利项目。

(2)地方重点水利项目。

(3)全部使用国有资金投资的项目。

(4)国有资金投资占控股或者主导地位的项目。

(二)邀请招标

上述公开招标项目有下列情况之一的,经批准后可采用邀请招标:

(1)项目总投资额在3 000万元人民币以上,但施工单项合同估算价低于200万元人民币的项目。

(2)项目技术复杂,有特殊要求或涉及专利权保护,受自然资源或环境限制,新技术或技术规格事先难以确定的项目。

(3)应急度汛项目。

(4)其他特殊项目。

(三)不招标

下列项目可不进行招标,但须经项目主管部门批准:

(1)涉及国家安全、国家秘密的项目。

(2)应急防汛、抗旱、抢险、救灾等项目。

(3)项目中经批准使用农民投工、投劳施工的部分。

(4)采用特定专利技术或特有技术的。

(5)其他特殊项目。

三、招标投标程序

根据《中华人民共和国招标投标法》(简称《招标投标法》)和《中华人民共和国招标投标法实施条例》(简称《条例》)、《水利工程建设项目招标投标管理规定》(水利部令第14号),水利工程招标的基本程序包括:

(1)水利工程施工招标报告备案。

(2)招标人或招标代理机构编制招标文件。

(3)招标人发布招标信息(招标公告或投标邀请书)。

根据《条例》规定:依法必须进行招标的项目的资格预审公告和招标公告,应当在国务院发展改革部门依法指定的媒介发布。在不同媒介发布的同一招标项目的资格预审公告或者招标公告的内容应当一致。指定媒介发布依法必须进行招标的项目的境内资格预审公告、招标公告，不得收取费用。公开招标发布的媒体简称"三报一网"，包括《中国日报》《中国建设报》《中国经济导报》及中国采购与招标网。

(4)参加资格预审(若进行资格预审)，购买招标文件。

根据《条例》规定：招标人应当按照资格预审公告、招标公告或者投标邀请书规定的时间、地点发售资格预审文件或者招标文件。资格预审文件或者招标文件的发售期不得少于5日。招标人发售资格预审文件、招标文件收取的费用应当限于补偿印刷、邮寄的成本支出，不得以营利为目的。资格预审结束后，招标人应当及时向资格预审申请人发出资格预审结果通知书。未通过资格预审的申请人不具有投标资格。通过资格预审的申请人少于3个的，应当重新招标。

招标人可以对已发出的资格预审文件进行必要的澄清或者修改。澄清或者修改的内容可能影响资格预审申请文件编制的，招标人应当在提交资格预审申请文件截止时间至少3日前，以书面形式通知所有获取资格预审文件的潜在投标人；不足3日的，招标人应当顺延提交资格预审申请文件的截止时间。

潜在投标人或者其他利害关系人对资格预审文件有异议的，应当在提交资格预审申请文件截止时间2日前提出。

(5)踏勘现场和投标预备会(若组织)。

招标人可组织踏勘现场和投标预备会。若组织，不得组织单个或者部分潜在投标人踏勘项目现场。

(6)对问题进行澄清。

招标人可以对已发出的招标文件进行必要的澄清或者修改。澄清或者修改的内容可能影响投标文件编制的，招标人应当在投标截止时间至少15日前，以书面形式通知所有获取招标文件的潜在投标人；不足15日的，招标人应当顺延提交投标文件的截止时间。

潜在投标人或者其他利害关系人对招标文件有异议的，应当在投标截止时间10日前提出。招标人应当自收到异议之日起3日内作出答复；作出答复前，应当暂停招标投标活动。

(7)潜在投标人投标，招标人组织成立评标委员会。

国家实行统一的评标专家专业分类标准和管理办法。具体标准和办法由国务院发展改革部门会同国务院有关部门制定。

省级人民政府和国务院有关部门应当组建综合评标专家库。依法必须进行招标的项目，其评标委员会的专家成员应当从评标专家库内相关专业的专家名单中以随机抽取方式确定。任何单位和个人不得以明示、暗示等任何方式指定或者变相指定参加评标委员会的专家成员。

(8)组织开标、评标。依法必须进行招标的项目，自招标文件开始发出之日起至投标人提交投标文件截止之日止，最短不应当少于20日。

评标委员会成员应当依照《招标投标法》和《条例》的规定，按照招标文件规定的评标标准和方法，客观、公正地对投标文件提出评审意见。招标文件没有规定的评标标准和方法不得作为评标的依据。评标委员会成员不得私下接触投标人，不得收受投标人给予的财物或者其他好处,不得向招标人征询确定中标人的意向,不得接受任何单位或者个人明示或者暗示提出的倾向或者排斥特定投标人的要求,不得有其他不客观、不公正履行职务的行为。招标项目设有标底的,招标人应当在开标时公布。标底只能作为评标的参考,不得以投标报价是否接近标底作为中标条件,也不得以投标报价超过标底上下浮动范围作为否决投标的条件。

(9)确定中标人。

评标完成后,评标委员会应当向招标人提交书面评标报告和中标候选人名单。中标候选人应当不超过3个,并标明排序。国有资金占控股或者主导地位的依法必须进行招标的项目,招标人应当确定排名第一的中标候选人为中标人。排名第一的中标候选人放弃中标、因不可抗力不能履行合同、不按照招标文件要求提交履约保证金,或者被查实存在影响中标结果的违法行为等情形,不符合中标条件的,招标人可以按照评标委员会提出的中标候选人名单排序依次确定其他中标候选人为中标人,也可以重新招标。

依法必须进行招标的项目,招标人应当自收到评标报告之日起3日内公示中标候选人,公示期不得少于3日。投标人或者其他利害关系人对依法必须进行招标的项目的评标结果有异议的,应当在中标候选人公示期间提出。招标人应当自收到异议之日起3日内作出答复;作出答复前,应当暂停招标投标活动。

(10)提交招标投标情况的书面总结报告。

(11)发中标通知书。

(12)订立书面合同,退还投标保证金。

招标人和中标人应当依照《招标投标法》和《条例》的规定签订书面合同,合同的标的、价款、质量、履行期限等主要条款应当与招标文件和中标人的投标文件的内容一致。招标人和中标人不得再行订立背离合同实质性内容的其他协议。招标文件要求中标人提交履约保证金的,中标人应当按照招标文件的要求提交。履约保证金不得超过中标合同金额的10%。

招标人最迟应当在书面合同签订后5日内向中标人和未中标的投标人退还投标保证金及银行同期存款利息。

整个招标投标的关键节点,具体如图8-1所示。

四、工程投标条件

(一)资格审查

水利工程施工招标人应对潜在投标人或者投标人进行资格审查。资格审查方式分为资格预审和资格后审,资格预审是指在投标前对潜在投标人进行的资格审查,资格后审是指开标后对投标人进行的资格审查。资格审查办法分有限数量制和合格制。

1. 有限数量制

凡符合初步审查标准和详细审查标准的申请人均通过资格审查。有限数量制下,审查委员会依据资格预审文件规定的审查标准和程序,对通过初步审查和详细审查的资格预审申请文件进行量化打分,按得分由高到低的顺序确定通过资格预审的申请人。通过资格预审的申请人不超过资格预审文件规定的数量,但不得少于9人。

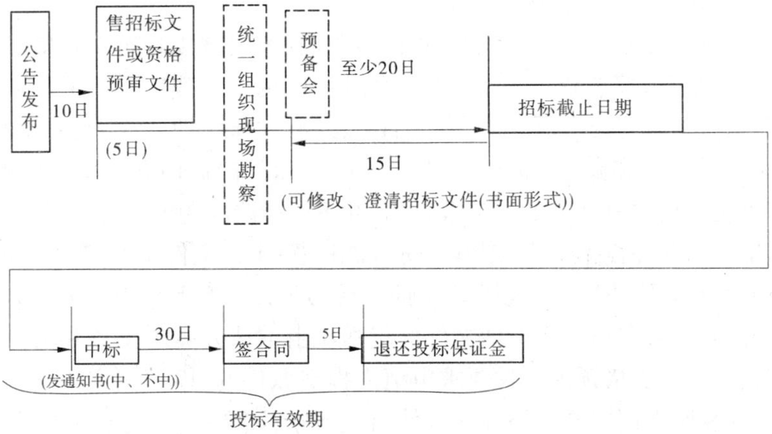

图 8-1　水利工程招标投标基本程序

2. 合格制

若通过初步审查和详细审查的资格预审申请文件少于资格预审文件规定的申请人数量，则不再打分，所有通过初步审查和详细审查的资格预审申请文件均通过资格审查。

招标人可根据招标项目具体特点和要求选择资格审查方式。进行资格预审的一般不再进行资格后审。如果投标人在资质条件、组织机构、财务能力、信誉等资格条件与资格预审时提交的资格预审申请文件相比发生变化的，应按新情况补充或更新其在资格预审申请文件中提供的资料，以证实其各项资格条件仍能继续满足资格预审文件的要求，具备承担本标段施工的资质条件、能力和信誉。投标人的资格要求包括十二个方面，具体见表 8-1。

表 8-1　投标人的资格要求

项目	具体要求	项目	具体要求
1. 资质条件	资质证书有效性和资质等级符合性	7. 安全生产许可证	有效性
2. 财务要求	近 3 年财务状况表	8. 技术负责人资格要求	本单位人员，有一定数量类似工程业绩
3. 业绩要求	近 5 年完成类似项目情况表	9. 其他主要人员要求	委托代理人、安全管理人员、质量管理人员、财务负责人还必须是本单位人员，企业负责人、技术安全管理人员具备有效的安全生产考核合格证书
4. 信誉要求	AAA，AA，A，BBB	10. 设备要求	不宜作为资格审查因素
5. 项目经理资格要求	本单位的水利水电工程专业注册建造师，有一定数量类似工程业绩，有效安全考核合格证	11. 认证体系要求	质量、环境保护和职业健康、安全等管理体系认证等方面的要求
6. 营业执照	营业执照承揽范围和有效期符合性	12. 有效生产能力要求	通过“正在施工和新承接的项目情况表”判断

资格预审文件的澄清和修改要求如下：

(1)申请人要求澄清资格预审文件的截止时间为申请截止时间5天前。

(2)招标人澄清或修改资格预审文件的截止时间为申请截止时间3天前。

(3)申请人确认收到资格预审文件澄清或修改通知的时间为收到澄清通知后1天内。

(4)资格预审澄清和修改中往来文件必须由招标人按资格预审文件的格式，以书面形式向所有购买资格预审文件的申请人发出，并不得指明问题的来源。

资格预审申请文件正本1份，副本3份；资格预审申请文件正本与副本应分别装订成册，用A4纸(图表页除外)装订成册，编制目录和页码，并不得采用活页夹装订；除封面、封底、目录、分隔页外，资格预审申请文件的正本应由申请人盖单位章并由法定代表人或其委托代理人签字。资格预审文件要求申请人提交原件的，申请人应提交。无论是否提交原件，原件的复印件都构成资格预审文件的一部分。申请人提交原件的，招标人在签收资格预审申请文件时应对照原件清单查验登记原件并留存其复印件。原件经审验后应及时退回。

(二)水利建设市场主体信誉等级

水利建设市场主体信用等级分为诚信(AAA级、AA级、A级)、守信(BBB级)、失信(CCC级)三等五级。AAA级表示信用很好，AA级表示信用好，A级表示信用较好，BBB级表示信用一般，CCC级表示信用差。水利建设市场主体信用评价标准由基础管理、经营效益、市场行为、工程服务、品牌形象和信用记录六个指标体系30项指标组成，按权重分别赋分，合计100分。信用等级评价分值为91～100分的为AAA级，81～90分的为AA级，71～80分的为A级，61～70分的为BBB级，60分以下的为CCC级。

水利建设市场主体(指参与水利工程建设活动的建设、勘察、设计、施工、监理、咨询、供货、招标代理、质量检测、安全评价等企(事)业单位及相关执(从)业人员，下同)信用信息包括基本信息、良好行为记录信息和不良行为记录信息。

基本信息是指水利建设市场主体的名称、注册地址、注册资金、资质、业绩、人员、主营业务范围等信息。

良好行为记录信息是指水利建设市场主体在工程建设过程中遵守有关法律、法规和规章，受到县级以上人民政府、水行政主管部门、流域管理机构或相关专业部门、有关社会团体的奖励和表彰，所形成的信用信息。

不良行为记录信息是指水利建设市场主体在工程建设过程中违反有关法律、法规和规章，受到县级以上人民政府、水行政主管部门、流域管理机构或相关专业部门的行政处理，或者未受到行政处理但造成不良影响的行为，所形成的信用信息。

水利建设市场主体不良行为记录实行公告制度。对水利建设市场主体在工程建设过程中违反有关法律、法规和规章，受到县级以上人民政府、水行政主管部门、流域管理机构或相关专业部门的行政处理，所形成的不良行为记录进行公告。水利建设市场主体信用信息实行实时更新。水利建设市场主体基本信息发布时间为长期，良好行为记录信息发布期限为3年，不良行为记录信息发布期限不少于6个月。依法限制水利建设市场主体资质(资格)等方面的行政处理决定，所认定的限制期限长于6个月的，公告期限从其决定。

施工单位发生下列行为系不良行为：

(1)资质管理方面：

①超越本单位资质等级承揽工程的；

②未取得资质证书承揽工程的；

③以欺骗手段取得资质证书承揽工程的；

④允许其他单位或者个人以本单位名义承揽工程的。

(2)招标投标方面：

①相互串通投标或者与招标人串通投标的，以向招标人或者评标委员会成员行贿的手段谋取中标的；

②投标人以他人名义投标或者以其他方式弄虚作假，骗取中标的；

③中标人将中标项目转让给他人的，将中标项目肢解后分别转让给他人的，违反规定将中标项目的部分主体、关键性工作分包给他人的，或者分包人再次分包的；

④非不可抗力原因，中标人不按照与招标人订立的合同履行义务。

(三)项目经理资格要求

项目经理应当由本单位的水利水电工程专业注册建造师担任。除执业资格要求外，项目经理还必须有一定数量类似工程业绩，且具备有效的安全生产考核合格证书。资格预审申请文件应提交项目经理属于本单位人员的相关证明材料。

五、投标文件格式要求

(1)投标文件签字盖章要求是：投标文件正本除封面、封底、目录、分隔页外的其他每一页必须加盖投标人单位章并由投标人的法定代表人或其委托代理人签字，已标价的工程量清单还应由注册水利工程造价工程师加盖执业印章。

(2)投标文件份数要求是正本 1 份，副本 4 份。

(3)投标文件用 A4 纸(图表页除外)装订成册，编制目录和页码，并不得采用活页夹装订。

六、无效标和废标

《评标委员会和评标办法暂行规定》第二十五条规定：

无效标：

(1)未按招标文件要求密封。

(2)逾期送达。

(3)法定代表人或授权委托人未参加开标会。

废标：

(1)未按招标文件要求盖章、签字。

(2)招标文件要求不得标明名称，标了或有透漏标记。

(3)未按要求编写或字迹模糊造成实质性问题无法确认。

(4)未按要求缴纳投标保证金。

(5)提供虚假材料。

(6)超出招标文件规定,违反强制性条文。

(7)联合体未附共同协议。

(8)投标人名称或组织机构与资格预审不一致。

七、投标人纪律要求

投标人不得以他人名义投标或允许他人以本单位名义承揽工程或串通投标报价。

下列行为均属以他人名义投标:

(1)投标人挂靠其他施工单位。

(2)投标人从其他施工单位通过转让或租借的方式获取资格或资质证书。

(3)由其他单位及法定代表人在自己编制的投标文件上加盖印章或签字的行为。

下列行为,视为允许他人以本单位名义承揽工程:

(1)投标人的法定代表人的委托代理人不是投标人本单位人员。

(2)投标人拟在施工现场所设项目管理机构的项目负责人、技术负责人、财务负责人、质量管理人员、安全管理人员不是本单位人员。

投标人为本单位人员,必须同时满足以下条件:

(1)聘任合同必须由投标人单位与之签订。

(2)与投标人单位有合法的工资关系。

(3)投标人单位为其办理社会保险关系,或具有其他有效证明证明他为本单位人员身份的文件。

下列行为均属投标人串通投标报价:

(1)投标人之间相互约定抬高或压低投标报价。

(2)投标人之间相互约定,在招标项目中分别以高、中、低价位报价。

(3)投标人之间先进行内部总价,内定中标人,然后参加投标。

(4)投标人之间其他串通投标报价的行为。

条例规定:投标人相互串通投标或者与招标人串通投标的,投标人向招标人或者评标委员会成员行贿谋取中标的,中标无效;构成犯罪的,依法追究刑事责任;尚不构成犯罪的,依照《招标投标法》第五十三条的规定处罚。投标人未中标的,对单位的罚款金额按照招标项目合同金额依照《招标投标法》规定的比例计算。

投标人有下列行为之一的,属于《招标投标法》第五十三条规定的情节严重行为,由有关行政监督部门取消其 1 年至 2 年内参加依法必须进行招标的项目的投标资格:

(1)以行贿谋取中标。

(2)3 年内 2 次以上串通投标。

(3)串通投标行为损害招标人、其他投标人或者国家、集体、公民的合法利益,造成直接经济损失 30 万元以上。

(4)其他串通投标情节严重的行为。

投标人自(2)规定的处罚执行期限届满之日起 3 年内又有该款所列违法行为之一的,或者串通投标、以行贿谋取中标情节特别严重的,由工商行政管理机关吊销营业执照。

法律、行政法规对串通投标报价行为的处罚另有规定的,从其规定。

条例规定：投标人以他人名义投标或者以其他方式弄虚作假骗取中标的，中标无效；构成犯罪的，依法追究刑事责任；尚不构成犯罪的，依照《招标投标法》第五十四条的规定处罚。依法必须进行招标的项目的投标人未中标的，对单位的罚款金额按照招标项目合同金额依照《招标投标法》规定的比例计算。

投标人有下列行为之一的，属于《招标投标法》第五十四条规定的情节严重行为，由有关行政监督部门取消其1年至3年内参加依法必须进行招标的项目的投标资格：

(1)伪造、变造资格、资质证书或者其他许可证件骗取中标。

(2)3年内2次以上使用他人名义投标。

(3)弄虚作假骗取中标给招标人造成直接经济损失30万元以上。

(4)其他弄虚作假骗取中标情节严重的行为。

投标人自(2)规定的处罚执行期限届满之日起3年内又有该款所列违法行为之一的，或者弄虚作假骗取中标情节特别严重的，由工商行政管理机关吊销营业执照。

出让或者出租资格、资质证书供他人投标的，依照法律、行政法规的规定给予行政处罚；构成犯罪的，依法追究刑事责任。

【例8-1】　工程背景：某水闸工程，13孔，闸孔净宽8 m。设计引水流量2 000 m^3/s，为开敞式钢筋混凝土水闸，地基为黏土层，上游铺盖为黏土铺盖，下游海漫为浆砌石和钢丝笼网兜，采用挖深式消力池底流式消能，边墩为空箱式挡土墙，工程建设过程中发生以下事件：

事件1：工程按照《水利水电工程标准施工招标文件》(2009年版)招标选择承包人，招标前，首先编制了招标文件，2011年2月10日向省水利厅提交了招标报告，2011年2月12日在《中国水利报》上发布了招标公告，2011年2月23日至2月25日(中间有2天星期天)发售资格预审文件，10家企业购买了资格预审文件。以下是部分企业提供的资格审查资料：

(1)F企业是外省企业，信用等级为A级。

(2)B企业项目经理具有安全考核C证和水利水电专业一级建造师执业资格证，并从事过5个堤防工程施工，具有一定施工经验。

(3)E企业提供有2004年的财务状况复印件，并经当地会计事务所审计。

(4) A企业出具ISO和NEC认证证书。提供了专职安全员的安全考核合格证在水利部网站的遗失声明材料。

(5)C企业财务人员聘请A单位人员。

事件2：经资格审查有五家企业购买了招标文件，2011年3月20日上午10点投标截止，五家企业在此之前均递交了投标文件。其中：

H企业的投标人项目经理未到开标现场，只有法定代表人到场，并在投标截止前递交一份备选方案。

E企业报价有两个，招标文件未标明哪个有效。

D企业投标文件的工程量清单加盖有本单位公章以及法定代表人签字。

事件3：评标时发现G施工单位报价低于标底甚远，且明显低于其他单位报价，且报价大写金额小于小写金额，排除了G施工单位。经评审，P为中标人，一个月后签订合同，合同约定工期为18个月。

问题:

1. 根据法规,指出事件1中的违规之处。

2. 分别指出五家企业能否通过资格预审,说明理由。

3. 指出事件2中投标的有效标,说明理由。

4. 指出事件3有无不妥,说明理由。

解:1. 应首先提出招标申请报告,经审批后发出招标公告;招标公告还应在中国招标与采购网上发布;资格预审文件发售5日。

2. (1)F企业是外省企业,信用等级为A级,属于诚信企业,可以。

(2)B企业项目经理具有安全考核C证和水利水电专业一级建造师执业资格证,并从事过5个堤防工程施工,具有一定施工经验。应具有B证,不是类似工程经验,不可以。

(3)E企业提供有2004年的财务状况复印件,并经当地会计事务所审计。不是近3年的财务状况,不可以。

(4)A企业出具ISO和NEC认证证书。提供了专职安全员的安全考核合格证在水利部网站的遗失声明材料。安全考核合格证应丢失公示1个月后办理补办,是否丢失不能确定,不可以。

(5)C企业财务负责人聘请A单位人员。企业财务负责人必须为本单位人员,不可以。

3. H企业的投标人项目经理未到开标现场,只有法定代表人到场,并在投标截止前递交一份备选方案;是可以的,所提交的备选方案只有中标后考虑。

E企业报价有两个,招标文件未标明哪个有效,故投标无效,原因是不能提交两份并无声明哪份有效。

D企业投标文件的工程量清单加盖有本单位公章以及法定代表人签字。无效,还应加盖注册水利造价师执业印章。

4. 排除G施工单位正确,标底不能作为衡量废标标准。

任务二 工程投标文件编制

一、工程招标投标文件的组成

根据《水利水电工程标准施工招标文件》(2009年版)水利水电工程招标文件包括四卷八章的内容:第一卷包括第1章~第5章:招标公告(投标邀请书)、投标人须知、评标办法、合同条款及格式和工程量清单等内容;第二卷由第6章图纸(招标图纸)组成;第三卷由第7章技术标准和要求组成;第四卷由第8章投标文件格式组成。

投标文件格式包括:①投标函及投标函附录;②法定代表人身份证明/授权委托书;③联合体协议书;④投标保证金;⑤已标价工程量清单;⑥施工组织设计;⑦项目管理机构表;⑧拟分包项目情况表;⑨资格审查资料;⑩原件的复印件;⑪其他材料。其中,工程量清单编制是投标阶段造价的主要工作。

二、工程量清单报价编制

(一)工程量清单

水利水电工程量清单编制的基础是《水利工程工程量清单计价规范》(GB 50501—2007)(简称《清单规范》)。

工程量清单由分类分项工程量清单、措施项目清单、其他项目清单和零星工作项目清单组成。

1. 分类分项工程量清单

分类分项工程量清单应包括序号、项目编码、项目名称、计量单位、工程数量、主要技术条款编码和备注。分类分项工程量清单应根据《清单规范》规定的项目编码、项目名称、主要项目特征、计量单位、工程量计算规则、主要工作内容和一般适用范围进行编制。具体要求如下:

(1)项目编码:采用十二位阿拉伯数字表示(由左至右计位)。一至九位为统一编码,其中,一、二位为水利工程顺序码,三、四位为专业工程顺序码,五、六位为分类工程顺序码,七、八、九位为分项工程顺序码,十至十二位为清单项目名称顺序码。建筑工程工程量清单项目自 001 起顺序编制,安装工程工程量清单项目自 000 起顺序编制。例如,一般石方开挖的项目编号为:500102001001。

(2)分项目名称:根据主要项目特征并结合招标工程的实际确定。

(3)计量单位:应按规定的计量单位确定。

(4)工程数量:清单工程量又称为招标工程量、估算工程量,签订合同后为合同工程量,是编制施工计划的计划工程量。工程数量应根据合同技术条款计量和支付规定计算。工程数量的有效位数应遵守下列规定:以"m^3""m^2""m""kg""个""项""根""块""组""面""只""相""站""孔""束"为单位的,应取整数;以"t""km"为单位的,应保留小数点后 2 位数字,第 3 位数字四舍五入。如表 8-2 为南水北调某分类分项工程量清单。

表 8-2　南水北调某分类分项工程量清单

合同编号:HNJ－2010/XZ/SG－001

工程名称:南水北调中线一期工程总干渠沙河南—黄河南(委托建管项目)新郑南段

序号	项目编码	项目名称	计量单位	工程数量	单价(元)	合价(元)	备注
1		建筑工程					
1.1		渠道建筑工程					
1.1.1		渠道土方工程					
1.1.1.1	500101002001	土方开挖	m^3	1 634 824			
1.1.1.2	500103001001	渠堤土方填筑	m^3	159 205			
…							

2. 措施项目清单

措施项目指为完成工程项目施工,发生于该工程施工前和施工过程中招标人不要求列示工程量的施工措施项目。措施项目清单主要包括环境保护、文明施工、安全防护措施、小型临时工程、施工企业进退厂费、大型施工设备安拆费等,应根据招标工程的具体情况参考表8-3编制。

表8-3 措施项目一览表

序号	项目名称
1	环境保护措施
2	文明施工措施
3	安全防护措施
4	小型临时工程
5	施工企业进退厂费
6	大型施工设备安拆费
	…

3. 其他项目清单

其他项目指为完成工程项目施工,发生于该工程施工过程中招标人要求计列的费用项目。其他项目清单列暂列金额和暂估价项目。暂列金额指招标人为暂定项目和可能发生的合同变更而预留的金额,一般可取分类分项工程项目和措施项目合价的5%。

暂估价项目是指发包人在清单内给定用于支付必然发生但暂时不能确定价格的材料、设备及专业工程(如土坝工程除险加固管理房建设、观测设备等)的金额。

4. 零星工作项目清单

零星工作项目指完成招标人提出的零星工作项目所需的人工、材料、机械单价,也称计日工。

零星工作项目清单,编制人应根据招标工程具体情况,对工程实施过程中可能发生的变更或新增加的零星项目,列出人工(按工种)、材料(按名称和规格、型号)、机械(按名称和规格、型号)的计量单位,并随工程量清单发至投标人。

(二)工程量清单格式

工程量清单根据《清单规范》应采用统一格式。工程量清单格式应由下列内容组成:

(1)封面。

(2)填表须知。

(3)总说明。

(4)分类分项工程量清单。

(5)措施项目清单。

(6)其他项目清单。

(7)零星工作项目清单。

(8)其他辅助表格:①招标人供应材料价格表;②招标人提供施工设备表;③招标人

提供施工设施表。

(三)工程量清单格式填写规定

工程量清单格式的填写应符合下列规定:

(1)工程量清单应由招标人编制。

(2)填表须知除《清单规范》内容 ,招标人可根据具体情况进行补充。

(3)总说明填写:①招标工程概况;②工程招标范围;③招标人供应的材料、施工设备、施工设施简要说明; ④其他需要说明的问题。

(4)分类分项工程量清单填写:

①项目编码,按《清单规范》规定填写,规范附录 A 和附录 B 中项目编码以×××表示的十至十二位由编制人自 001 起顺序编码。

②项目名称,根据招标项目规模和范围,附录 A 和附录 B 的项目名称,参照行业有关规定,并结合工程实际情况设置。

③计量单位的选用和工程量的计算应符合《清单规范》附录 A 和附录 B 的规定。

④主要技术条款编码,按招标文件中相应技术条款的编码填写。

(5)措施项目清单填写。按招标文件确定的措施项目名称填写。凡能列出工程数量并按单价结算的措施项目,均应列入分类分项工程量清单。

(6)其他项目清单填写。按招标文件确定的其他项目名称、金额填写。

(7)零星工作项目清单填写:

①名称及规格、型号,人工按工种,材料按名称和规格型号,机械按名称和规格、型号,分别填写;

②计量单位,人工以工日或工时,材料以 t、m^3 等,机械以台时或台班,分别填写。

(8)招标人供应材料价格表填写。按表中材料名称、型号、规格、计量单位和供应价填写,并在供应条件和备注栏内说明材料供应的边界条件。

(9)招标人提供施工设备表填写。按表中设备名称、型号、规格、设备状况、设备所在地点、计量单位、数量和折旧费填写,并在备注栏内说明对投标人使用施工设备的要求。

(10)招标人提供施工设施表填写。按表中项目名称、计量单位和工程数量填写,并在备注栏内说明对投标人使用施工设施的要求。

(四)水利工程工程量清单报价表组成

工程量清单报价表由以下表格组成:

(1)投标总价。

(2)工程项目总价表。

(3)分类分项工程量清单计价表。

(4)措施项目清单计价表。

(5)其他项目清单计价表。

(6)计日工项目计价表。

(7)工程单价汇总表。

(8)工程单价费(税)率汇总表。

(9)投标人生产电、风、水、砂石基础单价汇总表。

(10)投标人生产混凝土配合比材料费表。

(11)招标人供应材料价格汇总表(若招标人提供)。

(12)投标人自行采购主要材料预算价格汇总表。

(13)招标人提供施工机械台时(班)费汇总表(若招标人提供)。

(14)投标人自备施工机械台时(班)费汇总表。

(15)总价项目分类分项工程分解表。

(16)工程单价计算表。

(17)人工费单价汇总表。

具体表格格式见《清单规范》。

(五)工程量清单报价表填写规定

(1)除招标文件另有规定外,投标人不得随意增加、删除或涂改招标文件工程量清单中的任何内容。工程量清单中列明的所有需要填写的单价和合价,投标人均应填写;未填写的单价和合价,视为已包括在工程量清单的其他单价和合价中。

(2)工程量清单中的工程单价是完成工程量清单中一个质量合格的规定计量单位项目所需的直接费(包括人工费、材料费、机械使用费和季节、夜间、高原、风沙等原因增加的直接费)、施工管理费、企业利润和税金,并考虑到风险因素。投标人应根据规定的工程单价组成内容,按招标文件和《清单规范》的"主要工作内容"确定工程单价。除另有规定外,对有效工程量以外的超挖量、超填量,施工附加量,加工、运输损耗量等,所消耗的人工、材料和机械费用,均应摊入相应有效工程量的工程单价内。

(3)投标金额(价格)均应以人民币表示。

(4)投标总价应按工程项目总价表合计金额填写。

(5)工程项目总价表中一级项目名称按招标文件工程项目总价表中的相应名称填写,并按分类分项工程量清单计价表中相应项目合计金额填写。

(6)分类分项工程量清单计价表中的序号、项目编码、项目名称、计量单位、工程数量和合同技术条款章节号,按招标文件分类分项工程量清单计价表中的相应内容填写,并填写相应项目的单价和合价。

(7)措施项目清单计价表中的序号、项目名称,按招标文件措施项目清单计价表中的相应内容填写,并填写相应措施项目的金额和合计金额。

(8)其他项目清单计价表中的序号、项目名称、金额,按招标文件其他项目清单计价表中的相应内容填写。

(9)计日工项目计价表的序号、人工、材料、机械的名称、型号、规格及计量单位,按招标文件计日工项目计价表中的相应内容填写,并填写相应项目单价。

(10)工程单价汇总表,按工程单价计算表中的相应内容、价格(费率)填写。

(11)工程单价费(税)率汇总表,按工程单价计算表中的相应内容、费(税)率填写。

(12)投标人生产电、风、水、砂石基础单价汇总表,按基础单价分析计算成果的相应内容、价格填写,并附相应基础单价的分析计算书。

(13)投标人生产混凝土配合比材料费表,按表中工程部位、混凝土强度等级(附抗渗、抗冻等级)、水泥强度等级、级配、水灰比、相应材料用量和单价填写,填写的单价必须与工程单价计算表中采用的相应混凝土材料单价一致。

(14)招标人供应材料价格汇总表,按招标人供应的材料名称、型号规格、计量单位和供应价填写,并填写经分析计算后的相应材料预算价格,填写的预算价格必须与工程单价计算表中采用的相应材料预算价格一致(若招标人提供)。

(15)投标人自行采购主要材料预算价格汇总表,按表中的序号、材料名称、型号规格、计量单位和预算价填写,填写的预算价必须与工程单价计算表中采用的相应材料预算价格一致。

(16)招标人提供施工机械台时(班)费汇总表,按招标人提供的机械名称、型号规格和招标人收取的台时(班)折旧费填写;投标人填写的台时(班)费用合计金额必须与工程单价计算表中相应的施工机械台时(班)费单价一致(若招标人提供)。

(17)投标人自备施工机械台时(班)费汇总表,按表中的序号、机械名称、型号规格、一类费用和二类费用填写,填写的台时(班)费合计金额必须与工程单价计算表中相应的施工机械台时(班)费单价一致。

(18)投标人应参照分类分项工程量清单计价表格式编制总价项目分类分项工程分解表,每个总价项目分类分项工程一份。

(19)投标金额大于或等于投标总标价万分之五的工程项目,必须编报工程单价计算表。工程单价计算表,按表中的施工方法、序号、名称、型号规格、计量单位、数量、单价、合价填写,填写的人工、材料和机械等基础价格,必须与人工费价汇总表、基础材料单价汇总表、主要材料预算价格汇总表及施工机械台时(班)费汇总表中的单价相一致,填写的施工管理费、企业利润和税金等费(税)率必须与工程单价费(税)率汇总表中的费(税)率相一致。

(20)人工费单价相应的人工费单价计算表。汇总表应按人工费单价计算表的内容、价格填写。

【例 8-2】 工程背景:某土石坝枢纽工程,水库库容为 2 亿 m^3,坝批准项目概算中的土坝工程概算为 1.2 亿元。建设过程中发生如下事件:

事件 1:土坝工程施工招标工作实际完成情况如表 8-4 所示。

表 8-4　施工招标工作实际完成情况

工作序号	(一)	(二)	(三)	(四)	(五)
时间	2015-05-25	2015-06-05 ~ 09	2015-06-10	2015-06-11	2015-06-27
工作内容	发布招标邀请书	发售招标文件,投标人A、B、C、D、E 购买了招标文件	仅组织投标人 A、B、C 踏勘现场	电话通知删除招标文件中坝前护坡内容	上午 9:00 投标截止。上午 10:00 组织开标,投标人 A、B、C、D、E 参加

事件 2:某招标代理机构组织了此次招标工作。在招标文件审查会上,专家甲、乙、丙、丁、戊分别提出了如下建议:

甲:为了防止投标人哄抬报价,建议招标文件规定投标报价超过标底5%的为废标。

乙:投标人资格应与工程规模相称,建议招标文件规定投标报价超过注册资本金5倍的为废标。

丙:开标是招标工作的重要环节,建议招标文件规定投标人的法定代表人或委托代理人不参加开标会的,招标人可宣布其弃权。

丁:招标由招标人负责,建议招标文件规定评标委员会主任由招标人代表担任,且评标委员会主任在投标人得分中所占权重为20%,其他成员合计占80%。

戊:地方政府实施的征地移民工作进度难以控制,建议招标文件专用合同条款中规定,由于地方政府的原因未能及时提供施工现场的,招标人不承担违约责任。

事件3:招标文件按《水利水电工程标准施工招标文件》(2009年版)编制,其中关于投标人资格要求的部分内容如下:

(1)投标人项目经理须持有一级建造师职业资格证书和安全生产考核合格证书的人员担任,并具有类似项目业绩。

(2)投标人注册资本金应不低于投标报价的10%。

(3)水利建设市场主体信用级别为诚信。

事件4:投标人A编制的该标段投标文件正本1份,副本3份,正本除封面、封底、目录和分隔页外的其他页,均只加盖了单位章并由法定代表人的委托代理人签字。

事件5:投标人B中标,并与招标人签订了施工合同。其中,工程项目总价表内容如表8-5所示。

表8-5 工程项目总价表

序号	项目编码	工程项目名称	金额(万元)	备注
一		分类分项工程	*A*	
1.1	500101	土方开挖工程	200	
1.1.1	500101002001	一般土方开挖	200	
1.2	500102001001	石方开挖工程	150	
1.3	500105003001	砌筑工程	15	
1.4	500106011001	锚喷支护工程	70	
1.5	500107004001	钻孔灌浆工程	100	
1.6	500109001001	混凝土工程	4 000	
1.7	500111001001	钢筋加工及安装工程	40	
1.8	5001114001001	其他建筑工程	200	
二		措施项目	500	
三		其他项目	*C*	
3.1		暂列金额	*B*	取一与二之和的5%
3.2		管理房装饰装修工程	210	暂估价
四		总价	*D*	

问题：

1. 指出事件1土坝工程施工招标投标实际工作中不符合现行水利工程招标投标有关规定之处，并提出正确做法。

2. 事件1，施工招标工作计划中，招标人可以不开展哪些工作？确定中标人后，招标人还需执行的招标程序有哪些？

3. 事件2，专家甲、乙、丙、丁、戊中，哪些专家的建议不可采纳？并说明理由。

4. 指出并改正已列出的投标人资格要求的不妥之处。符合投标人资格要求的水利建设市场主体信用级别有哪些？

5. 事件4，根据《水利水电工程标准施工招标文件》(2009年版)，指出投标人A的投标文件在签字盖章和份数方面的不妥之处并改正。

6. 事件5，工程项目总价表中项目编码"500101002001"各部分所代表的含义是什么？除人工外，零星工作项目计价表包含的项目名称还有哪些？

7. 事件5，指出工程项目总价表中 A、B、C、D 所代表的金额。

答案：

1. (一)违反规定。该水库属于大型工程，施工应公开招标，在中国采购与招标网上发布招标公告。

(三)违反规定。招标人不得单独或者分别组织任何一个投标人进行现场踏勘。

(四)违反规定。招标人对招标文件的修改应当以书面形式。

(五)违反规定。投标截止时间与开标时间应相同。

2. (1)招标人可以不开展的工作有：现场踏勘、投标预备会。

(2)确定中标人之后，还需开展的招标程序有：

①向水行政主管部门提交招标投标情况的书面总结报告(或备案报告)；

②发中标通知书，并将中标结果通知所有投标人；

③进行合同谈判并与中标人订立书面合同。

3. 专家甲、丁、戊的建议不可以采纳。

理由：(1)标底不能作为废标的直接依据；

(2)评标委员会主任与评标委员会其他成员权利相同；

(3)提供施工用地是发包人的义务和责任。

4. (1)不妥之处：持有一级建造师执业资格证书不妥，没有专业要求；改正：持有一级建造师(水利水电专业)执业资格证书。对安全生产考核合格证书有效性不做要求，投标人注册资本金应不低于投标报价的10%；改正：将"安全生产考核合格证书"改为"有效的安全生产考核合格证书"，将"投标人注册资本金应不低于投标报价的10%"改为"投标人注册资本金应不低于投标报价的20%"。

(2)符合投标人资格要求的水利建设市场主体信用级别有：AAA级，AA级，A级。

(说明：题意要求为诚信，其包括上述三个级别。)

5. (1)签字盖章不完整，已标价工程量清单还需要注册水利造价工程师加盖执业印章。

(2)副本数量不够,副本应为 4 份。

6.(1)一、二为水利工程顺序码,三、四为专业工程顺序码(或建筑工程),五、六为分类工程顺序码(或土方开挖工程),七、八为分项工程顺序码(或一般土方开挖),十至十二位为清单项目名称顺序码。

(2)材料、机械。

7. *A* 代表 4 775 万元,*B* 代表 263.75 万元,*C* 代表 473.75 万元,*D* 代表 5 748.75 万元。

任务三　工程量清单报价案例

一、招标工程简介

南水北调中线一期工程总干渠陶岔—沙河南(委托建管项目)南阳段渠道开挖与衬砌。

二、招标工作的主要内容

(1)委托招标代理机构。由南水北调建设管理局出具委托书,委托湖南招标代理有限公司组织招标工作。

(2)编制招标文件。招标文件由招标代理有限公司组织专业人员编制,并经发包人审定。

(3)发布招标公告,出售招标文件。本次招标采用公开招标。根据发包人资格预审和对施工单位了解以及有关调查结果,最后由 15 家施工单位通过资格审查,在规定的时间内购买招标文件。

(4)组织评标小组。评标小组由 7 人组成,除 2 人属发包人单位人员外,其余 5 人在评标专家库中随机抽取。评标时,评标小组成员以招标文件中拟定的评标原则、程序与方法进行工作,纪律检查委员会和有关监察室派人实施监督。

(5)编制和递交投标文件。在招标文件规定的投标截止日期之前,共有 15 个单位递交了投标文件。

(6)开标。招标工作小组于招标文件规定的日期、地点组织召开了开标会议。整个开标过程由纪律检查委员会、监察室派人进行监督。

(7)评标。评标小组本着严肃、公正、公平的原则,对各投标人的报价、业绩与资信、对招标文件的响应程度、施工规划等内容进行讨论、评议和比较。经过充分讨论、比较,采用百分制对各投标文件进行了评分,排出了投标人的名次,并根据招标文件的规定推荐排名第一位的单位为中标人。最后,将评议情况和评标结果写成书面评标报告。

(8)决标。评标工作结束后,由发包人进行决标。评标小组汇报后,将推荐方案进一步作认真细致的讨论,最后批准了评标小组的建议,并写出决标书,确定了中标单位。

(9)签订合同。招标工作小组向中标人发出中标通知书。中标人在招标文件规定的日期和地点与发包人举行了合同签字仪式。

三、招标文件

南水北调中线一期工程总干渠陶岔—沙河南(委托建管项目)南阳段工程施工招标文件由招标代理有限公司组织专业人员编制。该招标文件是参照《水利水电工程标准施工招标文件》(2009 年版)并结合工程实际情况进行编制的,招标文件的内容在本书中省略。

四、投标文件

各投标人在购买招标文件后,对招标文件进行仔细的研读,在参加现场踏勘和标前会议后,结合工程现场条件和自己的人员、技术及设备情况,进行施工规划,编制投标报价,最后按招标文件规定的格式汇总、整理,形成投标文件。在本书附录Ⅲ中列出了某公司投标文件中的工程量清单,以供参考。

思考与案例分析题

一、思考题

1. 试述工程招标投标的程序。

2. 招标文件和投标文件分别包括哪些内容?

3. 施工投标对资格的要求有哪些? 水利工程投标资信分哪些等级?

4. 施工投标应注意哪些问题?

5. 工程量清单由哪些清单组成? 各类工程量清单编制有何要求?

二、案例分析题

1. 工程背景:某 1 级堤防河道治理工程。关于投标人资格要求的部分内容如下:

(1)投标人须具备水利水电工程施工总承包一级及以上资质,年检合格,并在有效期内;

(2)投标人项目经理须由持有一级建造师执业资格证书和安全生产考核合格证书的人员担任,并具有类似项目业绩;

(3)投标人注册资本金应不低于投标报价的 10%;

(4)水利建设市场主体信用级别为诚信。

中标人在投标文件中提出浆砌块石工程单价分析如表 8-6 所示。

问题:1. 指出并改正已列出的对投标人资格要求的不妥之处。符合投标人资格要求的水利建设市场主体信用级别有哪些?

2. 指出单价分析表中 A、B、C、D 分别代表的含义或数值。本工程单价为什么不计材料补差?

表 8-6　浆砌块石工程单价分析表

定额单位:100 m^3

施工方法:	浆砌石平面护坡				
编号	名称	单位	数量	单价(元)	合价(元)
一	直接费				16 943.20
1	人工费				4 293.63
	A	工时	16.8	8.02	134.74
	高级工	工时		6.61	0.00
	中级工	工时	346.1	6.16	2 131.98
	初级工	工时	475.8	4.26	2 026.91
2	材料费				12 352.33
	块石	m^3	108	61.92	6 687.36
	B	m^3	35.3	158.74	5 603.52
	其他材料费	%	0.5		C
3	机械使用费				297.24
	砂浆搅拌机　0.4 m^3	台时	6.35	24.32	154.43
	胶轮车	台时	158.68	0.90	142.81
二	施工管理费	%	11	16 943.20	1 863.75
三	企业利润	%	7	18 806.95	1 316.49
四	税金	%	11	20 123.44	2 213.58
五	合计				D

项目九　水利工程施工阶段工程造价管理

本项目重点

1. 了解临时工程计量规则。
2. 熟悉永久工程量计量规则。
3. 掌握工程款支付条件和合同要求。
4. 掌握索赔和工程变更管理。
5. 会计算工程款。

施工阶段工程造价管理主要是工程量的计量和支付工程款、工程计价的控制、索赔变更管理等，通过合同管理进行施工阶段造价控制。本项目主要介绍施工阶段工程计量与支付以及索赔变更管理。

任务一　工程计量

招标投标工程量清单中开列的工程量是合同的估算工程量，不是结算的工程量。工程施工每月月末承包人向监理人提交月付款申请单时，应同时提交完成工程量月报表，其计量周期可视具体工程和财务报表制度由监理人与承包人商定，一般可定在上月26日至本月25日。完成的工程量由承包人进行收方测量后报送监理人核实。监理人有疑问时，可要求承包人派员与监理人的有关人员共同复核。监理人认为有必要时，还可要求承包人联合进行测量计量。如果承包人未按时复核和联合测量，监理人确定的工程量即为支付工程量。

一、单价子目的计量

(1)已标价工程量清单中的单价子目工程量为估算工程量。结算工程量是承包人实际完成的，并按合同约定的计量方法进行计量的工程量。

(2)承包人对已完成的工程进行计量，向监理人提交进度付款申请单、已完成工程量报表和有关计量资料。

(3)监理人对承包人提交的工程量报表进行复核，以确定实际完成的工程量。对数量有异议的，可要求承包人进行共同复核和抽样复测。承包人应协助监理人进行复核并按监理人要求提供补充计量资料。承包人未按监理人要求参加复核，监理人复核或修正的工程量视为承包人实际完成的工程量。

(4)监理人认为有必要时，可通知承包人共同进行联合测量、计量，承包人应遵照执行。

(5)承包人完成工程量清单中每个子目的工程量后,监理人应要求承包人派员共同对每个子目的历次计量报表进行汇总,以核实最终结算工程量。监理人可要求承包人提供补充计量资料,以确定最后一次进度付款的准确工程量。承包人未按监理人要求派员参加的,监理人最终核实的工程量视为承包人完成该子目的准确工程量。

(6)监理人应在收到承包人提交的工程量报表后的 7 天内进行复核,监理人未在约定时间内复核的,承包人提交的工程量报表中的工程量视为承包人实际完成的工程量,据此计算工程价款。

二、总价子目的计量

总价子目的分解和计量按照下述约定进行。

(1)总价子目的计量和支付应以总价为基础,不因价格调整因素而进行调整。承包人实际完成的工程量,是进行工程目标管理和控制进度支付的依据。

(2)承包人应按工程量清单的要求对总价子目进行分解,并在签订协议书后的 28 天内将各子目的总价支付分解表提交监理人审批。分解表应标明其所属子目和分阶段需支付的金额。承包人应按批准的各总价子目支付周期,对已完成的总价子目进行计量,确定分项的应付金额列入进度付款申请单中。

(3)监理人对承包人提交的上述资料进行复核,以确定分阶段实际完成的工程量和工程形象目标。对其有异议的,可要求承包人进行共同复核和抽样复测。

(4)除变更外,总价子目的工程量是承包人用于结算的最终工程量。

三、工程计量规则

《水利水电工程标准施工招标文件》(2009 年版)和《水利工程工程量清单计价规范》(GB 50501—2007)对工程计量计算和计量规则都有明确的要求。

(一)施工临时工程

1. 现场施工测量

现场施工测量(包括根据合同约定由承包人测设的施工控制网、工程施工阶段的全部施工测量放样工作等)所需费用,由发包人按"工程量清单"所列项目的总价支付。

2. 现场试验

(1)现场室内试验。承包人现场实验室的建设费用,由发包人按"工程量清单"所列相应项目的总价支付。

(2)现场工艺试验。除合同另有约定外,现场工艺试验所需费用,包含在现场工艺试验项目总价中,由发包人按"工程量清单"相应项目的总价支付。

(3)现场生产性试验。除合同约定的大型现场生产性试验项目由发包人按"工程量清单"所列项目的总价支付外,其他各项生产性试验费用均包含"工程量清单"相应项目的工程单价或总价中,发包人不另行支付。

3. 施工交通设施

(1)除合同另有约定外,承包人根据合同要求完成场内施工道路的建设和施工期的管理维护工作所需的费用,由发包人按“工程量清单”相应项目的工程单价或总价支付。

(2)场外公共交通的费用,除合同约定由承包人为场外公共交通修建和(或)维护的临时设施外,承包人在施工场地外的一切交通费用,均由承包人自行承担,发包人不另行支付。

(3)承包人承担的超大、超重件的运输费用,均由承包人自行负责,发包人不另行支付。超大、超重件的尺寸或质量超出合同约定的限度时,增加的费用由发包人承担。

4. 施工及生活供电设施

除合同另有约定外,承包人根据合同要求完成施工用电设施的建设、移设和拆除工作所需的费用,由发包人按“工程量清单”相应项目的工程单价或总价支付。

5. 施工及生活供水设施

除合同另有约定外,承包人根据合同要求完成施工及生活供水设施的建设、移设和拆除工作所需的费用,由发包人按“工程量清单”相应项目的工程单价或总价支付。

6. 施工供风设施

除合同另有约定外,承包人根据合同要求完成施工供风设施的建设、移设和拆除工作所需的费用,由发包人按“工程量清单”相应项目的工程单价或总价支付。

7. 施工照明设施

除合同另有约定外,承包人根据合同要求完成施工照明设施的建设、移置、维护管理和拆除工作所需的费用,由发包人按“工程量清单”相应项目的工程单价或总价支付。

8. 施工通信和邮政设施

除合同另有约定外,承包人根据合同要求完成现场施工通信和邮政设施的建设、移设、维护管理和拆除工作所需的费用,由发包人按“工程量清单”相应项目的工程单价或总价支付。

9. 砂石料生产系统

除合同另有约定外,承包人根据合同要求完成砂石料生产系统的建设和拆除工作所需的费用,由发包人按“工程量清单”相应项目的工程单价或总价支付。

10. 混凝土生产系统

除合同另有约定外,承包人根据合同要求完成混凝土生产系统的建设和拆除工作所需的费用,由发包人按“工程量清单”相应项目的工程单价或总价支付。

11. 附属加工厂

除合同另有约定外,承包人根据合同要求完成附属加工厂的建设、维护管理和拆除工作所需的费用,由发包人按“工程量清单”相应项目的工程单价或总价支付。

12. 仓库和存料场

除合同另有约定外,承包人根据合同要求完成仓库或存料场的建设、维护管理和拆除工作所需的费用,由发包人按“工程量清单”相应项目的工程单价或总价支付。

13. 弃渣场

除合同另有约定外,承包人根据合同要求完成弃渣场的建设和维护管理等工作所需的费用,由发包人按“工程量清单”相应项目的工程单价或总价支付。

14. 临时生产管理和生活设施

除合同另有约定外,承包人根据合同要求完成临时生产管理和生活设施的建设、移设、维护管理和拆除工作所需的费用,由发包人按"工程量清单"相应项目的工程单价或总价支付。

15. 其他临时设施

未列入"工程量清单"的其他临时设施,承包人根据合同要求完成这些设施的建设、移置、维护管理和拆除工作所需的费用,包含在相应永久工程项目的工程单价或总价中,发包人不另行支付。

(二)施工安全措施

(1)承包人非直接属于具体工程项目施工安全的各项安全保护措施所需的费用,应在"工程量清单"以总价形式专项列报,经监理人检查确认实施情况后,由发包人按项审批支付。

(2)直接属于具体工程项目的安全文明施工措施费,应包含在"工程量清单"各具体工程项目有效工程量的工程单价中,发包人不另行支付。

(三)水土保持和环境保护措施

(1)施工临时设施(包括混凝土生产系统、砂石料生产加工系统、机修车间、施工现场和生活区临时设施等)的废、污水(或废油)处理设施,应分别包含"施工临时设施"各自相关的施工临时设施项目中。

(2)承包人根据合同要求完成各废、污水(或废油)处理设施的建设、移设和拆除工作所需的费用,由发包人按"工程量清单"相应"施工临时设施"的废、污水(或废油)处理设施子项总价支付(若未设列废、污水(或废油)处理设施子项,则承包人完成该设施建设、移设和拆除工作所需的费用,应包含在与之相关的"施工临时设施"项目总价中,发包人不另行支付)。

(3)除合同另有约定外,承包人按合同要求完成废、污水(或废油)处理设施的运行、维护管理、施工期水质监测等工作所需的费用,包含在"工程量清单"所列的"环境保护和水土保持专项措施费"中,发包人不另行支付。

(4)除合同另有约定外,施工场地和生活区的其他零星污水、零星废弃物和生活垃圾的处理费用,大气环境保护措施费用和声环境保护措施费用,包含在"工程量清单"所列的"环境保护和水土保持专项措施费"中,发包人不另行支付。

(5)河床基坑的废水处理费用,由发包人按"工程量清单"相应项目的工程单价或总价支付。

(6)列入"工程量清单"的环境保护和水土保持的其他工程项目(如渣场和场内交通的工程防护和水土保持设施、林草植被种植措施等),由发包人按"工程量清单"相应项目的工程单价或总价支付。除合同另有约定外,环境保护和水土保持的其他工程项目的工程单价或总价,应包括承包人完成相应项目的建设、运行、维护管理和施工期监测等工作所需的费用。

(7)未列入"工程量清单"的其他环境保护和水土保持措施,承包人完成这些措施的建设、运行、维护管理和施工期监测等工作所需的费用,包含在"工程量清单"所列的"环境保护和水土保持专项措施费”中,发包人不另行支付。

(8)承包人在“工程量清单”以总价形式专项列报的“环境保护和水土保持专项措施费”,应按计划实施并经监理人检查确认后,由发包人按项支付。

(四)施工导流工程

(1)承包人按合同要求完成截流方案设计、材料制备与运输、截流施工和水情观测等工作所需的费用,包含在“工程量清单”工程截流项目的总价中,发包人不另行支付。

(2)承包人按合同要求完成截流模型试验所需的费用,由发包人按“工程量清单”相应项目的总价支付。

(3)承包人按合同要求完成基坑排水工作(含基坑初期排水和经常性排水)所需的费用,由发包人按“工程量清单”相应项目的总价支付。

(4)承包人按合同要求完成施工期防洪度汛和排冰凌所需的费用,由发包人根据合同具体约定,按“工程量清单”相应项目的总价分年度支付。

(5)除合同另有约定外,承包人完成临时导流泄水建筑物的建设和拆除(或封堵)工作所需的费用,由发包人按“工程量清单”相应项目的工程单价或总价支付;临时导流泄水建筑物的运行维护费用包含在“施工期安全防洪度汛”项目总价中,发包人不另行支付。

(6)施工期临时通航费用(包括断航期内的补偿费用)和向下游供水的费用由发包人按“工程量清单”相应项目的总价支付。

(7)除合同另有约定外,导流泄水建筑物的永久或临时闸门及其启闭机的安拆和建设期运行费用,由发包人按“工程量清单”相应项目的工程单价或总价支付。

(五)土方开挖工程

(1)场地平整按施工图纸所示场地平整区域计算的有效面积以 m^2 为单位计量,由发包人按“工程量清单”相应项目有效工程量的每平方米工程单价支付。

(2)一般土方开挖、淤泥流砂开挖、沟槽开挖和柱坑开挖按施工图纸所示开挖轮廓尺寸计算的有效自然方体积以 m^3 为单位计量,由发包人按“工程量清单”相应项目有效工程量的每立方米工程单价支付。

(3)塌方清理按施工图纸所示开挖轮廓尺寸计算的有效塌方堆方体积以 m^3 为单位计量,由发包人按“工程量清单”相应项目有效工程量的每立方米工程单价支付。

(4)承包人完成“植被清理”工作所需的费用,包含在“工程量清单”相应土方明挖项目有效工程量的每立方米工程单价中,发包人不另行支付。

(5)土方明挖工程单价包括承包人按合同要求完成场地清理,测量放样,临时性排水措施(包括排水设备的安拆、运行和维修),土方开挖、装卸和运输,边坡整治和稳定观测,基础、边坡面的检查和验收,以及将开挖可利用或废弃的土方运至监理人指定的堆放区并加以保护、处理等工作所需的费用。

(6)土方明挖开始前,承包人应根据监理人指示,测量开挖区的地形和计量剖面,经监理人检查确认后,作为计量支付的原始资料。土方明挖按施工图纸所示的轮廓尺寸计算有效自然方体积以 m^3 为单位计量,由发包人按“工程量清单”相应项目有效工程量的每立方米工程单价支付。施工过程中增加的超挖量和施工附加量所需的费用,应包含在“工程量清单”相应项目有效工程量的每立方米工程单价中,发包人不另行支付。

(4)混凝土在冲(凿)毛、拌和、运输和浇筑过程中的操作损耗,以及为临时性施工措施增加的附加混凝土量所需的费用,应包含在“工程量清单”相应项目有效工程量的每立方米工程单价中,发包人不另行支付。

(5)施工过程中,承包人按本合同技术条款规定进行的各项混凝土试验所需的费用(不包括以总价形式支付的混凝土配合比试验费),均包含在“工程量清单”相应项目有效工程量的每立方米工程单价中,发包人不另行支付。

(6)止水、止浆、伸缩缝等按施工图纸所示各种材料数量以 m(或 m^2)为单位计量,由发包人按“工程量清单”相应项目有效工程量的每米(或 m^2)工程单价支付。

(7)混凝土温度控制措施费(包括冷却水管埋设及通水冷却费用、混凝土收缩缝和冷却水管的灌浆费用,以及混凝土坝体的保温费用)包含在“工程量清单”相应混凝土项目有效工程量的每立方米工程单价中,发包人不另行支付。

(8)混凝土坝体的接缝灌浆(接触灌浆),按设计图纸所示要求灌浆的混凝土施工缝(混凝土与基础、岸坡岩体的接触缝)的接缝面积以 m^2 为单位计量,由发包人按“工程量清单”相应项目有效工程量的每平方米工程单价支付。

(9)混凝土坝体内预埋排水管所需的费用,应包含在“工程量清单”相应混凝土项目有效工程量的每立方米工程单价中,发包人不另行支付。

(十)砌体工程

浆砌石、干砌石、混凝土预制块和砖砌体按施工图纸所示尺寸计算的有效砌筑体积以 m^3 为单位计量,由发包人按“工程量清单”相应项目有效工程量的每立方米工程单价支付。砌筑工程的砂浆、拉结筋、垫层、排水管、止水设施、伸缩缝、沉降缝及埋设件等费用,包含在“工程量清单”相应砌筑项目有效工程量的每立方米工程单价中,发包人不另行支付。承包人按合同要求完成砌体建筑物的基础清理和施工排水等工作所需的费用,包含在“工程量清单”相应砌筑项目有效工程量的每立方米工程单价中,发包人不另行支付。

(十一)疏浚与吹填工程

1.疏浚工程

按施工图纸所示轮廓尺寸计算的水下有效自然方体积以 m^3 为单位计量,由发包人按“工程量清单”相应项目有效工程量的每立方米工程单价支付。

疏浚工程施工过程中疏浚设计断面以外增加的超挖量、施工期自然回淤量、开工展布与收工集合、避险与防干扰措施、排泥管安拆移动,以及使用辅助船只等所需的费用,包含在“工程量清单”相应项目有效工程量的每立方米工程单价中,发包人不另行支付。疏浚工程的辅助措施(如浚前扫床和障碍物的清除、排泥区围堰、隔埂、退水口及排水渠等项目)另行计量支付。

2.吹填工程

按施工图纸所示尺寸计算的有效吹填体积(扣除吹填区围堰、隔埂等的体积)以 m^3 为单位计量,由发包人按“工程量清单”相应项目有效工程量的每立方米工程单价支付。

吹填工程施工过程中吹填土体的沉陷量、原地基因上部吹填荷载而产生的沉降量和泥沙流失量、对吹填区平整度要求较高的工程配备的陆上土方机械等所需的费用,包含在“工程量清单”相应项目有效工程量的每立方米工程单价中,发包人不另行支付。吹填工程的辅助措施（如浚前扫床和障碍物的清除、排泥区围堰、隔埂、退水口及排水渠等项目）另行计量支付。

利用疏浚排泥进行吹填的工程，疏浚和吹填的计量和支付分界根据合同相关条款的具体约定执行。

（十二）闸门及启闭机安装

1. 闸门

（1）钢闸门安装工程按施工图纸所示尺寸计算的闸门本体有效质量以 t 为单位计量，由发包人按“工程量清单”相应项目的每吨工程单价支付。钢闸门附件安装、附属装置安装、钢闸门本体及附件涂装、试验检测和调试校正等工作所需的费用，包含在“工程量清单”相应钢闸门安装项目有效工程量的每吨工程单价中，发包人不另行支付。

（2）门槽（楣）安装工程按施工图纸所示尺寸计算的有效质量以 t 为单位计量，由发包人按“工程量清单”相应项目的每吨工程单价支付。二次埋件、附件安装、涂装、调试校正等工作所需的费用，均包含在“工程量清单”相应门槽（楣）安装项目有效工程量的每吨工程单价中，发包人不另行支付。

2. 启闭机

（1）启闭机安装工程按施工图纸所示启闭机数量以台为单位计量，由发包人按“工程量清单”相应启闭机安装项目每台工程单价支付。

（2）除合同另有约定外，基础埋件安装、附属设备（起吊梁或平衡梁、供电系统、控制操作系统、液压启闭机的液压系统等）安装、与闸门连接和调试校正等工作所需的费用，均包含在“工程量清单”相应启闭机安装项目每台工程单价中，发包人不另行支付。

【例 9-1】 工程背景：在河流上修建库容 2 亿 m^3 水库。由高 75 m 碾压式均质土坝、泄洪洞、电站、溢洪道等建筑物组成。Ⅰ—Ⅰ段挡土墙（见图 9-1）开挖设计边坡为 1:1，由于不可避免的超挖，实际开挖边坡为 1:1.15。A 单位申报的结算工程为 $50\times(S_1+S_2+S_3)$，监理单位不同意。

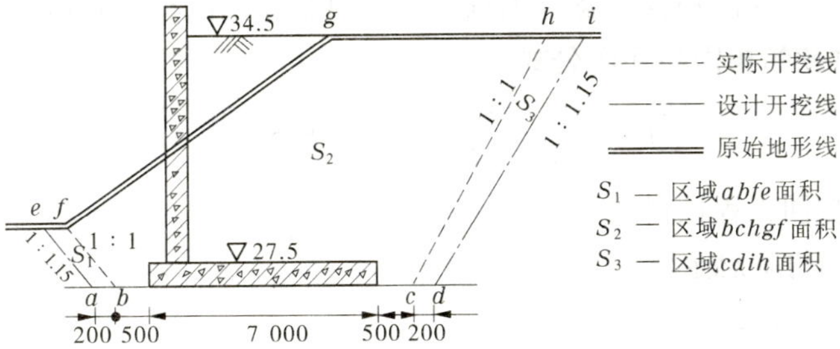

注：1. 图中除高程以 m 计外，其余均以 mm 计。

2. 图中水流方向为垂直于纸面，且开挖断面不变。

3. Ⅰ—Ⅰ段挡土墙长 50 m。

图 9-1　¢æ—¢æ段挡土墙开挖断面图

问题：Ⅰ—Ⅰ段挡土墙土方开挖工程计量中，不可避免的施工超挖产生的工程量能否申报结算？为什么？计算Ⅰ—Ⅰ段挡土墙土方开挖工程结算工程量。

解：（1）不能，费用已包含在投标报价中（或不可避免的施工超挖量不计入结算工程量）。

调整、不计质量保证金的扣留和支付、预付款的支付和扣回，变更及其他金额已按现行价格计价的，也不计在内；

A——定值权重（不调部分的权重）；

$B_1, B_2, B_3, \cdots, B_n$——各可调因子的变值权重（可调部分的权重），为各可调因子在投标函投标总报价中所占的比例；

$F_{t1}, F_{t2}, F_{t3}, \cdots, F_{tn}$——各可调因子的现行价格指数，指付款证书相关周期最后一天的前42天的各可调因子的价格指数；

$F_{01}, F_{02}, F_{03}, \cdots, F_{0n}$——各可调因子的基本价格指数，指基准日期的各可调因子的价格指数。

【例9-2】 工程背景：某堤防淤背吹填工程，建设单位与施工单位签订了施工承包合同，合同约定：

(1)工程10月1日开工，到下年1月底完工，工期4个月。

(2)开工前，建设单位向施工单位支付的工程预付款按合同价的10%计，并按月在工程进度款中平均扣回。

(3)保留金按5%的比例在月工程进度款中预留。

(4)当累计实际完成工程量超过合同工程量的15%时，对超过15%以外部分进行调价，调价系数0.9。

(5)遇到物价上涨采用调价公式法调价（固定权重 $A=0.2$）。

工程内容、合同工程量、单价及各月实际完成工程量见表9-1。

表9-1 工程内容、合同工程量、单价及各月实际完成工程量

工程项目	合同工程量（万 m^3）	单价（元/m^3）	各月实际结算工程量（万 m^3）			
			10	11	12	1
清基	1	4	1			
围堰格埂填筑	0.5	10	0.5			
吹填土方	12	16	3	5	6	
护坡	0.5	380			0.2	0.3
垫层	0.5	120			0.2	0.3

施工过程中发生如下事件：

事件1:9月8日，在进行某段堤防清基过程中发现孔洞较多，施工单位按程序进行了上报。经相关单位研究确定采用灌浆处理方案，增加费用10万元。因不具备灌浆施工能力，施工单位自行确定了分包单位，但未与分包单位签订分包合同。

事件2:10月初，为满足施工需要，进行了排泥管安装拆卸，费用0.2万元，开工展布收工集合，费用0.1万元，吹填区推土机平整，费用0.1万元，河道扫床和障碍物清除，费用1万元。

事件3:12月，堤防土方填筑机械用柴油上涨20%，油料占调价部分40%。

护坡施工中，监理工程师检查发现碎石垫层厚度局部不足，造成返工，损失费用0.5

万元。

问题：

1. 计算合同价和工程预付款(有小数点的，保留2位小数)。

2. 分别计算10月和12月的工程进度款、保留金预留和实际付款金额(有小数点的，保留2位小数)。

3. 指出上述哪些事件中，施工单位可以获得费用补偿。

解：

1. 合同价：$1\times4+12\times16+0.5\times10+0.5\times380+0.5\times120=451.00$(万元)

工程预付款：$451.00\times10\%=45.10$(万元)

2. (1)10月进度款：$1\times4+0.5\times10+16\times3=57.00$(万元)

河道扫床和障碍物清除，费用1万元，共计$(57.00+1)\times0.95-(45.1/4)=43.83$(万元)

(2)12月的时候土方工程量超出合同总量的15%，达到16.7%，因此超出部分需要调价。$12\times(1+15\%)=13.8$，已完成8万m^3。

12月填筑堤防进度款为：$(13.8-8)\times16+0.2\times16\times0.9=92.8+2.88=95.68$(万元)

12月的工程进度款为：$95.68+0.2\times380+0.2\times120=195.68$(万元)

油价调整价差$=95.68\times(0.2+0.4\times0.8\times1.2+0.8\times0.6-1)=6.12$(万元)

保留金预留为：$(195.68+6.12)\times0.05=10.09$(万元)

实际付款金额为：$(195.68+6.12)-10.09-(45.1/4)=180.44$(万元)

3. 事件1属于勘测问题，责任在业主，施工单位可获得10万元补偿。

事件2属于设计问题，责任在业主，施工单位可获得1万元补偿。

事件3属于施工问题，责任在施工单位，施工单位不能获得补偿。

【例9-3】 工程背景：某水利枢纽工程，施工单位与项目法人签订某坝段施工承包合同，部分合同条款如下：合同总金额15 000万元；开工日期为2008年9月1日，总工期26个月。

开工前项目法人向施工单位支付10%的工程预付款，预付款扣回按公式计算。

$R=\dfrac{A(C-F_1S)}{(F_2-F_1)S}$，其中$F_1$为10%，$F_2$为90%。

从第1个月起，按进度款5%的比例扣留保留金。施工过程中至2009年3月，施工累计完成工程量2 700万元。4月的月进度付款申请单见表9-2。

问题：根据题意计算A、B、C、D、E。

解：工程预付款总额$=15\ 000\times10\%=1\ 500$(万元)

3月累计扣还预付款$R_3=1\ 500\times(2\ 700-15\ 000\times10\%)/[(90\%-10\%)\times15\ 000]=150$(万元)

4月累计扣还预付款$R_4=1\ 500\times(2\ 700+448-15\ 000\times10\%)/[(90\%-10\%)\times15\ 000]=206$(万元)

A为3月累计扣还预付款$R_3=150$(万元)

B 为 4 月应扣预付款 $R_4 - R_3 = 206 - 150 = 56$(万元)

C 为 3 月之前累计扣保留金 $= 2\,700 \times 5\% = 135$(万元)

D 为 4 月应扣保留金 $= 448 \times 5\% = 22.4$(万元)

E 为 4 月应付承包人款额 $= 448 - 56 - 22.4 = 369.6$(万元)

表 9-2 监理人审核 4 月的月进度款

款项	序号	项目名称	本月前累计(元)	本月付款(元)	累计
本月应付	1	土方工程	…	45 683	
	2	混凝土工程	…	3 215 417	
	3	灌浆工程	…	1 182 330	
	4	施工降水	…	36 570	
	合计			4 480 000	
扣留(回)	1	预付款	A	B	
	2	保留金	C	D	
实际支付				E	

【例 9-4】 工程背景:某河道疏浚工程批复投资 1 500 万元,施工组织设计采用 80 m^3/h 挖泥船施工,排泥区排泥,设退水口门,尾水由排水渠排出。某投标人中标,并签订合同。施工期第 1 个月完成的项目和工程量见图 9-2,或费用如下:

1. 完成的项目有:①5 km 河道疏浚;②施工期自然回淤清除;③河道疏浚超挖;④排泥管安装拆除;⑤开工展布;⑥施工辅助工程,包括浚前扫床和障碍物清除及其他辅助工程。

2. 完成的工程量(或费用)情况如下:河道疏浚工程量按图 9-2 计算(假设横断面相同),排泥管安装拆除费用 5 万元,开工展布费用 2 万元,施工辅助工程费用 60 万元。

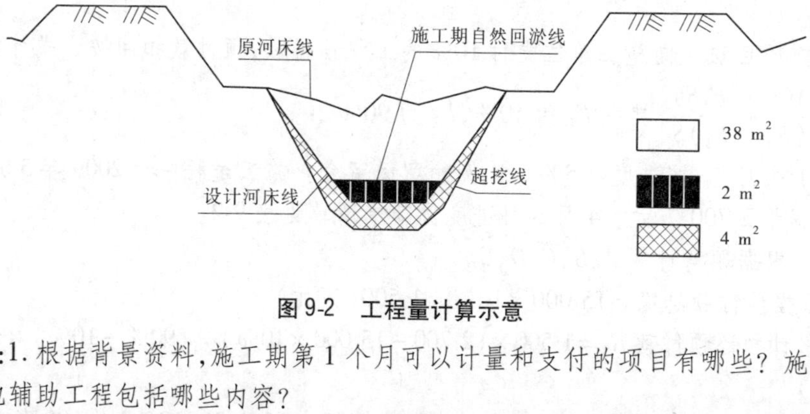

图 9-2 工程量计算示意

问题:1. 根据背景资料,施工期第 1 个月可以计量和支付的项目有哪些?施工辅助工程中,其他辅助工程包括哪些内容?

2. 若 80 m^3/h 挖泥船单价为 12 元/m^3,每月工程质量保证金按工程款的 5% 扣留,计算施工期第 1 个月应支付的工程款和扣留的工程质量保证金。

解:1. 可计量支付的项目有:①5 km 河道疏浚;⑥施工辅助工程,包括浚前扫床和障碍物清除及其他辅助工程。

其他辅助工程包括排泥区围堰、格埂、退水口、排水渠。

2. 工程量：$40\times5\ 000=20$（万 m^3）

$20\times12=240$（万元）

工程进度款：$240+60=300$（万元）

$300\times(1-5\%)=285$（万元）

任务三　工程变更与索赔管理

一、变更管理

（一）变更的范围和内容

在履行合同中发生以下情形之一，应进行变更：

（1）取消合同中任何一项工作，但被取消的工作不能转由发包人或其他人实施。

（2）改变合同中任何一项工作的质量或其他特性。

（3）改变合同工程的基线、标高、位置或尺寸。

（4）改变合同中任何一项工作的施工时间或改变已批准的施工工艺或顺序。

（5）为完成工程需要追加的额外工作。

（6）增加或减少专用合同条款中约定的关键项目工程量超过其工程总量的一定数量百分比。

上述变更内容引起工程施工组织和进度计划发生实质性变动和影响其原定的价格时，才予调整该项目的单价。第（6）条情形下单价调整方式在专用合同条款中约定。

（二）变更权

在履行合同过程中，经发包人同意，监理人可按变更程序向承包人作出变更指示，承包人应遵照执行。没有监理人的变更指示，承包人不得擅自变更。

（三）变更程序

1. 变更的提出

（1）在合同履行过程中，可能发生变更约定情形的，监理人可向承包人发出变更意向书。

（2）变更意向书应说明变更的具体内容和发包人对变更的时间要求，并附必要的图纸和相关资料。

（3）变更意向书应要求承包人提交包括拟实施变更工作的计划、措施和完工时间等内容的实施方案。

（4）发包人同意承包人根据变更意向书要求提交的变更实施方案的，由监理人发出变更指示。

（5）在合同履行过程中，发生变更情形的，监理人应向承包人发出变更指示。

（6）承包人收到监理人发出的图纸和文件，经检查认为其中存在变更情形的，可向监理人提出书面变更建议。变更建议应阐明要求变更的依据，并附必要的图纸和说明。

(7)监理人收到承包人书面建议后,应与发包人共同研究,确认存在变更的,应在收到承包人书面建议后的14天内作出变更指示。经研究后不同意作为变更的,应由监理人书面答复承包人。

(8)若承包人收到监理人的变更意向书后认为难以实施此项变更,应立即通知监理人,说明原因并附详细依据。监理人与承包人和发包人协商后确定撤销、改变或不改变原变更意向书。

2. 变更估价

(1)除专用合同条款对期限另有约定外,承包人应在收到变更指示或变更意向书后的14天内,向监理人提交变更报价书,报价内容应根据约定的估价原则,详细开列变更工作的价格组成及其依据,并附必要的施工方法说明和有关图纸。

(2)变更工作影响工期的,承包人应提出调整工期的具体细节。监理人认为有必要时,可要求承包人提交要求提前或延长工期的施工进度计划及相应施工措施等详细资料。

(3)除专用合同条款对期限另有约定外,监理人收到承包人变更报价书后的14天内,根据约定的估价原则,按照商定或确定变更价格。

3. 变更指示

(1)变更指示只能由监理人发出。

(2)变更指示应说明变更的目的、范围、变更内容以及变更的工程量及其进度和技术要求,并附有关图纸和文件。承包人收到变更指示后,应按变更指示进行变更工作。

4. 变更的估价原则

除专用合同条款另有约定外,因变更引起的价格调整按照本款约定处理。

(1)已标价工程量清单中有适用于变更工作的子目的,采用该子目的单价。

(2)已标价工程量清单中无适用于变更工作的子目,但有类似子目的,可在合理范围内参照类似子目的单价,由监理人按《水利水电工程标准施工招标文件》(2009年版)第3.5款商定或确定变更工作的单价。

(3)已标价工程量清单中无适用或类似子目的单价,可按照成本加利润的原则,由监理人商定或确定变更工作的单价。

二、索赔管理

(一)承包人的索赔

1. 承包人提出索赔程序

(1)承包人应在知道或应当知道索赔事件发生后28天内,向监理人递交索赔意向通知书,并说明发生索赔事件的事由。承包人未在前述28天内发出索赔意向通知书的,丧失要求追加付款和(或)延长工期的权利。

(2)承包人应在发出索赔意向通知书后28天内,向监理人正式递交索赔通知书。索赔通知书应详细说明索赔理由以及要求追加的付款金额和(或)延长的工期,并附必要的记录和证明材料。

(3)索赔事件具有连续影响的,承包人应按合理时间间隔继续递交延续索赔通知,说明连续影响的实际情况和记录,列出累计的追加付款金额和(或)工期延长天数。

(4)在索赔事件影响结束后的28天内,承包人应向监理人递交最终索赔通知书,说明最终要求索赔的追加付款金额和延长的工期,并附必要的记录和证明材料。

2. 承包人索赔处理程序

(1)监理人收到承包人提交的索赔通知书后,应及时审查索赔通知书的内容、查验承包人的记录和证明材料,必要时监理人可要求承包人提交全部原始记录副本。

(2)监理人应商定或确定追加的付款和(或)延长的工期,并在收到上述索赔通知书或有关索赔的进一步证明材料后的42天内,将索赔处理结果答复承包人。

(3)承包人接受索赔处理结果的,发包人应在作出索赔处理结果答复后28天内完成赔付。承包人不接受索赔处理结果的,按争议约定办理。

3. 承包人提出索赔的期限

(1)承包人接受了完工付款证书后,应被认为已无权再提出在合同工程完工证书颁发前所发生的任何索赔。

(2)承包人提交的最终结清申请单中,只限于提出合同工程完工证书颁发后发生的索赔。提出索赔的期限自接受最终结清证书时终止。

(二)发包人的索赔

(1)发生索赔事件后,监理人应及时书面通知承包人,详细说明发包人有权得到的索赔金额和(或)延长缺陷责任期的细节与依据。

(2)发包人提出索赔的期限和要求与承包人的索赔相同,延长工程质量保修期的通知应在工程质量保修期届满前发出。

(3)监理人商定或确定发包人从承包人处得到赔付的金额和(或)工程质量保修期的延长期。

(4)承包人应付给发包人的金额可从拟支付给承包人的合同价款中扣除,或由承包人以其他方式支付给发包人。

(5)承包人对监理人发出的索赔书面通知内容持异议时,应在收到书面通知后的14天内,将持有异议的书面报告及其证明材料提交监理人。

(6)监理人应在收到承包人书面报告后的14天内,将异议的处理意见通知承包人,并执行赔付。若承包人不接受监理人的索赔处理意见,可按合同争议的规定办理。

【例9-5】 工程背景:某水利工程施工中发生如下关于合同管理事件:

事件1:项目法人采用专家建议并通过专题会议论证,拟采用现浇混凝土板衬砌方案。承包人通过其他渠道得到信息后,在未得到监理人指示的情况下对现浇混凝土板衬砌方案进行了一定的准备工作,并对原有工作(如石料采购、运输、工人招聘等)进行了一定的调整。但是,由于其他原因现浇混凝土板衬砌方案最终未予正式采用实施。承包人在分析了由此造成的费用损失和工期延误基础上,向监理人提交了索赔报告。

事件2:工程开工后,由于征地工作受阻未及时提供施工场地,使土方工程开工滞后1个月,承包人提出了书面索赔意向书报送监理人。监理人签收了意向书,并指示承包人调整土方工程施工进度计划,混凝土浇筑施工计划不变。承包人提出的设备索赔费用包括2台挖掘机、2台推土机、10辆自卸汽车和1套拌和站进场后1个月的闲置费用。

事件3:工程开工后,发包人变更了招标文件中拟定的取土区。新取土区的土质为黏土,取土区变更后,施工运距由500 m增加到1 500 m。

事件4:施工方租赁设备30天,每天租赁费500元,为依次作业的关键工程项目A、B使用,但发包人根据结构需要将B取消,造成机械闲置10天,每天台时费1 000元,$10\times1\ 000=10\ 000$(元)要求发包人承担。

事件5:分别为2个月和1个月依次作业的关键工程项目A、B,由于征地,监理人要将B提前A完成,施工方提出补偿机械闲置费。后监理人要求赶工,A的费率最小压缩后增加2万元,施工要求一并补偿。

事件6:堤顶道路为关键工作计划5个月匀速施工,合同工程量1 000 m^3,单价为10元/m^3。该工程完工后工程全部完工。专用合同规定超过10%以上为变更,工程完工如果拖期罚款10 000元/月。施工结束后经监理认定P的工程量为1 200 m^3。施工方6.5个月完成。

问题:

1. 指出事件1、2索赔是否合理。

2. 事件3取土区变更后,其土方填筑工程单价调整适用的原则是什么?

3. 事件4、5索赔费用是否合理?

4. 分析计算事件6工程完工后应罚(奖)承包人费用?

解:

1. 事件1,监理人未发出变更指令,承包人实施变更,其索赔费用不予补偿。

事件2属于土方项目变更,承包人提出的设备索赔费用包括2台挖掘机、2台推土机、10辆自卸汽车进场后1个月的闲置费用,施工方要求合理,属于变更,应予以补偿。1套拌和站不予补偿。

2. 因投标辅助资料中有类似项目,所以在合理的范围内参考类似项目的单价作为单价调整的基础。

3. 事件4,只计算租赁费$500\times10=5\ 000$(元)。

事件5,应补偿承包人2万元。

4. 事件6,由于$(1\ 200-1\ 000)\div1\ 000\times100\%=20\%$,超了$1\ 200-1\ 000\times(1+10\%)=100(m^3)$,因此$100\div200=0.5$个月为变更发包人承担,最后完工承包人拖延$(6.5-5.5)\times10\ 000=10\ 000$(元),应最后罚承包人10 000元。

思考与案例分析题

一、思考题

1. 施工导流工程计量规则如何规定?

2. 土石坝填筑工程量如何计量?除合同另有规定外,哪些费用单独计价?

3. 土石方开挖工程除施工图轮廓尺寸有效工程量计量外,哪些费用已含入开挖工程单价?

4. 混凝土工程量如何计量?

5. 预付款支付条件是什么?如何扣还?

6. 保留金如何扣留和返还？

7. 工程变更如何界定？变更估价原则有哪些？

8. 工程索赔程序是什么？

二、案例分析题

1. 工程背景：某水库枢纽工程除险加固，主要内容有：①坝基帷幕灌浆；②坝顶道路重建；③上游护坡重建；④上游坝体培厚；⑤发电隧洞加固；⑥泄洪隧洞加固；⑦新建混凝土截渗墙；⑧下游护坡拆除重建；⑨新建防浪墙。

合同双方规定：

(1)签约合同价 2 800 万元，工期 17 个月，自 2012 年 11 月 1 日至 2014 年 3 月 30 日。

(2)开工前发包人向承包人按签约合同的 10% 支付工程预付款，预付款的扣回与还清按公式 $R=[A(C-F_1S)]/[(F_2-F_1)S]$ 计算，F_1 为 20%，F_2 为 90%。

(3)从第 1 个月起，按进度款的 5% 扣留工程质量保证金。

至 2013 年 12 月，累积完成合同工程量 2 422 万元。监理人确认的 2014 年 1 月完成工程量清单中的项目包括："泄洪隧洞加固"142 万元，"下游护坡拆除重建"82 万元。

问题：根据(3)，分别计算 2014 年 1 月的工程进度款、工程预付款扣回额、工程质量保证金扣留额、发包人应支付的工程款。

2. 工程背景：某 2 级堤防河道治理工程。施工单位与项目法人签订了其中某段的施工承包合同，部分合同条款如下：

合同总金额 5 000 万元整；开工日期为 2014 年 9 月 20 日，总工期 6 个月。

开工前项目法人向施工单位支付 10% 的工程预付款，预付款扣回按公式 $R=\frac{A(C-F_1S)}{(F_2-F_1)S}$ 计算。其中 F_1 为 10%，F_2 为 90%。从第 1 个月起，按进度款 5% 的比例扣留保留金。

施工过程中 2014 年 11 月底已支付承包人工程款 3 000 万元，12 月完成工程项目有：浆砌块石 20 000 m^3；浆砌石缝隙处理花费 1 万元；拉结筋 1 t，市场价 3 500 元/t。冬期砂浆处理措施费 2 万元。在此之前已累计支付 3 000 万元工程款。

问题：(1)指出 2014 年 12 月应计量计价的项目，并说明理由。

(2)计算 12 月工程款。

项目十　竣工结算与项目竣工决算

本项目重点

1. 了解竣工结算的作用和内容。
2. 了解竣工决算的主要内容。
3. 熟悉项目后评价的主要内容。
4. 掌握竣工结算书的编制方法。

任务一　竣工结算

工程竣工结算是指工程项目或单项工程竣工验收后,施工单位向建设单位结算工程价款的过程,通常通过编制竣工结算书来办理。而施工过程中的结算属于中间结算,这里不再赘述。

单位工程或工程项目竣工验收后,施工单位应及时整理交工技术资料,绘制主要工程竣工图,编制竣工结算书,经建设单位审查确认后,由建设银行办理工程价款拨付。因此,竣工结算是施工单位确定建筑安装工程施工产值和实物工程完成情况的依据;是建设单位落实投资额,拨付工程价款的依据;是施工单位确定工程的最终收入,进行经济考核及考核工程成本的依据。

一、竣工结算资料

竣工结算资料包括:

(1)工程竣工报告及工程竣工验收单。

(2)施工单位与建设单位签订的工程合同或双方协议书。

(3)施工图纸、设计变更通知书、现场变更签证及现场记录。

(4)预算定额、材料价格、基础单价及其他费用标准。

(5)施工图预算、施工预算。

(6)其他有关资料。

二、竣工结算书的编制

竣工结算书的编制内容、项目划分与施工图预算基本相同。其编制步骤为:

(1)以单位工程为基础,根据现场施工情况,对施工图预算的主要内容逐项检查和核对,尤其应注意以下三方面的核对:第一,施工图预算所列工程量与实际完成工程量不符合时应做调整,其中包括:设计修改和增漏项而需要增减的工程量,应根据设计修改通知单进行调整;现场工程的变更,例如基础开挖后遇到古墓,施工方法发生某些变更等应根据现场记录按合同规定调整;施工图预算发生的某些错误,应做调整。第二,材料预算价格与实际价格不符合时应做调整。其中包括:因材料供应或其他原因,发生材料短缺时,需以大代小,以优代劣,这部分代用材料应根据工程材料代用通知单计算材料价差进行调整;材料价格发生较大变动而与预算价格不符时,应根据当地规定,对允许调整的进行调整。第三,间接费和其他费用,应根据具体的相关规定,由承担责任的一方负担。

(2)对单位工程增减预算查对核实后,按单位工程归口。

(3)对各单位工程结算分别按单项工程进行汇总,编出单项工程综合结算书。

(4)将各单项工程综合结算书汇编成整个建设项目的竣工结算书。

(5)编写竣工结算说明,其中包括编制依据、编制范围及其他情况。

工程竣工结算书编写好后,送业主(或主管部门)、建设单位等审批,并与建设单位办理工程价款的结算。

任务二 项目竣工决算

一、竣工决算的概念

竣工决算是反映建设项目实际工程造价的技术经济文件,应包括建设项目的投资使用情况和投资效果,以及项目从筹建到竣工验收的全部费用,即建筑工程费、安装工程费、设备费、临时工程费、独立费用、预备费、建设期融资利息和移民征地补偿费、水土保持费用及环境保护费用。竣工决算是竣工验收报告的重要组成部分。竣工决算的主要作用包括总结竣工项目设计概算和实际造价的情况,考核投资效益,经审定的竣工决算是正确核定新增资产价值、资产移交和投资核销的依据。竣工决算的时间段是项目建设的全过程,包括从筹建到竣工验收的全部时间,其范围是整个建设项目,包括主体工程、附属工程以及建设项目前期费用和相关的全部费用。

竣工决算应由项目法人(或建设单位)编制,项目法人应组织财务、计划、统计、工程技术和合同管理等专业人员,组成专门机构共同完成此项工作。设计、监理、施工等单位应积极配合,向项目法人提供有关资料。项目法人一般应在项目完成后规定的期限内完成竣工决算的编制工作,大中型项目的规定期限为 3 个月,小型项目的规定期限为 1 个月。竣工决算是建设项目重要的经济档案,内容和数据必须真实、可靠,项目法人应对竣工决算的真实性、完整性负责。编制完成的竣工决算必须按国家《会计档案管理办法》要求整理归档,永久保存。2000 年 7 月 15 日《国务院批转国家计委、财政部、水利部、建设部关于加强公益性水利工程建设管理若干意见的通知》(国发〔2000〕20 号)文件规定:"财政部关于基本建设财务管理的规定提出工程竣工财务决算报告。"

竣工决算报告依据水利部颁发的《水利基本建设项目竣工财务决算编制规程》(SL 19—2001)执行,该规程要求所有水利基本建设竣工项目,不论投资来源、投资主体、规模大小,不论工程项目还是非工程项目,或利用外资的水利项目,只要列入国家基本建设投资计划,都应按这一新规程编制竣工决算。

二、编制竣工决算的依据

编制竣工决算的依据如下：

(1)国家有关法律、法规。

(2)经批准的设计文件、项目概预算。

(3)主管部门下达的年度投资计划，基本建设支出预算。

(4)经主管部门批复的年度基本建设财务决算。

(5)项目合同(协议)。

(6)会计核算及财务管理资料。

(7)工程价款结算、物资消耗等有关资料。

(8)水库淹没处理、移民拆迁、补偿费的总结和验收文件，以及水土保持与环境保护工程的实施过程和总结。

(9)其他有关项目管理文件。

三、竣工决算的编制要求

竣工决算应按以下要求编制：

(1)水利基本建设项目竣工决算应严格按《水利基本建设项目竣工财务决算编制规程》(SL 19—2001)规定的内容、格式编制，除对非工程类项目可根据项目实际情况适当简化外，原则上不得改变《水利基本建设项目竣工财务决策编制规程》(SL 19—2001)规定的格式，不得减少应编报的内容。

(2)项目法人应从项目筹建之日起，有专人分工负责竣工决算的编制工作，并与项目建设进度相适应，要求竣工决算的编制人员相对稳定。

(3)竣工决算应区分大中型、小型项目，并按项目的大小分别编制。建设项目包括两个或两个以上独立概算的单项工程，单项工程竣工并交付使用时，应编制单项工程竣工决算。建设项目是大中型项目而单项工程是小型的，应按大中型项目编制单项工程竣工决算，整个建设项目全部竣工后，还应汇总编制该项目的竣工决算。

(4)建设项目符合国家规定的竣工验收条件，若尚有少量未完工程及竣工验收等费用，可预计纳入竣工决算；预计未完工程及竣工验收等费用，大中型项目须控制在总概算的3%以内，小型项目须控制在总概算的5%以内。项目竣工验收时，项目法人应将未完工程及费用的清单提交项目竣工验收委员会确认。

四、竣工决算的编制内容

竣工决算应包括封面及目录、竣工项目的平面示意图及主体工程照片、竣工决算说明书及竣工决算报表四部分。

(一)竣工决算说明书

竣工决算说明书是竣工决算的重要文件，它是反映竣工项目建设过程、建设成果的书面文件，其主要内容包括以下方面：

(1)项目概况。主要包括项目建设历史沿革、原因、依据、项目设计、建设过程以及

“三项制度”(项目法人责任制、招标投标制、建设监理制)的实施情况。

(2)概预算及计划执行情况。概预算批复、调整及执行,计划下达及执行情况。

(3)投资来源。包括投资构成、资本结构、投资性质、项目融资情况等。

(4)基建收入、基建结余资金的形成和分配等情况。

(5)移民及土地征用专项处理等情况。

(6)财务管理方面的情况。

(7)项目效益及主要技术经济指标的分析计算。

(8)交付使用财产情况。

(9)存在的主要问题及其处理意见。

(10)需要说明的其他问题。

(11)编表说明。

(二)竣工决算报表

竣工决算报表应包括9个报表,具体内容如下:

(1)水利基本建设竣工项目概况表。反映竣工项目主要特性、建设过程和建设成果等基本情况。

(2)水利基本建设项目竣工决算表。反映竣工项目的综合财务情况。

(3)水利基本建设项目年度财务决算表。反映竣工项目历年投资来源、基建支出、结余资金等情况。

(4)水利基本建设项目投资分析表。以单项工程、单位工程和费用项目的实际支出与相应的概预算费用相比较,用来反映竣工项目建设投资状况。

(5)水利基本建设项目成本表。反映竣工项目建设成本结构以及形成过程情况。

(6)水利基本建设项目预计未完工程及费用表。反映预计纳入竣工决算的未完工程及竣工验收等费用的明细情况。

(7)水利基本建设竣工项目待核销基建支出表。反映竣工项目发生的待核销基建支出明细情况。

(8)水利基本建设竣工项目转出投资表。反映竣工项目发生的转出投资明细情况。

(9)水利基本建设竣工项目交付使用资产表。反映竣工项目向不同资产接收单位交付使用资产情况,资产应包括固定资产(建筑物、房屋、设备及其他)、流动资产、无形资产及递延资产等。

五、竣工决算的编制步骤

竣工决算的编制拟分三个阶段进行。

(一)准备阶段

建设项目完成后,项目法人必须着手验收项目竣工决算工作,进入验收项目竣工决算准备阶段。这一阶段的重点是做好各项基础工作,主要内容包括以下方面:

(1)资金、计划的核实与核对工作。

(2)财产物资、已完工程的清查工作。

(3)合同清理工作。

(4)价款结算、债权债务的清理、包干结余及竣工结余资金的分配等清理工作。

(5)竣工年财务决算的编制工作。

(6)有关资料的收集、整理工作。

(二)编制阶段

各项基础资料收集整理后,即进入编制阶段。这个阶段的重点有三个方面:一是工程造价的比较分析,二是正确分摊待摊费用,三是合理分摊项目建设成本。

(1)工程造价的比较分析。经批准的概预算是考核实际建设工程造价的依据,在分析时,可将决算报表中所提供的实际数据和相关资料与批准的概预算指标进行对比,以反映竣工项目总造价和单位工程造价是节约还是超支,并找出节约或超支的具体内容和原因,总结经验,吸取教训,以利改进。

(2)正确分摊待摊费用。对能够确定由某项资产负担的待摊费用,直接计入该资产成本;不能确定负担对象的待摊费用,应根据项目特点采用合理的方法分摊计入受益的各项资产成本。目前,常用的方法有两种:按概算额的比例分摊和按实际数的比例分摊。

(3)合理分摊项目建设成本。一般水利工程均同时具有防洪、发电、灌溉、供水等多种效益,因此应根据项目实际,合理分摊建设成本,分摊的方法有以下三种:

①采用受益项目效益比例进行分摊。

②采用占用水量进行分摊。

③采用剩余效益进行分摊。

(三)总结汇编阶段

在竣工决算说明书撰写及9个报表填写后,即可汇编,加上目录及附图,装订成册,即成为建设项目竣工决算,上报主管部门及验收委员会审批。

六、项目竣工决算审计

依据国家审计法和相关规定,国家审计机关对建设项目竣工决算要进行审计。工程竣工决算审计内容主要有以下方面:

(1)审查决算编制工作是否符合国家的有关规定,资料是否齐全,手续是否完备。

(2)审查项目建设概算执行情况。工程建设是否严格按批准的概算内容执行,是否超概算,有无概算外项目和提高建设标准、扩大基建规模的问题,有无重大质量事故和经济损失。

(3)审查交付使用财产是否真实、完整,是否符合交付条件,移交手续是否齐全、合规。核实在建工程投资完成额,有无挤占建设成本、提高造价、转移投资。查明未能全部建成、及时交付使用的原因。

(4)审查尾工工程的未完工程量的真实性,有无虚列建设成本。

(5)审查基建结余资金的真实性,有无隐瞒、转移、挪用、隐匿结余资金。

(6)审查基建收入是否真实、完整,有无隐瞒、转移收入。

(7)审查核实投资包干结余,是否按投资包干协议或合同有关规定计取、分配、上交投资包干结余。

(8)审查竣工决算报表的真实性、完整性、合规性。

(9)评价项目投资效益。

任务三　项目后评价

建设项目后评价是在项目已经建成，通过竣工验收，并经过一段时间的生产运行后进行，是对项目全过程进行总结和评价。为了保证后评价工作的“客观、公正、科学”，选择项目后评价工作人员，应独立于该项目的决策者和前期咨询评估者。水利项目后评价依据《水利工程建设项目后评价报告编制规程》编制。

一、项目后评价的目的

水利项目后评价是水利工程基本建设程序中的一个重要阶段。水利项目后评价是在水利建设项目竣工验收经过1～2年的运行后，对项目决策、实施过程和运行等各阶段工作及其变化的原因与影响，通过全面系统的调查和客观的对比分析，总结并进行的综合评价。其目的是通过工程项目的后评价，总结经验，吸取教训，不断提高项目决策、工程实施和运营管理水平，为合理利用资金、提高投资效益、改进管理、制定相关政策等提供科学依据。

二、项目后评价的内容

项目后评价的内容大体上可以分为两类：一类是全过程评价，即从项目的立项决策、勘测设计等前期工作开始到项目建成投产运行若干年以后的全过程进行评价，包括过程评价、经济效益评价、影响评价和持续性评价等；另一类是阶段性评价或专项评价，可分为勘测设计和立项决策评价、施工监理评价、生产经营评价、经济后评价、管理后评价、防洪后评价、灌溉后评价、发电后评价、资金筹措使用和还贷情况后评价等。我国目前推行的后评价主要是全过程后评价，在某些特定条件下，也可进行阶段性后评价或专项后评价。水利项目后评价的内容包括过程评价、经济评价、影响评价和目标及可持续性评价四个方面。

（一）过程评价

过程评价包括前期工作情况评价，项目建设实施评价，生产准备及运行情况评价，管理、配套、服务设施情况评价四部分。

1.前期工作情况评价

前期工作情况评价包括：工程建设的必要性和立项依据评价，项目建议书、可行性研究、初步设计等各阶段的主要工作内容及其评价，前期各阶段工作过程的评价三部分。

（1）工程建设的必要性和立项依据评价。从国家或整个社会角度评价修建本项目建设的必要性和合理性；评价提出项目开发的目标、任务和立项依据；评价项目综合开发（防洪、治涝、灌溉、城市供水、水力发电、开发养殖和保护环境等）的可行性和合理性。通过评价检验工程是否符合基本建设程序，有无盲目上项目、破坏环境、浪费资源、重复建设等现象的发生。

（2）项目建议书、可行性研究、初步设计等各阶段的主要工作内容及其评价。根据项目建议书、可行性研究、初步设计等各阶段的主要特点，简述其主要工作内容，并阐述和评价各阶段的主要成绩和存在的主要问题。对项目建议书阶段、可行性研究阶段和初步设计阶段等工作的评价，首先要对各阶段工作的主要内容、各阶段相应的工作深度进行简明扼要的描述，对于各阶段工程方案、建设条件以及与工程有关的主要参数、指标和其他主要内容进行简述，对有重大变化的主要参数、指标和主要内容要有所侧重的交代。这是评价前期工作的重要依据，因此需要对各阶段的工作情况分别予以说明，并进行对比分析。可考虑以下内容：

①根据评审的规划工作大纲，评估编制的规划报告是否满足工作大纲的要求，规划中是否最大限度地考虑国民经济各部门、上下游、左右岸各方面的要求，规划成果是否有相应的部门组织审查、评估和批复，以及存在的问题；简述审查、评估和批复意见。

②根据项目建议书的编制依据、编制原则、工程建设条件、工程规模、任务和作用，评价工程立项决策的理由是否充分；对建设条件和必要的勘测工作深度是否满足要求，对选定的工程建设地点和建设时间是否合适。对工程主要技术指标与规划阶段进行比较，评价工程建设项目的必要性和合理性。

③重点评价可行性研究报告的编制基础和编制工作内容的深度。对项目建议书审查或评估意见所提出的问题，是否进行复核和修改，对工程总体布置方案和主要建筑物是否进行了优化比选，对可行性研究阶段与项目建议书阶段的主要技术经济指标进行比较，并对比较结果和推荐方案的技术可行性进行评价。

④初步设计阶段是否进一步到现场调查，补充勘察工作和试验研究工作，是否对取得的基本资料可靠性进行了分析。对可行性研究报告的审查和评价意见是否进行了深入分析和比较论证。对工程布置、工程结构、设备、材料、施工工艺等是否进行了优化比选，对新工艺、新材料采用的可靠性及经济性是否进行了比选，并对比选结果进行评价。

(3)前期各阶段工作过程的评价。在对前期工作各阶段基本情况掌握的基础上，依据行业的有关法律、法规和规程、规范，对前期工作程序、勘察设计单位的资质等级及业务范围、勘察设计成果质量和深度进行全面评价。主要评价前期工作各阶段程序是否符合水利部水利工程建设有关程序管理规定的要求；勘察设计单位的资质等级及业务范围，是否严格按照建设部颁发的有关管理办法中水利行业承担工程勘察设计项目规模分级规定执行；前期工作各阶段勘察设计产品的质量情况。

对前期工作各阶段勘察设计产品的质量可从勘察设计产品的内容深度、工程总体方案论证、勘察设计依据的可靠性、基本资料的完整准确性和勘察设计文件审批手续是否健全以及归档情况等方面进行综合评价。其中，规划阶段重点评价规划方案的合理性和立项依据，项目建议书阶段重点评价工程建设的必要性和可行性，可行性研究阶段重点评价工程总布置方案的合理性和技术可行性，初步设计阶段重点评价工程建筑物的优化设计与新技术、新材料、新工艺和科研成果的采用及工程项目经济的可行性。勘察设计产品的质量情况具体包括以下内容：

①勘察设计产品是否符合国家、水利行业建设法规、勘察设计规程规范以及有关合同规定，是否达到相应阶段规定的内容、深度和要求。

②工程总体方案论证是否充分，布置是否合理、有利于节约土地和投资、有利于环境保护和维护生态平衡及方便施工等。

③勘察设计依据是否充分、可靠，基本资料是否完整、准确，勘察设计文件的审核会签、批准等手续是否健全等。

④各阶段勘察设计完成后，是否按照有关规定进行档案资料整理，并及时归档。

2. 项目建设实施评价

项目建设实施评价包括建设项目实施的准备评价、施工控制与管理评价、竣工验收评价、《工程建设标准强制性条文》的执行情况评价四部分。

(1)建设项目实施的准备评价。建设项目实施的准备评价的重点是项目法人的组建和项目法人应开展的各项工作；对项目法人应开展的工作内容中，重点是筹资、招标、合同、施工准备。项目实施的准备可从以下四方面进行评价。

①评价项目法人的组建情况，主要评价项目法人的组建时间和工作过程、机构设置。

②评价项目法人在建设资金筹措、外部配套条件和负责各项招标投标等过程中投入工作的情况。

③评价项目法人在项目实施的招标和评标过程中，重点评价设计、监理、设备采购、施工等招标投标过程及其公平、公正和公开性，对招标投标程序、时机和过程等进行评价，简述中标单位的资质等级、法人资格和分包、转包情况，并对合同的签订等进行评价。

④评价工程项目施工准备过程，重点是施工场地征用和占地赔偿、施工现场生产与生活设施和临时建筑、施工组织设计和施工图纸准备情况等。

(2)施工控制与管理评价。施工控制与管理评价的重点是工程项目的计划管理、工期、质量、建设资金使用、工程变更等，对于多种资金来源的工程，要分别评价不同资金的管理和使用情况；对重大设计变更，应分析其原因并评价其影响程度。针对建设项目及各主要单项、单位工程的开竣工时间，与初步设计施工进度计划对比，评价项目计划管理、施工工期控制、保证措施执行等情况，分析引起变动的主要原因和影响；针对建设项目的质量评价工程项目质量情况和存在的问题；针对项目的主要工程量与设计工程量是否有出入及出入的原因，评价工程变更的合理性和必要性及其对工程建设工期、造价等方面的影响；针对建设资金的到位情况评价工程建设资金来源、到位、使用控制情况及其对工程建设工期、造价等方面的影响；针对项目建设在施工过程中采用的新技术、新工艺和科研成果，评价其影响；针对项目管理的其他情况，包括项目法人的管理及监理的管理过程，评价项目法人和施工监理对项目实施的管理情况。

(3)竣工验收评价。竣工验收评价的重点是评价工程验收程序、验收条件、验收质量评定报告、竣工验收鉴定书等。对于大型工程，要尽可能全面地收集竣工验收的资料，如竣工验收报告、技术总结、单位工程质量评定报告等，对项目进行系统地分析整理，提出评价意见。具体评价内容包括：工程竣工验收所具备的条件和工程验收程序；施工中单项、单位、分部、隐蔽工程等各阶段历次验收的时间和结论；验收中所发现的问题和处理意见，施工单位对处理意见的执行情况；水利水电工程质量监督单位的工程质量评定报告；分析比较项目建议书、可行性研究、初步设计、调整概算等各阶段批准的概算投资和竣工决算的投资，评价项目的投资控制情况；竣工验收的主要结论和意见。以上评价可从工程建设是否按照批准的设计方案完成，已完工程在设计、施工、设备制造安装等方面质量是否满足要求，各单位工程是否都能正常运行，历次验收发现的问题和处理情况，归档资料是否符合档案管理的有关规定，工程建设和管理、征地及移民等问题是否已处理完毕和是否有遗留问题，竣工决算是否已完成并通过决算审计，工程项目是否有完整的竣工验收技术总结报告等方面进行评价。

(4)《工程建设标准强制性条文》的执行情况评价。检查并评价在工程设计和实施过程中，是否依据《工程建设标准强制性条文》实施监督检查并评价其效果。

3.生产准备及运行情况评价

生产准备及运行情况评价的重点是建设单位在正式生产前的准备工作情况，评价该项目是否具备正式投产条件，对建筑物和设备运行的操作灵活、安全性和可靠性作出安全性评价，通过对项目投入运行后的观测、维护、管理、运营、项目功能实现程度等进行系统的评价，并针对具体问题提出评价和建议，主要包括生产评价和功能评价；提出今后应注意的一些问题，同时还要对工程初期运行效果进行评价。评价内容包括以下方面：

(1)项目法人提供的"工程运行管理报告"，生产准备工作情况，运行条件。

(2)根据运行观测资料及其分析成果、发现的问题及处理意见等，对工程运行情况作出评价。

(3)分析比较工程运行的实际效果与批准的各项任务目标之间的差距，分析产生的原因并提出可能采取的补救措施。

(4)评价建筑物和设备运行操作的灵活性、安全性、可靠性，并提出今后应注意的问题。

4.管理、配套、服务设施情况评价

管理、配套、服务设施情况评价主要是对项目投入运行后的总体生产状态，主要管理办法、规章制度、操作规程，工程管理的操作、观测原始记录，交通、通信、安全防护等设施的适应性，管理单位的生产、生活区的建设现状和设施情况进行评价。具体评价内容包括以下方面：

(1)评价工程任务和管理职能。诸如工程管理机构隶属关系、机构设置的层次、岗位及人员编制情况。

(2)评价运行管理情况。诸如工程管理单位的各项主要管理办法、规章制度、操作规程。

(3)评价观测系统设计方案的完整性、合理性和适应性。根据观测资料的成果分析，对观测系统设计方案的合理性和适应性与实际工程发生的情况进行分析对比，提出建议。

(4)根据工程的位置和重要性，评价工程的内外交通、通信设施、安全防护设施等能否满足有关技术规定和工程安全管理的需要。

(5)评价项目综合开发经营生产基地和必要的基础设施情况，提出建议。

(二)经济评价

项目的经济评价主要包括项目的国民经济评价和项目的财务评价，在完成固定资产价值重估后，即可进行国民经济评价和财务评价。国民经济评价又称社会经济评价，其计算参数和计算方法目前仍然应以《建设项目经济评价方法与参数》(第3版)和《水利建设项目经济评价规范》(SL 72—94)为依据。对综合利用水利工程，依据项目功能在盈利和公益上所占的比例，应进行投资和年运行费分摊计算。在分摊前，应把重估投资和重估年运行费换算为影子投资和影子年运行费，效益也应按影子价格进行调整，并注意所有费用和效益均应采用相同的价格水平年。财务评价也应按《建设项目经济评价方法与参数》(第3版)和《水利建设项目经济评价规范》(SL 72—94)为依据，对投资、年运行费和财务效益均采用历年实际支付的数字列表计算，但应考虑物价指数进行调整，调整计算时，要注意采用与国民经济评价相同的价格水平年。

1. 项目的国民经济评价

1) 投资和费用

(1) 工程项目的投资是指竣工决算的实际投资值及实际分年度使用情况。对于建设时间较早的工程项目，其投资应采用重置成本法或其他固定资产评估方法重新计算，以反映项目的实际价值。根据经济评价的性质，工程投资应注意按影子价格进行调整，并剔除价差预备费和属于国民经济内部转移的支付。年运行管理费用采用分段计算的办法，实际运行期按实际发生值计算，预测运行期按一定的预测方法提出预测值，并说明预测方法。

投资和费用的计算要对工程项目的实际投资、分年度使用情况和年运行管理费用进行分析，正确选择基准年、基准点及价格水平年。由于资金的价值随时间而变，相同的资金，在不同的年份，其价值不相同。由于水利工程施工期较长，这个问题比其他建设项目更为突出。因此，在后评价中，需要选择一个标准年份，作为计算的基础，这个标准年份就叫作基准年。基准年可以选择在工程开工年份、工程竣工年份或者开始进行后评价的年份，一般以工程开工年份或开始进行后评价的年份为宜。基准点选择基准年的年初作为折算的基准点。以项目实际建设和已运行的年份为计算实际与预测的分界点，分别按实际运行期和预测运行期提出实际发生值和预测值。工程项目设计阶段的工程任务、规模、效益等指标，指该项目初步设计阶段批复的任务、规模和拟发挥的效益等；实际完成的指标及实际发生值，则指项目实施后至项目实际建设和已运行的年份实际承担的任务、建设规模和已经产生的效益及发生的费用；项目预测值是指在项目实际建设和已运行的年份之后预测的效益和费用，项目效益和费用预测值的计算方法应给予说明。

(2) 对于综合利用工程，说明投资和年运行管理费用分摊的原则、方法和分摊成果。

2) 效益计算

(1) 简述工程项目的总经济效益、分部门效益和分年效益流程；以项目实际建设和已运行的年份为计算实际与预测的分界点，分别按实际运行期和预测运行期提出实际发生值和预测值，并说明预测值的计算方法。

(2) 简述工程项目的社会效益和环境效益。

3) 国民经济评价指标计算及评价

评价指标包括阶段性评价指标和全过程评价指标，经济评价时应注意同时计算阶段性评价指标和全过程评价指标，以尽量准确地反映项目整个经营期的经济状况。阶段性评价指标是指依据基本计算系列计算出的相应经济指标。基本计算系列指自建设起始年至评价年的实际发生系列，但这个系列仅包括相对于设计运行期很短的一段前期运行期，而且这段运行期的工程效益通常又相对较小，可是固定资产投资却是针对整个设计运行期的，因此阶段性指标不足以代表整个工程的经济特性，尚需设定更能相对正确表达整个工程经济特性的指标，即全过程评价指标，它是针对整个运行期进行评价所得出的经济指标。

对国民经济评价指标计算要说明国民经济评价指标的计算方法、参数选取，提出阶段性评价指标和全过程评价指标成果并作出国民经济评价结论。

2. 项目的财务评价

1）财务投资和费用

（1）简述工程项目的实际投资及流程。

（2）同国民经济评价一样，分别按实际运行期和预测运行期提出工程项目的生产流动资金、年运行成本费用、税金、基金、保险费和贷款利息以及其他有关成本费用，并说明预测值的计算方法和参数。

（3）对综合利用工程，说明财务投资和年运行费分担的原则、方法和数额。

2）财务收益计算

简述工程项目的财务收益和分年收益，分别按实际运行期和预测运行期提出实际发生值和预测值，并说明预测值的计算方法和参数。

3）财务评价指标计算

（1）说明财务评价指标计算的方法，说明财务盈利能力、清偿能力和外汇效果分析成果。

（2）计算产品成本，计算产品价格并和现行价格相比，作出评价，并进一步作出收费分析，提出还贷资金和贷款偿还期，明确贷款偿还能力。

4）进行财务评价

说明财务评价的方法和准则，提出阶段性评价指标和全过程评价指标，提出工程项目财务评价结论。

综合以上项目的国民经济评价和项目的财务评价，提出本工程项目的综合经济评价结论。阐述本次经济后评价结论与前期工作阶段按预测数据进行的经济评价结论的异同，分析其差别和成因，如在运行、还贷或收费等其他方面存在的问题，则应提出措施和建议。同时，根据实际的建设资金来源及财务评价分析结论，对项目的资金筹措方式（资本金和贷款（债务）的比例）进行评价。

（三）影响评价

影响评价是分析与评价项目对区域和行业的经济、社会、文化以及自然生态环境等方面所产生的影响。综合利用水利枢纽工程，尤其是大型水利项目，从建设实施到生产运营，将对项目周围的社会和生态环境产生一定的影响，例如，将对一定范围内的气象、水文、地质、地下水、海河口以及动植物的繁衍等产生影响。在社会方面，将对相关地区的水资源和其他资源的开发、相关设施的建设、工农业生产、经济建设与发展、社会稳定等产生影响。在这些影响中，积极的影响将推进环境和社会的发展；而负面影响不仅对环境、社会产生不利作用，反过来又将影响项目本身的运行与发展，所以影响评价是一项非常重要的工作。对于积极影响，要进一步发扬；对于负面影响，要采取措施加以减少或避免，以利于项目持续运转和发挥更大的作用。

影响评价包含的内容较多，但针对水利建设项目，一般可仅就技术影响、社会影响、环境影响及水土保持影响作出评价，如项目在其他方面有较为突出的影响和作用，也可一并进行评价,以利于对项目的影响作出全面的评价。

1. 技术影响评价

技术影响评价主要是分析和评价项目所采用的技术水平和技术装备水平的先进性、适用性、经济性、安全性等,对所采用的新技术和科研成果则应重点进行评价。技术先进性可从设计规范标准的使用、技术装备水平、工程质量等方面分析项目所采用的技术可以达到的水平,包括国际水平、国内先进水平、国内一般水平等。技术适用性可从技术难度、当地技术水平及配套条件、人员素质和技术掌握程度分析项目所采用技术的适应性。技术经济性可根据行业的主要技术经济指标,如单位工程投资、单位生产能力投资、单位运营成本、能耗及其他主要消耗指标、环境和社会代价等,说明项目技术经济指标处于国内同行业的水平,以及处于项目所在地的技术进步水平等。技术安全性是通过项目实际运营数据,分析所采用技术的可靠性、主要技术风险、安全运营水平等。

项目的技术影响评价要分析项目所采用技术对水利行业乃至国民经济发展有无影响等;分析项目所采用技术对水利行业和项目所在地的技术进步有无影响,是否值得并可能进行推广等。如项目所采用技术对水利行业乃至国民经济发展有影响,对项目所在地的技术进步有影响,并可能进行推广等,则应列举适当的例子予以说明。

2. 社会影响评价

社会影响评价应阐述项目对社会环境和社会经济发展所产生的影响,包括分析受益者群体、土地利用、生产力布局、征地搬迁、移民安置、就业、社会经济发展等方面的影响。根据项目情况和地区特点,必要时分析项目对当地社会稳定、城乡建设、教育卫生、妇女儿童、民族宗教习俗、自然资源等可能产生的影响。

社会影响评价可采用有无项目前后指标对比的方式,包括土地利用、搬迁移民、就业、地方社区发展、生产力布局、扶贫等方面的指标,主要对受益群体的影响,各个产业的影响,征地搬迁和移民的影响,社会经济发展的影响等进行分析。

(1)受益群体的影响主要是分析项目已经或可能涉及的直接、间接人群和机构中的受益者群体,全面分析项目所产生的正负两方面影响。在分析过程中重点分析谁是真正的受益者群体,受益者群体的受益程度如何,受益者范围是否合理等,应对照原定的受益者目标作对比分析。

(2)各个产业的影响主要是分析项目建设对项目所在地区的土地利用、调整农业产业结构、增加农业产值和农民收入方面,改变生产力布局等方面的影响。水利项目应注重分析项目对项目区调整农业产业结构、增加农业产值和农民收入方面的影响,同时要分析对发电、交通、旅游等与项目直接相关的产业发展的影响。

(3)征地搬迁和移民的影响主要是分析项目征地搬迁和移民安置情况及其合理性。水利项目的重点是征地搬迁问题,要对项目征地情况及其合理性进行分析;应对搬迁户和被搬迁地的居民进行必要的调查,反映项目受损群体和影响地区的民众的意见;应对征地方案、过程、政策及实施进行调查,分析地方政府和居民的参与状况及程度。分析项目的移民安置情况,主要对移民安置后所产生的正负两方面影响进行分析。

(4)社会经济发展的影响主要是分析项目在建设和运营过程中对社会经济发展所带来的影响,如主要社会经济指标的变化、工农业产值的增减情况、当地人民生活水平的变化、所创造的直接和间接就业机会等。水利项目的建设和运营过程可能为当地创造直接或间接的就业机会，同时对所在地经济和社会发展各个方面均会带来一定的影响，如主要社会经济指标的变化、扶贫方面的进展等，应进行定量或定性的评价。

3. 环境影响评价

环境影响评价是指建设项目的实施对环境的正面和负面的作用。工程建设与运行直接作用于环境的各项工程活动就是环境影响源。环境影响评价应指出工程建设和运行中的主要环境影响源，说明工程影响区存在的主要环境问题。诸如建水库大坝使有些鱼类生存环境改变，水库蓄水对航运、库区生态的影响，水库蓄水诱发的地震等。环境影响源对环境的影响包括自然环境、社会环境、生态环境和其他方面。

(1)对自然环境的影响包括对水文、泥沙情势的影响，对局部地区气候的影响，对水温、水质的影响，对环境地质的影响，对土壤环境与土地资源的影响。

(2)对社会环境的影响主要包括工程对库区或流域社会经济发展的影响，对施工区水质、大气、噪声的影响，对人群健康的影响，对景观与文物古迹的影响等。

(3)对生态环境的影响包括对陆生生物、水生生物的影响，对景观生态的影响，对区域生态的影响。

(4)其他方面应包括对自然保护区、重要政治文化设施等的影响。

环境影响评价应从项目建设及其运行过程所引起的或经过预测可能产生的自然环境、社会环境、生态环境和其他方面的变化着手，评价项目对环境所产生的主要的有利影响和不利影响，并对照项目前期评估时批准的“环境影响报告书”进行分析对比，分析和评价项目建成后环境监测、管理方面的情况。对减免不利影响或改善环境质量的对策、措施进行描述，包括为减少项目实施的不利影响所采取的相应预防、减免、恢复、补偿、管理、检测等对策和措施，说明所采取的措施实施后减免不利影响和改善环境状况的情况。对项目引起的各方面环境的变化和新出现的环境问题，分析其产生的原因并提出解决措施和意见。

4. 水土保持影响评价

水土保持是指对自然因素和人为活动造成水土流失所采取的预防和治理措施。依据《中华人民共和国水土保持法》的规定，在山区、丘陵区、风沙区修建铁路、公路、水利工程，开办矿山企业、电力企业和其他大中型工业企业，在建设项目环境影响报告书中，必须有水行政主管部门同意的水土保持方案。建设项目中的水土保持设施，必须与主体工程同时设计、同时施工、同时投产使用。建设工程竣工验收时，应当同时验收水土保持设施，并有水行政主管部门参加。

水土保持评价就是从水土保持方案实施后水土流失的治理情况，说明水土保持方案的实施，即采取水土保持措施所产生的主要有利影响和不利影响，并对照项目前评估时的结论进行分析对比。如水土流失治理程度，新增的水土流失及土地沙化得到有效控制的情况，项目区水土流失控制量，水土保持措施控制面积等；植被变化情况及其带来的影响，林草植被的覆盖率变化以及泄入下游河道的泥沙量的变化情况；土地整治及生产条件恢复情况等。

水土保持评价要对水土保持方案中减免不利影响的对策和措施及措施实施后减免不

利影响的情况进行说明。对引起的新的水土流失问题要分析其产生的原因及提出解决的措施意见。

(四)目标及可持续性评价

目标及可持续性评价是对建设项目立项的开发目标和项目能否持续运转以及怎样实现持续运转所作的评价。

1. 项目目标评价

项目目标评价主要指对项目立项时所拟定的近期开发目标和远期开发目标的实现程度和原定目标的适应性进行分析,对照项目立项时确定的目标,从工程、技术、经济等方面分析项目的实施结果和作用,分析项目目标实现程度,评价其与原定目标的偏离程度;进一步分析项目原定目标是否适宜及其原因,评价项目决策的正确程度。

项目目标评价包括对项目原定目标的实现程度、适应性等进行分析。项目目标的实现程度即通过分析项目的实施结果评价项目决策的正确程度。项目目标的适应性是指项目原定目标是否正确,是否符合全局和宏观利益,是否得到政府政策的支持,是否符合项目的性质,是否符合项目当地的条件等。

2. 项目可持续性评价

项目可持续性评价是对项目能否持续运转和怎样实现持续运转提出评价。项目可持续性是指在项目的建设资金投入完成之后,项目的既定目标是否还能继续,项目法人是否愿意和可能依靠自身的力量去继续实现项目的目标,项目是否有可重复性,以及可以推广到其他地区和其他项目等。

项目可持续性评价一般从实现项目可持续发展的条件(包括项目的外部条件和项目的内部条件)对项目的可持续性进行分析。

(1)外部条件是指当项目持续运转时,项目所处的社会条件和环境条件,包括社会经济发展、国力支持、政策法规及宏观调控、资源调配、当地管理体制及部门协作情况、配套设施建设、生态环境保护要求、水土流失的控制情况等。

(2)内部条件是指当项目持续运转时,在项目本身的功能和运营管理方面所需具备的条件和程度,包括组织机构建设、技术水平及人员素质、内部运行管理制度及运行状况、财务运营能力、服务情况等。

由于水利项目的功能服务于社会、影响于社会,而社会中许多因素又是水利项目的外部条件,反过来影响项目的运转,所以水利项目具有社会性。研究水利项目的持续性,就应考察其所需的内部条件和外部条件是否得到满足,根据项目的内、外部条件对项目可持续性发展进行分析,提出项目实施可持续性发展的措施和建议。对项目内部条件引起的对可持续发展的不利影响提出应采取的措施,对项目外部条件引起的对可持续发展的不利影响提出应改进的建议。

三、项目后评价的方法

项目后评价应依据国家现行的有关方针政策和法律、法规、规程、规范、项目各阶段的正式文件进行。项目各阶段的正式文件包括:项目建议书,可行性研究报告,初步设计报告,施工图设计及其审查意见、批复文件,概算调整报告,施工阶段重大问题的请示及批复,工程竣工报告,工程验收报告和审计后的工程竣工决算及主要图纸,项目自我评价报告等。

项目后评价应以通过各种调查取得的科学数据为基础,通过分析、对比,检验项目规划决策、设计、建设、运行管理各阶段主要技术、经济指标与预期指标的变化,分析其原因和对项目的影响,判断项目目标的持续性。

项目后评价采用综合比较法,即根据项目各阶段所预定的目标,从项目作用与影响、效果与效益、实施与管理、运营与服务等方面追踪对比,分析评价。

四、项目后评价报告

项目后评价报告编制应依据《水利工程建设项目后评价报告编制规程》和国家现行的有关标准和规定执行。项目后评价及其报告编制应由具有相应能力的独立咨询机构承担,该机构不得是该项目的项目建议书、可行性研究报告、初步设计文件的编制、审查或评估咨询单位。参与后评价及报告编制的人员不得是该项目的决策者和前期咨询、设计和评估者,报告的编制应遵循客观、公正、科学的原则,力求分析合理、评价公正。项目后评价工作所需费用应由项目法人单位承担,项目法人应提供项目后评价所需的必要外部条件和基础资料。后评价报告应反馈至项目投资决策部门、项目主管部门和各阶段参与该工程项目的各单位,以使项目的各个参建单位吸取经验和教训,从而提高项目决策和管理的水平。

项目后评价报告由主报告及附件两部分组成。

(一)主报告

项目后评价主报告的内容包括以下方面。

1.综合说明

(1)项目后评价工作简述。简述项目后评价工作的委托单位、承担单位、协作单位,后评价的主要目的、内容、基准时点,后评价工作过程。

(2)项目概况。概述项目所在地区的行政区划和自然、地理、资源情况;项目建设在地区国民经济和社会发展规划及区域规划中的地位和作用,说明项目建设的目标、任务,项目的特点、建设标准、规模及主要技术经济指标;项目规划、项目建议书、可行性研究、初步设计、施工准备、建设实施、生产准备、竣工验收等关键环节的时间和基本过程。

(3)后评价主要结论和建议。简述后评价过程中发现的项目各阶段的主要成绩和存在的主要问题;从过程评价、效益评价、影响评价及目标和可持续性评价几个方面进行综合分析,得出本次后评价的综合评价结论;根据综合评价结论和项目存在的主要问题,提出评价者的建议,以及相关的实施措施。

2.过程评价

(1)前期工作情况评价。工程建设的必要性和立项依据评价,项目建议书、可行性研究、初步设计等各阶段的主要工作内容及其评价,前期各阶段工作过程的评价。

(2)建设项目实施评价。建设项目实施的准备评价,施工控制与管理评价,竣工验收评价,《工程建设标准强制性条文》的执行情况评价。

(3)生产准备与运行情况评价。评价生产准备工作情况,评价是否具备正式运行条件;评价工程运行情况,评价建筑物和设备运行的操作灵活、安全、可靠性,并提出今后应注意的问题。

(4)管理、配套、服务设施情况评价。评价管理、配套、服务设施情况,根据工程任务和管理职能,评价工程管理机构隶属关系、机构设置的层次、岗位及人员编制情况;评价工程管理单位的各项主要管理办法、规章制度、操作规程;评价工程管理的操作、观测原始记录情况;评价工程的位置和重要性,评价工程的内外交通、通信设施、安全防护设施等能否满足有关技术规定和工程安全管理的需要;评价综合开发经营生产基地、必要的基础设施建设情况,评价管理单位的生产、生活区的建设现状和设施,提出评价和建议。

3. 经济评价

(1)国民经济评价。

(2)财务评价。

(3)综合评价。

(4)资金筹措方式评价。

4. 影响评价

影响评价是分析与评价项目对影响区域和行业的经济、社会、文化及自然环境等方面所产生的影响。可分为技术影响评价、社会影响评价、环境影响评价及水土保持影响评价等方面。

5. 项目目标和可持续性评价

项目目标评价包括对项目原定目标的实现程度、适应性等进行分析。项目可持续性评价是分析项目的外部条件和内部条件对项目可持续性的影响。

6. 结论

从过程评价、经济评价、影响评价和目标及可持续性评价几个方面进行综合分析,得出本次后评价的主要结论;分析总结项目的主要成功经验,总结项目需要引起重视和值得吸取的教训;根据综合评价结论和项目存在的主要问题,提出评价单位的建议,以及评价单位认为需要采取的措施。

(二)附件

项目评价报告附件的内容可根据项目的具体情况确定,一般应包括各专题报告、项目综合特性表及其他有关内容。专题报告可根据项目的特点对与项目相关的专题内容(诸如环境、可持续性、水土保持、移民、施工监理、生产经营等)进行专题评价。

思考题

1. 竣工结算的作用是什么?

2. 竣工结算的资料包括哪些?竣工结算书如何编制?

3. 竣工决算的主要内容有哪些?

4. 如何编制竣工决算?竣工决算报告有哪几个表格?

5. 项目后评价的主要内容有哪些?

项目十一 水利水电工程造价软件应用

本项目重点

1. 了解工程造价软件的特点。
2. 熟悉水利工程造价软件的安装过程。
3. 掌握水利工程造价软件的功能和操作。
4. 会使用水利水电工程造价软件。

水利水电工程造价编制是一项烦琐的工作，计算工作量大，传统的手算速度慢，工效低，而且易出错，跟不上生产需要。尤其是工程项目招标投标以来，发包方和承包方均应及时、准确地计算出标底和报价，计算机的应用愈来愈显得重要。应用计算机编制工程概预算和标价，不但运算速度快、精度高，而且还可以进行文本处理，是当前乃至今后工程造价实现现代化管理的重要手段。

四川锦瑞青山科技有限公司研发的行业预算软件在全国各建设行业概预算软件行业中独树一帜，目前公司的房屋建筑、水利水电、土地整理、风电、光电、地质灾害、路桥、钢铁检修、煤炭等造价软件已经在全国得以广泛应用，具有相当知名度，用户已超过数万家。

青山. net 大禹水利水电计价软件是按照部颁现行《水利建筑工程概算定额》《水利建筑工程预算定额》《水利水电设备安装工程预算定额》《水利水电设备安装工程概算定额》《水利工程施工机械台班时费定额》和《水利工程设计概（估）算编制规定》（水总〔2014〕429 号）为依据来配套开发的。在此之后，各省根据国家标准陆续编制了地方标准。青山. net 大禹水电水利水电计价软件先后通过了住房和城乡建设部及各省（市）造价管理站的技术鉴定，目前已广泛应用于全国各省（市）工程建设的概预算编制。软件的最大特色是集成度高，操作方便，能集各地的定额于一体，并自动根据不同定额体系变换适应当地规则的操作界面，极大地提高了用户的工作效率。

四川锦瑞青山科技有限公司与全国大部分水利院校签订了校企合作协议，青山. net 大禹水利水电计价软件已经在全国各水利院校普遍使用，公司每年均派有技术人员参与各水利院校工程造价专业学生电算化教学工作。

本项目主要介绍四川锦瑞青山科技有限公司开发的“青山. net 大禹水利水电计价软件”。

任务一 工程造价软件的特点与安装

水利工程造价软件采用 2002 年水利部颁布的现行《水利建筑工程概算定额》《水利建筑工程预算定额》《水利工程施工机械台时费定额》《水利水电设备安装工程预算定额》《水利水电设备安装工程概算定额》和相应配套的《编规》（其他定额可以自己补充）开

发。该软件可编制水利水电工程投资估算、水利水电工程设计概算、水利水电工程设计预算、水利水电工程投标报价、水利水电工程标底，可对水利水电工程投资进行审查等。

一、软件特点

(1)招标投标和概预算互导。

(2)拼音首码查询。

(3)内置实时在线服务系统，技术顾问随时联络。

(4)实时行业标准及技术规范说明(内置行业标准、技术规范、编规等文件内容，与变量等一一对应，定位查询，方便快捷)。

(5)直接与 Excel 交换数据(直接与 Excel 进行数据的复制、粘贴)。

(6)智能报表/实时呈现(超强的报表设计功能，表头、表脚与编辑 Excel 一样方便，不必担心招标投标表格的变化)。

(7)多工程(多工程既可独立存在，又可实时汇总，标段工程管理清晰明了)。

(8)数据撤销/重做(无限制撤销、重做功能；随时撤销、返回，存盘后也能撤销，不必怕误操作)。

(9)合法性检查(独增合法性检查功能，常见错误一下就检查出来，避免出现常识性错误，并支持反查定位修改，最大限度减少错误与失误)。

二、软件安装

在安装之前要确定硬盘上有足够的自由空间，青山. net 大禹水利水电计价软件及相关文件将占用 200 MB 左右的硬盘空间。

安装步骤如下：

(1)将本软件的安装盘放入驱动器中，找到安装文件 Setup. exe。

(2)执行该安装程序，在出现的安装界面中，点击“下一步”，直到完成。

任务二　工程造价软件操作

水利工程造价的计价方式是“工程量清单”的方式，根据工程量清单套定额，计算出相应的基本直接费(人工、机械、材料)，然后以定额为基础计算每个清单的综合单价，综合单价由直接费、间接费、企业利润、税金组成，其计算方式一样，但费率根据清单的类别，如土石方工程、混凝土工程等各不相同，用户需要根据情况加以选择，这就是软件中输入工程量清单时要求进行“单价取费程序设置”。

水利造价计算将清单进行分部分项，第一部分建筑工程、第二部分机电设备安装工程、第三部分金属结构工程、第四部分施工临时工程，这四部分清单逐一编制，汇总后得到建安费和设备费的合计，第五部分独立费用将以此为基础进行计算。

要对项目报价，需要确定项目属于哪个部分的什么类型，以确定采用什么综合单价计算程序，然后要对清单套用相应定额，套定额的目的是计算直接费，而计算直接费就需要人工、材料、机械的单价，这就需要开始计算人工、材料、机械的单价等基础资料工作，这就是为什么编制步骤第一步需要编写基础资料(计算人工、材料、机械单价等);第二步输入清单,每个清单需要设置综合单价计算程序,第三步根据清单套定额,再生成独立费用,最后打印出各种报表。

软件主要包括工程、设置、工具、窗口、帮助等五大功能菜单。这五大功能菜单分别对应着水利工程操作流程中的共有功能,青山. net 大禹水利水电计价软件的功能节点及界面,按照水利计价流程设置,其操作流程如图 11-1 所示。

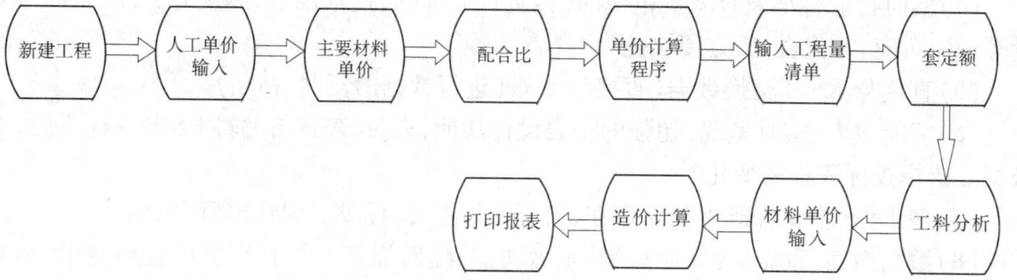

图 11-1 操作流程

一、菜单

“工程”菜单主要包括新建工程、新建审计工程、打开工程、保存工程、另存工程,保存为模板工程、压缩工程、合并工程、打开历史工程、概预算招标投标互导等功能。

新建工程、打开工程、保存工程子菜单主要提供工程文件的新建、打开及保存,文件的后缀为“. qhf”。文件打开后,将在主窗口标题上显示该工程文件的全路径、使用的定额体系、工程属性等信息。

新建审计工程,在原上报工程上,直接新建审计工程,即可在原工程基础上自动形成数据对比,并生成审核报表,审增审减及增减率结果一目了然,对照结果可直接打印或发送到 Excel 文档。

二、工程编制

工程编制按照工程造价手工编制流程设置工程节点,在工程管理器中,按从上到下的顺序进行,也可以按照个体习惯,改变操作顺序,程序会实时进行各节点的数据计算。

(一)工程信息

本部分包括封面、编制说明、填表须知三部分,主要是文字部分,在项目数据列,按照工程实际,输入相应的内容即可,主要是供后续报表调用。

(二)基础资料

基础资料节点包括参数设置、费用设置、人工、材料、设备费率、电、风、水、机械台班、配合比、骨料系统各项基础费用计算页面。

1. 参数设置

根据工程实际需要,使用下拉菜单的方式选择工程中各项公共参数,下面参数说明窗口中提供了与当前参数相对应的编制规定、文件规定等依据，当遇到某参数不知道选择哪项参数值时，可直接在参数说明中进行查阅，如图 11-2 所示。

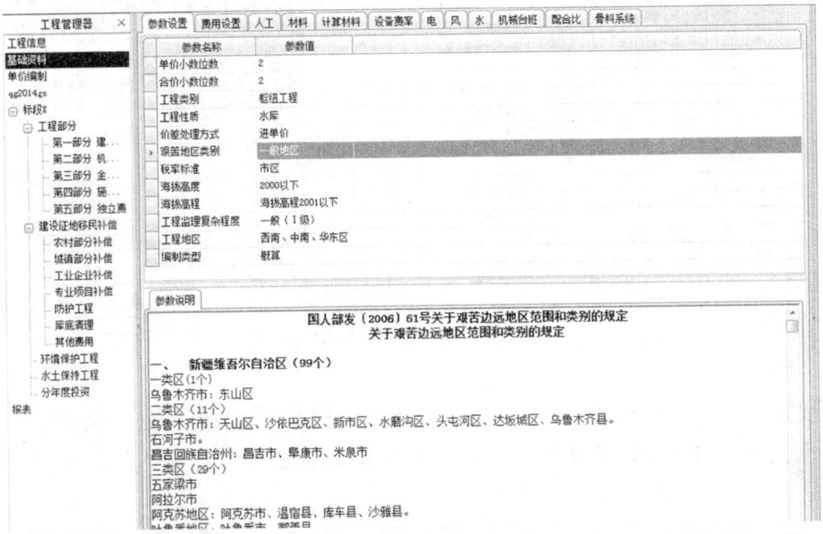

图 11-2　参数设置

2. 费用设置

当选择设置好参数后，进入费用设置页面，各取费程序会按参数中的设置，自动设置各项费率的默认值及详细的取费程序，如图 11-3 所示。

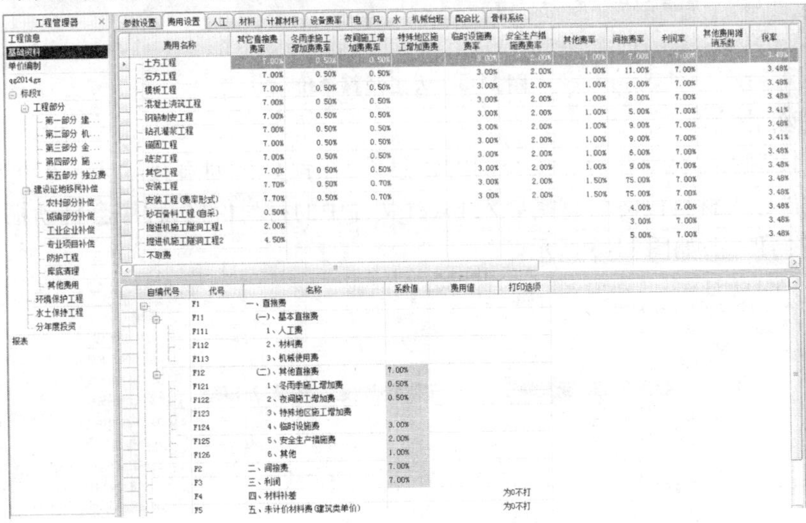

图 11-3　费用设置

若实际工程不使用标准的默认值，可单独修改各项费率或使用设置费率的方式对费率进行批量修改。操作如下：

使用 Shift 键或 Ctrl 键 + 鼠标左键对需要修改费率的取费程序定义为块，然后点击右侧的设置费率进行修改，为空的保留原有费率，输入了值的更新为输入的费率值，如图 11-4 所示。

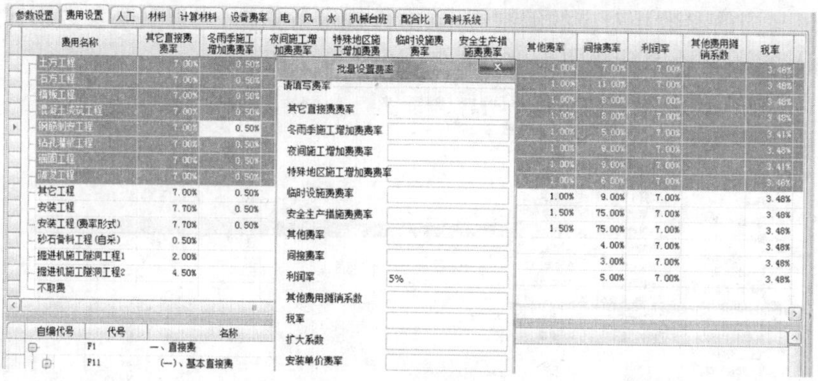

图 11-4　费率修改

3. 人工预算单价

人工预算单价，默认按照参数设置中选择的工程类别和艰苦地区类别，自动计取的《编规》上面的人工单价，若需要修改，只需要勾选后面的“直接输入”即可，如图 11-5 所示。

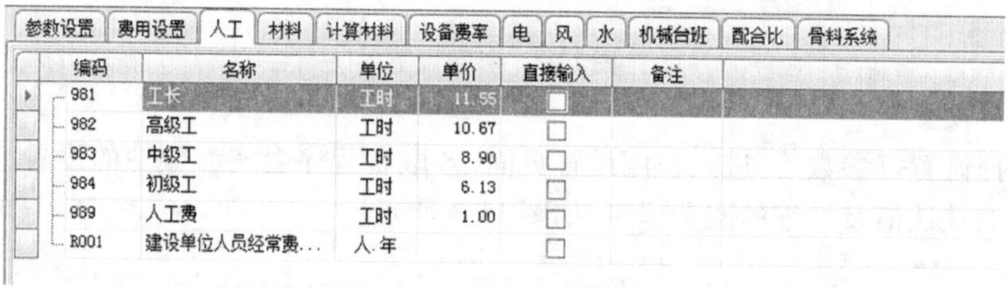

图 11-5　人工预算单价

4. 材料价格计算

(1) 直接输入材料预算价。按查询的信息价，在预算价列直接输入。也可使用右边功能菜单的“导入材料价格”，直接导入 Excel 文件中的材料价格，程序会自动根据材料名称及单位进行匹配，如图 11-6 所示。

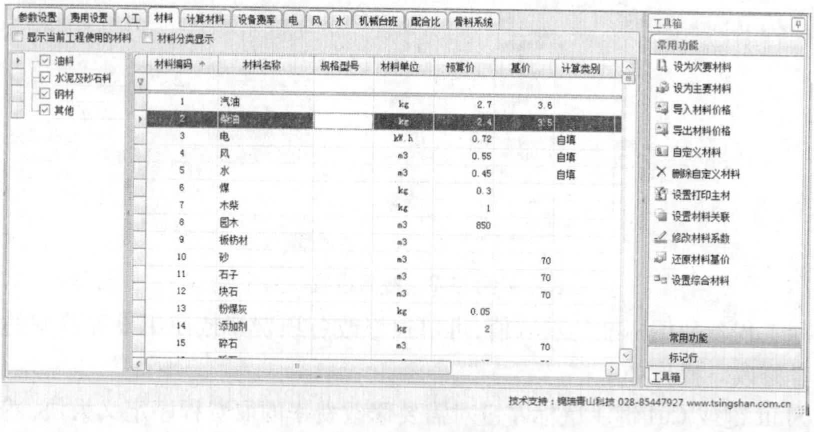

图 11-6　材料预算价输入

(2) 计算材料预算价。将材料的计算类别设置为计算材料，材料会自动添加到计算材料窗口中，也可在计算材料窗口中选择添加计算材料，如图 11-7 所示。

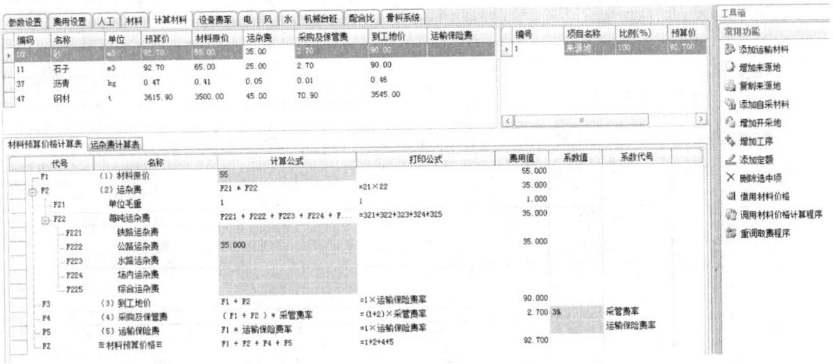

图 11-7 计算材料预算价操作

输入材料原价及运输保险费率及采购及保管费率(如果有)，进入运杂费计算表页面，计算运杂费，程序自动出该材料的单价，并传送到材料预算价中，如图 11-8 所示。

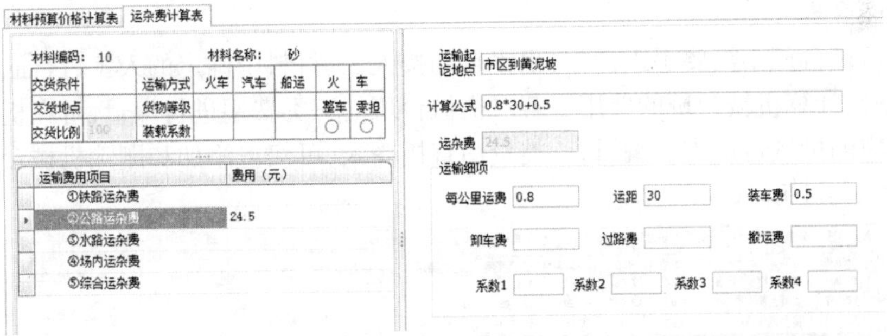

图 11-8 材料运输费计算

5. 电、风、水单价计算

电、风、水单价计算操作相同，仅套用的定额及属性设置有微小差别，下面以电单价计算为例。电、风、水单价均有直接输入和计算单价两种模式：

(1)直接输入：将“直接输入”下面的钩打上，在预算价中直接输入信息价上面的电单价即可，如图 11-9 所示。

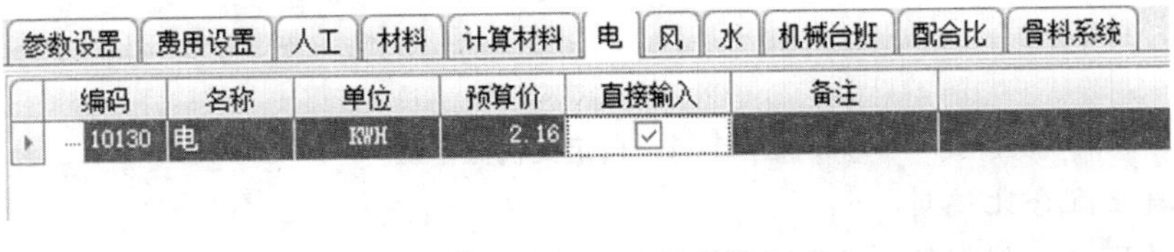

图 11-9 电、风、水单价输入

(2)计算单价：将“直接输入”下面的钩去掉后，界面上自动会出现供电点，点中供电点，下面窗口会出现当前供电点的计算窗口，供电点、各供电点供电百分比根据工程情况修改，如图 11-10 所示。

在定额组成窗口，套用使用的发电机定额，输入台时数量，程序会自动计算出发电的台时总费用。在属性设置页面，输入电网电价及电网供电百分率，程序即自动计算出电的单价，风和水的单价计算方式类似。

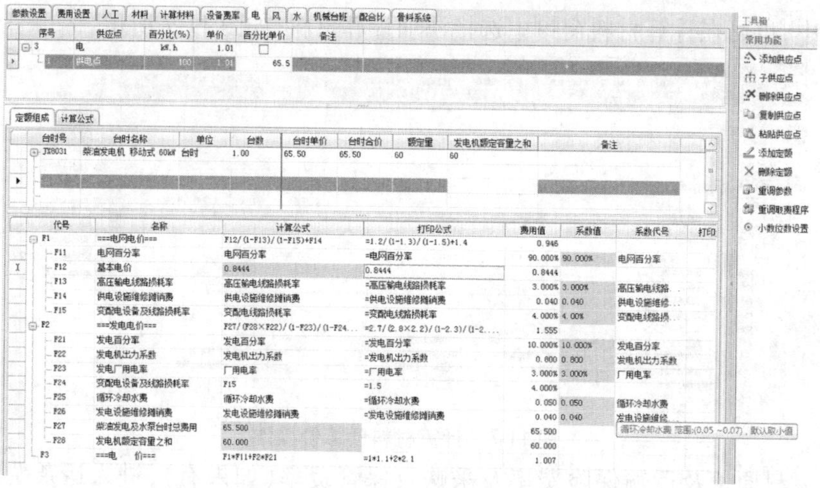

图 11-10　电、风、水单价计算

6. 机械台班

标准机械台班不需要手工操作，程序自动按人工、材料中确定的人工、汽油、柴油等相关材料单价，计算机械台班的费用。若对机械台班的三类费用进行编辑，可在机械台班页面添加相应的机械台班进行编辑，三类费用直接输入，可双击添加和删除机械台班下面的子项，如图 11-11 所示。

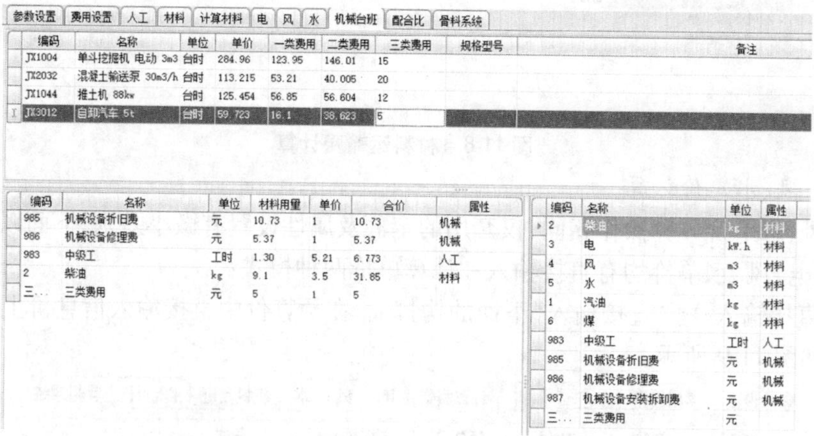

图 11-11　自定义机械台班

7. 混凝土配合比编辑

标准的配合比材料价格不需要手工添加，程序会按材料中的砂、石、水泥等限价自动计算混凝土、砂浆的单价，如果使用的混凝土、砂浆的材料有变化，如增加添加剂、埋块石率等，则进入配合比页面进行修改。

(1)插入配合比：点击右侧窗口中的插入配合，可选择标准库中的配合比，也可以选择当前工程中使用到的配合比，双击添加到配合比窗口，如图 11-12 所示。

(2)编辑配合比：若使用的是埋块石混凝土，只需要在埋块石率位置输入埋块石率，程序会自动根据输入的埋石增加块石，同时换算混凝土中其他子材料的耗量，在定额中调

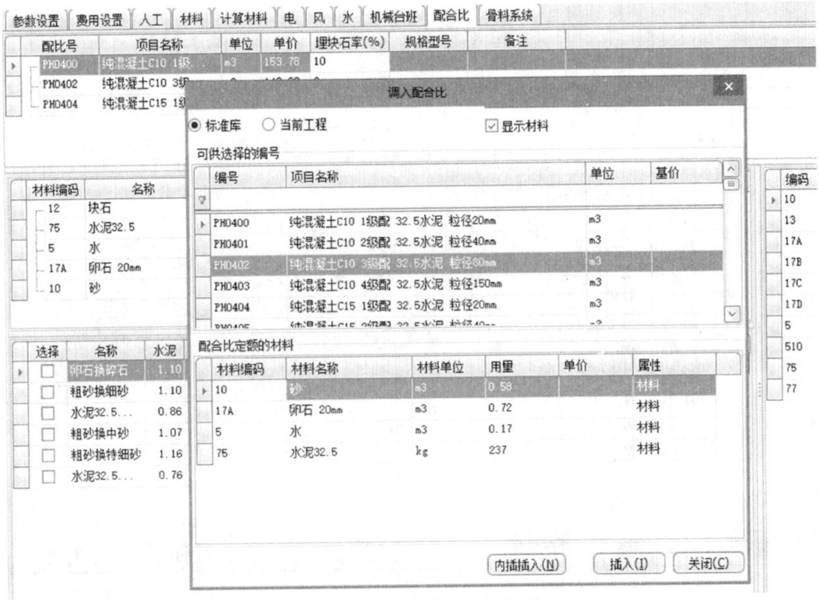

图 11-12　添加混凝土配合比

用该配合比使用时，埋石混凝土定额增加的人工，程序也会自动计算。

如果要在该混凝土中添加外加剂，只需要双击右边窗口的“外加剂”即可，如图 11-13 所示。

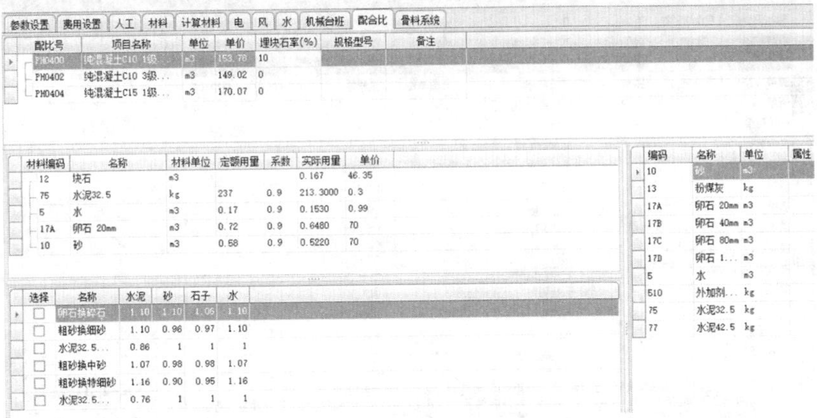

图 11-13　混凝土配合比编辑

(三)工程部分(一至五部分)费用编辑

工程部分费用包括：建筑工程、机电设备及安装工程、金属结构设备及安装工程、施工临时工程和独立费用五部分，其中建筑工程、机电设备及安装工程、金属结构设备及安装工程、施工临时工程项目费用计算方法基本一致。下面以建筑工程为例，学习相关操作。

1. 项目录入

(1)从项目划分中选择项目：在项目窗口空白区域双击鼠标左键或点击右边常用功能窗口的项目划分，弹出选择窗口，点击需要的项目，选择好后确定，所选项目会自动添加到工程项目窗口中，如图 11-14 所示。

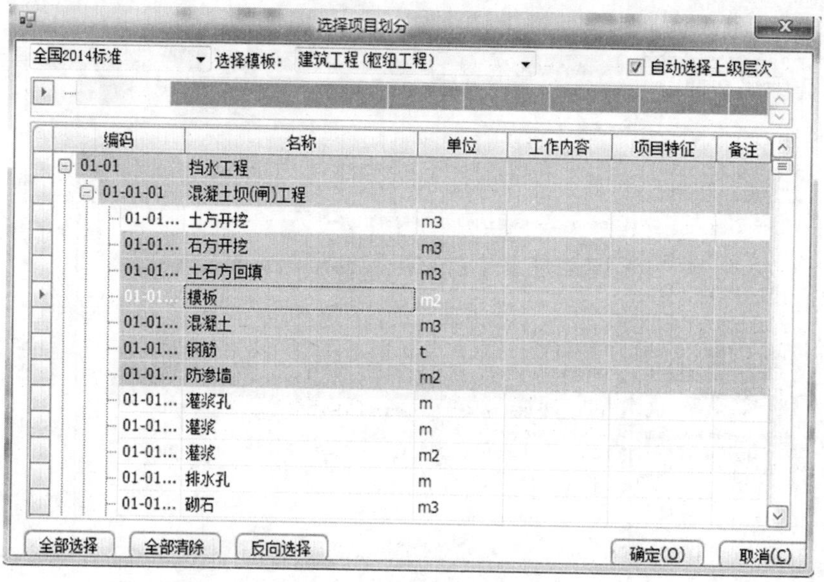

图 11-14　工程项目录入

(2)从 Excel 中导入清单项目：选择右侧其他功能菜单中的导入清单，打开需要的Excel文档，选择相应的工作表，对应各列的属性，如果 Excel 中是序号，则选择序号识别，如果为编码，则选择编码识别，如图 11-15 所示。

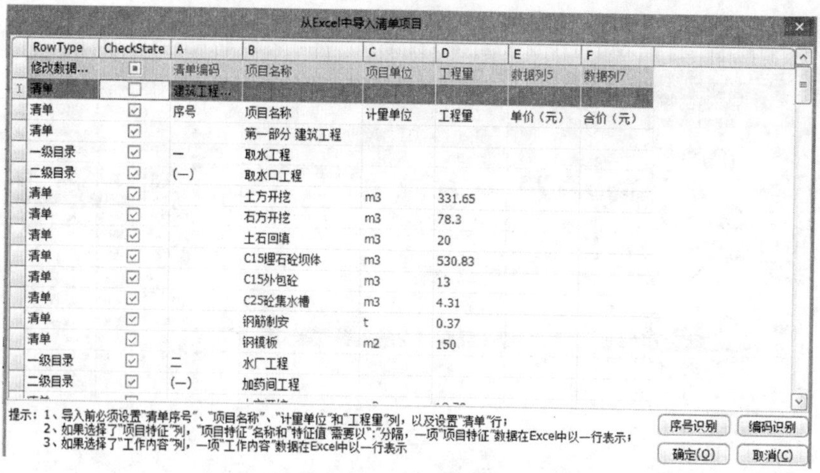

图 11-15　Excel 中导入清单项目

识别后，若目录层次不准确，可手动选择修改，不需要的项目，只需要将前面的钩去掉，导入时就自动去掉了。

(3)从 Excel 或 Word 文档中复制、粘贴项目(程序支持复制某一块，也可复制某一列数据)，打开文件，块框选所需要的项目行和相应的列，如图 11-16 所示。

在软件中，在工程项目名称列点击右键，粘贴即可，结果如图 11-17 所示。

项目所有信息均可以随时修改，插入、删除时，项目序号自动设置，在工程量计算式中，可直接输入计算公式。

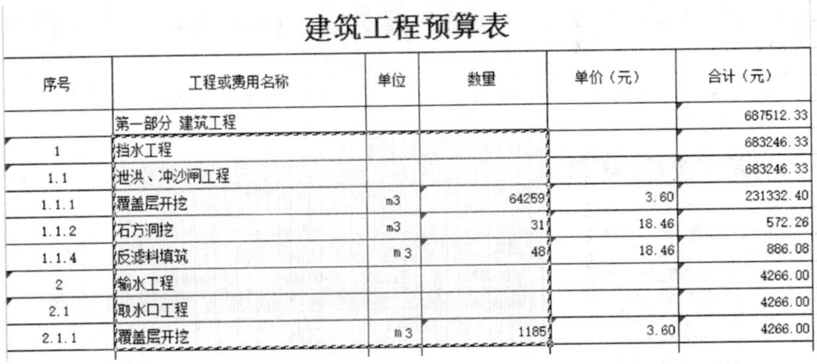

建筑工程预算表

序号	工程或费用名称	单位	数量	单价（元）	合计（元）
	第一部分 建筑工程				687512.33
1	挡水工程				683246.33
1.1	泄洪、冲沙闸工程				683246.33
1.1.1	覆盖层开挖	m3	64259	3.60	231332.40
1.1.2	石方洞挖	m3	31	18.46	572.26
1.1.4	反滤料填筑	m3	48	18.46	886.08
2	输水工程				4266.00
2.1	取水口工程				4266.00
2.1.1	覆盖层开挖	m3	1185	3.60	4266.00

图 11-16 清单项目复制

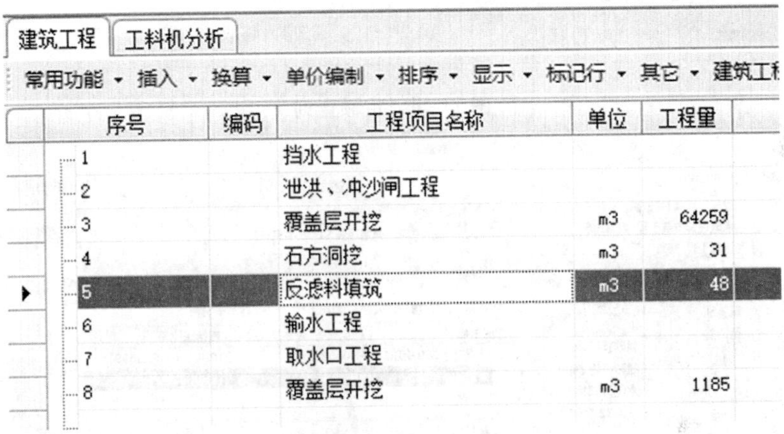

图 11-17 清单项目粘贴

2. 项目单价

对项目组价时，可采用直接输入单价、套用定额组价、套用已有的单价、工程特项组价等多种方式，下面一一进行学习。

1) 直接输入单价

在项目对应的综合单价处直接输入单价金额，该方式输入的单价，没有单价分析的信息。

2) 套用定额组价

(1) 直接输入定额：在定额窗口，定额编号列直接输入定额编号，即可调用输入的定额信息，若输入的定额编号不存在，会自动弹出自编定额窗口。

(2) 查询定额：在定额窗口双击鼠标左键或点击常用功能菜单下的定额，会弹出定额查询窗口，如图 11-18 所示。

选择需要的定额，双击鼠标左键或点击下面的插入即可将选用的定额插入到当前项目。

若套用的定额存在子定额（如混凝土、砂浆等），程序会自动弹出子定额选择窗口，也可采用双击的方式进行选择，如图 11-19 所示。

若套用的定额存在类似的材料或机械，需要多选一时，程序也会自动弹出选择窗口，

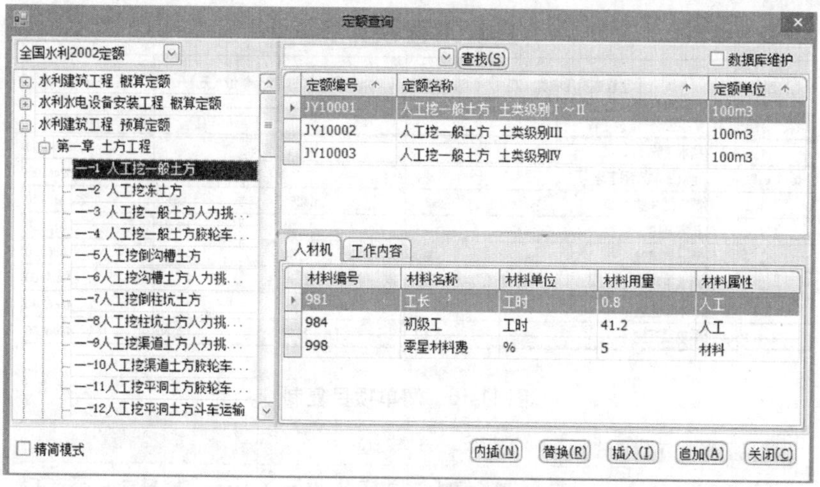

图 11-18 定额查询

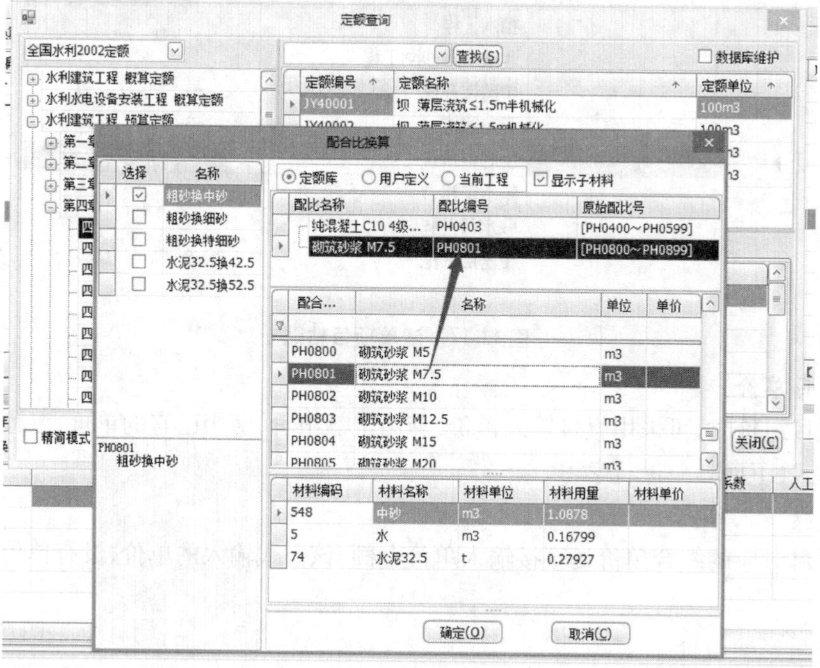

图 11-19 子定额选择

也需要双击进行选择，如图 11-20 所示。

（3）借用定额：若需要使用的定额在当前定额体系中不存在，需要借用其他行业相关定额，只需要在定额查询窗口，选择其他可借用的行业定额（如水电、公路、房建、土地整理等），双击套用即可，如图 11-21 所示。

（4）定额换算：在定额窗口点击换算下拉菜单，选择定额换算，可对定额人、材、机及定额进行加、减、乘、除系数换算；材料抽换，可以替换已有材料，如图 11-22 所示。

（5）增加或删除人、材、机：增加人、材、机，在定额窗口点击插入下拉菜单，可以直接插入已有的人、材、机或自定义的人、材、机，如图 11-23 所示。

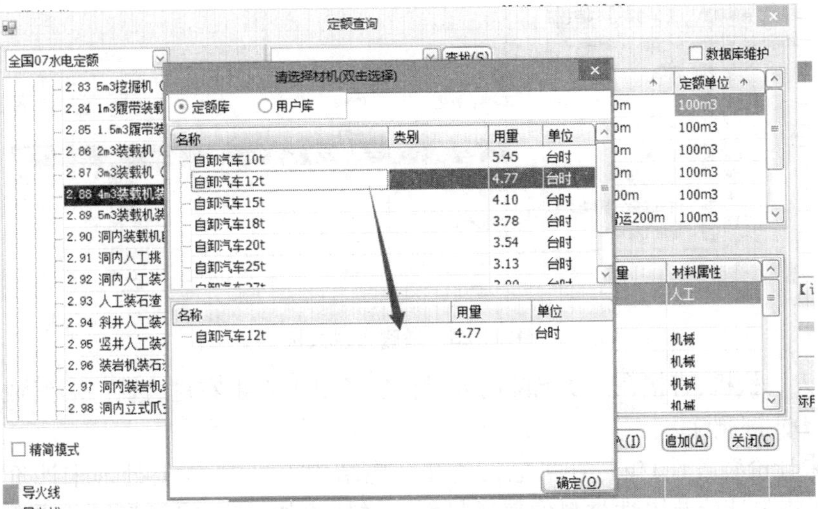

图 11-20　定额材机选择

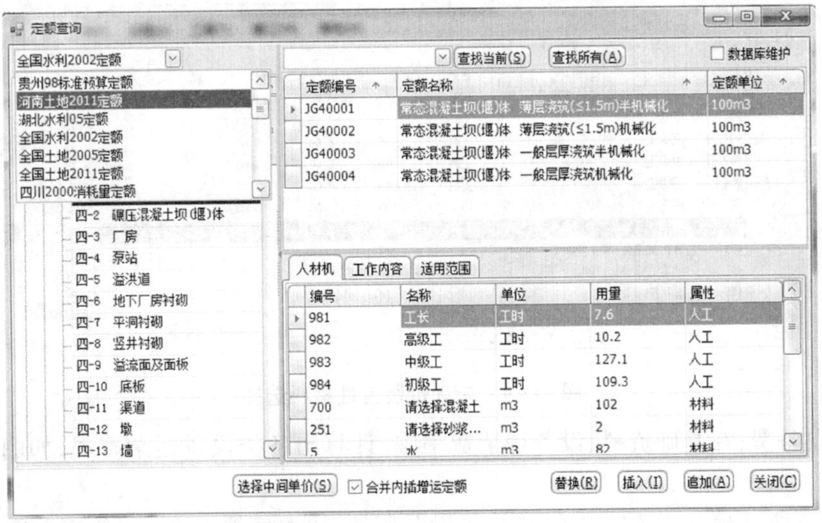

图 11-21　借用定额

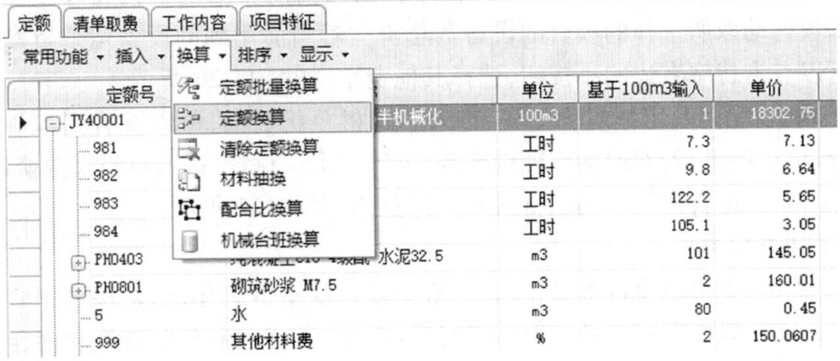

图 11-22　定额换算

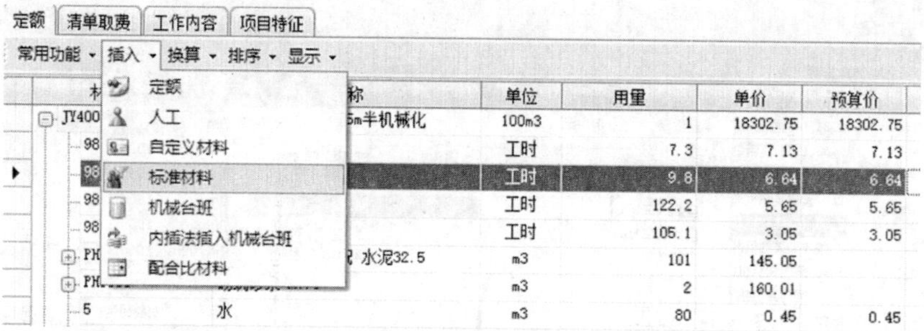

图 11-23　增删人、材、机

删除人、材、机，直接在需要删除的人、材、机条目上点击右键，选择删除，或直接使用键盘上的 Del 键删除。

(6)未计价装置性材料：在机电设备和金属结构项目中，需要处理未计价装置性材料，只需要将未计价装置性材料像普通材料一样地添加，然后将材料属性修改为装材即可，如图 11-24 所示。

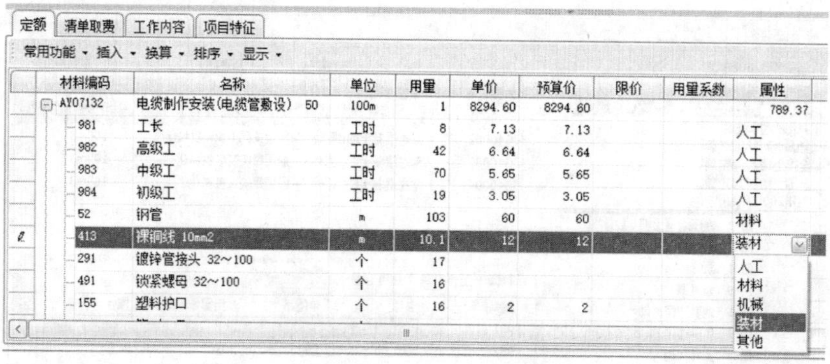

图 11-24　未计价装置性材料选择

(7)设备费：在基础资料、设备运杂费率中，计算出各类设备运杂费率，如图 11-25 所示。

在设备项目对应的设备原价处，输入设备原价，块选择需要统一计算运杂费的设备项目，点击插入功能菜单中的设备运杂费，程序自动在当前目录下单独插入一行设备运杂费，取费基数自动取所选择的项目的设备费总价。若当前用到的设备运杂费率不是默认的费率，可以点击费率右边的小按钮，选择其他费率，如图 11-26 所示。

(8)工料机：项目及定额组价完毕，进入工料机分析页面，可以查看到本节点下用到的所有工料机总耗量，若发现某一耗量异常，可以双击该材料，进入材料来源窗口，查看该材料的来源，双击可直接定位到该材料来源位置，如图 11-27 所示。

3)套用已有的单价

一个工程中，有很多项目单价相同，不希望做重复组价工作，可直接使用套用单价功能，使用 Ctrl 键 + 鼠标左键选择单价相同的项目(也可以使用查找/替换功能自动选择条件相同的多条项目)，使用单价编制中的套用单价功能，一键组价。

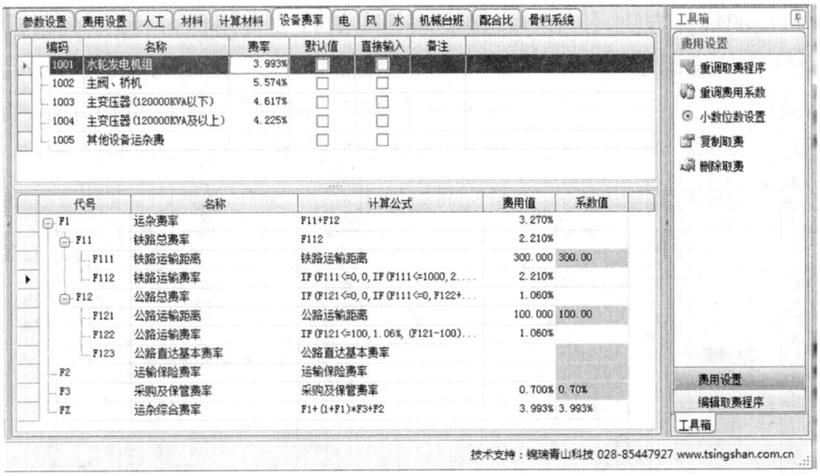

图 11-25　设备运杂费率计算

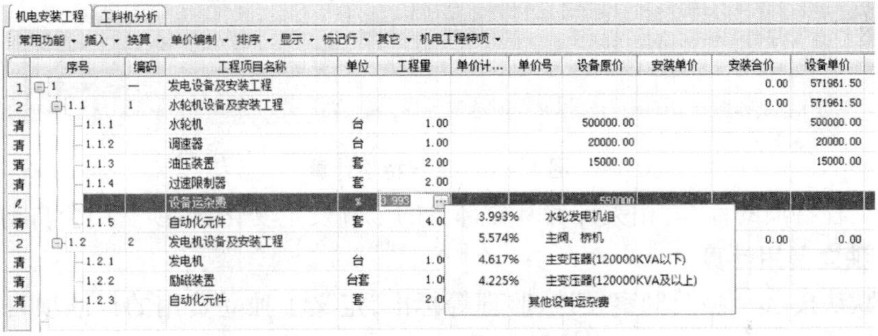

图 11-26　设备运杂费率选择

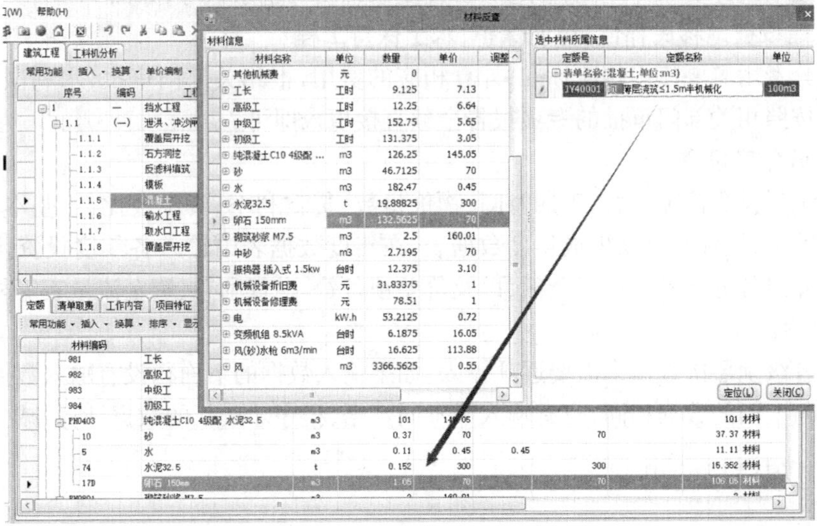

图 11-27　工料机来源反查

4)工程特项组价

对于工程中的细部结构、生活福利建筑等特殊费用项目的计算,软件针对不同计算类型，编制了特项的计算方法，使用时直接插入相应的特项费用即可，程序会根据不同计算类型自动计算。如细部结构，在不同章节，插入细部结构，选择结构类型，程序会自动提取该部分的混凝土工程量为计算基数，单价按选择的结构类型对应的费用计算，插入生活福利建筑工程时，勾选需要计取的项目范围，输入相应费率即可，如图11-28所示。

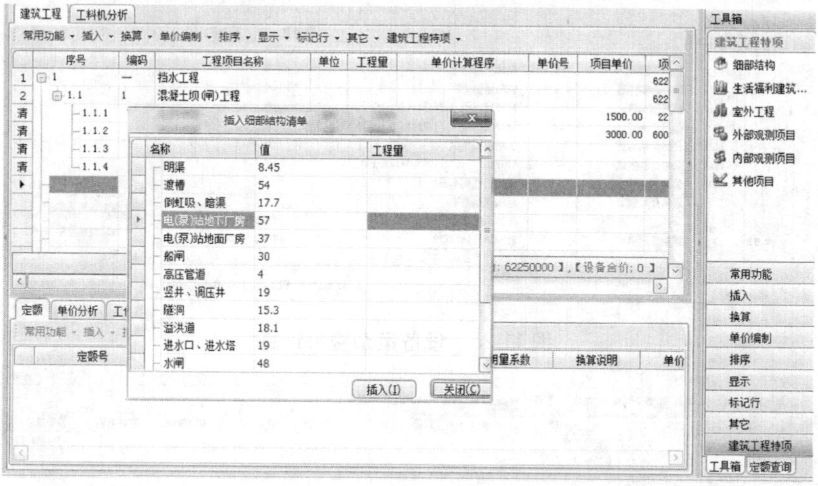

图11-28 工程特项计算

插入工程特项的计算，相关计费基数部分的金额发生变化，本项费用会自动计算。

（四）独立费用计算

软件默认按《编规》及勘察设计、监理等标准，定义了独立费用的标准项目及相关费率，使用时，只需要按工程实际情况修改相应的费率就可以了，如联合试运转费的单机容量、台数，勘察设计费的专业调整系数、工程复杂程度调整系数等，如图11-29所示。

（五）建设征地移民补偿、环境保护、水土保持工程

该部分费用需要使用相应标准，计算相应的费用，报相关部门审批，水利项目总表里面只需要按照相关部门审批的专项报告金额直接填入即可。

（六）分年度投资

根据工程投资情况，输入工期时间、物价指数、贷款利率、资本金比例、基本预备费比例等基础数据，软件会自动生成年度数据表，在年度数据表中输入各年度投资比值，程序会自动计算出各分部各年投资金额，以及价差预备费、融资利息、资金流量表等相关数据。如图11-30所示。

图中各级别层次数据不需要逐项输入，如果输入数据的下面行没有输入数据，程序自动默认为与上面的数据相同，只有输入了不同数据，程序才按新的数据计算，减少输入。

三、工程成果输出

成果输出分为预览、打印、发送、批量打印、批量发送、报表参数设置、调整、报表设计、还原等几大部分。

(1)预览：点击选中某个需要的报表，右边会显示相应的报表样式，若需查看详细内容，双击名称或双击右边窗口中的报表，即可以放大报表页面查看。

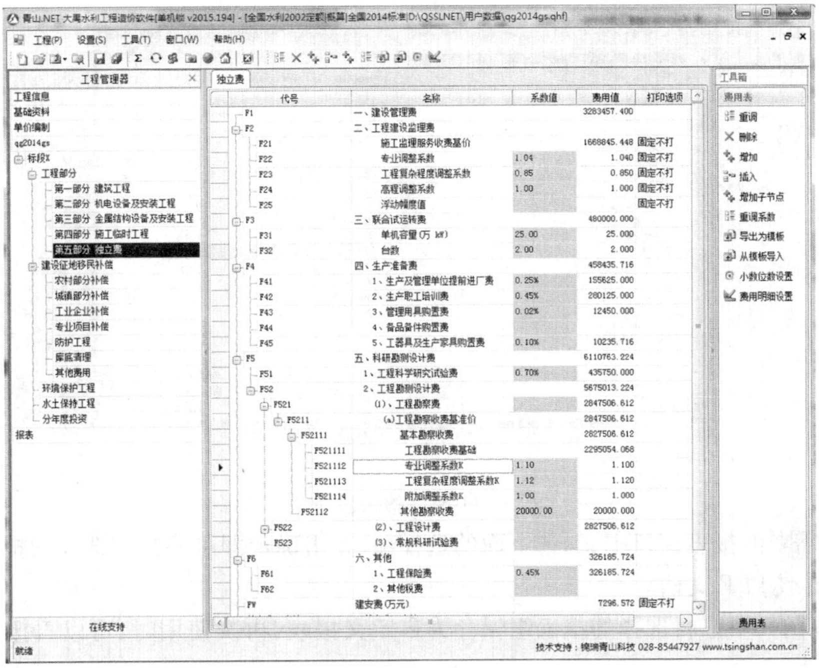

图 11-29　独立费用设置

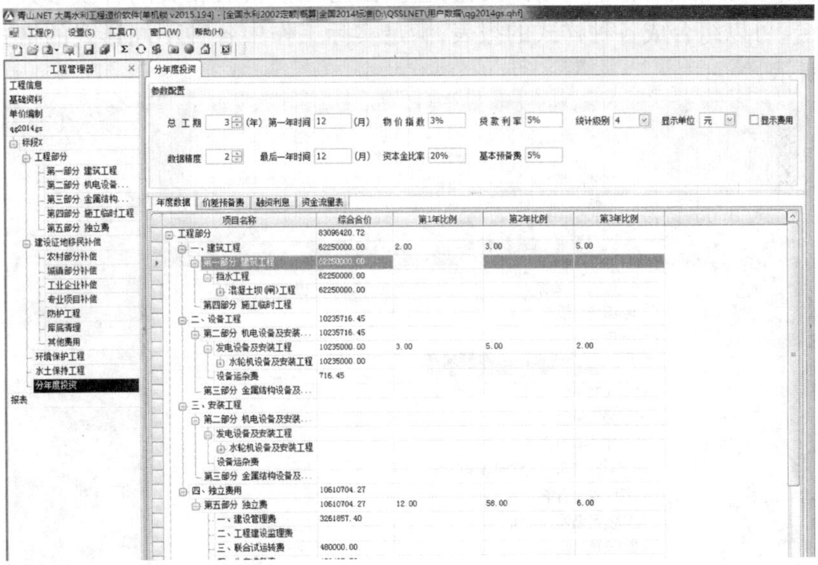

图 11-30　分年度投资设置

(2)打印:将当前点中的表格输出到打印机,打印成果文件。

(3)发送:将当前点中的表格发送到 Excel 文档。

(4)批量打印、批量发送:自由选择所需要的一套报表,批量输出到打印机或发送到 Excel(或 PDF)文件。

操作方法如下:点击批量打印或批量发送,弹出窗口,如图 11-31 所示。

左边窗口为系统提供的标准报表及自定义报表,勾选或双击左边的表格,要以选择到

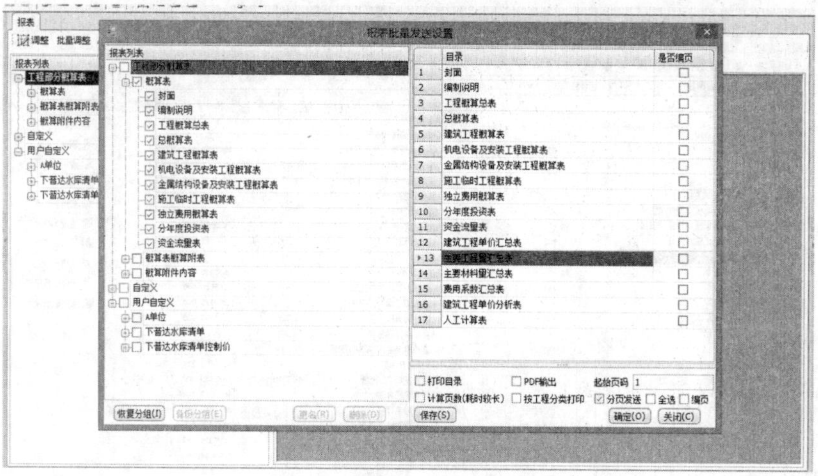

图 11-31　报表发送

右边当前需要的报表窗口中，勾选下面的选择项，点击确定即可将当前选择的报表组合发送到 Excel 或 PDF 文档。

点击保存，可以将选择的报表组保存为自定义报表，再次使用时，可以直接选择自己定义的报表。

(5)报表参数设置：点击“参数”按钮，会弹出与当前报表相关的各项参数，通过各种参数的组合，可以组合成各种样式的报表，满足实际工作中各种不同样式的格式要求，如图 11-32 所示。

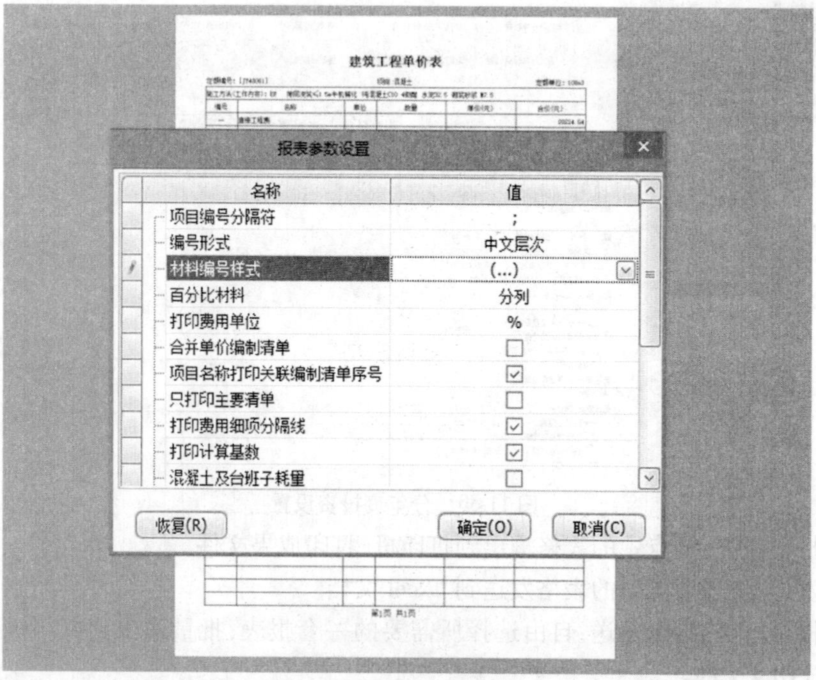

图 11-32　报表参数设置

（6）调整：点击“调整”按钮，会弹出当前选中报表的调整窗口，通过各种选择项，可以对当前表格的字体、字号、行距、边界等进行设置；窗口右边部分是对报表列数据进行控制的设置，各选择项作用于当前选择的数据列，包括该列的字体、字号、表格线，该列是否打印，是否自动换行等设置，如图 11-33 所示。

图 11-33　报表调整

（7）报表设计：若通过调整和参数设置，还不能满足所需要的报表要求，点击 设计 可以在软件中直接对报表格式进行修改，如图 11-34 所示。

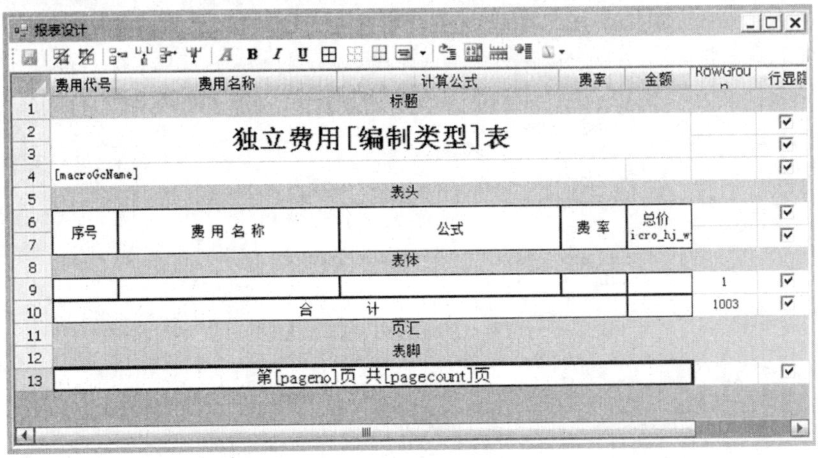

图 11-34　报表设计

报表中的文字均可以双击直接修改，表格边框线、对齐方式等可以像 Word 或 Excel

文档一样进行修改设置，注意[ ]内的内容属于变量名称，不要随意修改，若需要改变宏变量的内容，可以点击快捷按钮中的变量列表，双击需要的宏变量进行更换，如"第××页 共×××页"要修改为"－××－"，只需要把"第[pageno]页 共[pagecount]页"改为"－[pageno]－"就可以了。

若某行的数据在当前表格中不打印，不需要删除该行，只需要把后面行显隐的钩去掉，打印时就会自动隐藏该行，需要打印时再勾选上就可以了。

表脚同步，可以将当前表格修改的表格同步到所选择的所有报表的页脚，不需要每张报表都修改。

(8)还原：修改了标准的报表，如果修改有错误，可点击还原按钮，将已经修改的报表还原到软件默认的格式。

思考题

1. 水利工程造价管理系统软件有哪些特点？
2. 如何安装水利工程造价软件？
3. 水利工程造价软件有哪些功能？

附录一 工程项目划分

根据水利工程性质，其工程项目分别按枢纽工程、引水工程和河道工程划分，工程各部分下设一、二、三级项目。建筑工程项目划分见附表1-1和附表1-2，机电设备及安装工程、金属结构设备及安装工程、施工临时工程、独立费用项目划分见附表1-3～附表1-6。

第二、三级项目中，仅列示了代表性子项目，编制概算时，二、三级项目可根据初步设计阶段的工作深度和工程情况进行增减。

附表1-1 第一部分 建筑工程

I	枢纽工程			
序号	一级项目	二级项目	三级项目	备注
一	挡水工程			
1		混凝土坝(闸)工程		
			土方开挖	
			石方开挖	
			土石方回填	
			模板	
			混凝土	
			钢筋	
			防渗墙	
			灌浆孔	
			灌浆	
			排水孔	
			砌石	
			喷混凝土	
			锚杆(索)	
			启闭机室	
			温控措施	
			细部结构工程	
2		土(石)坝工程		
			土方开挖	
			石方开挖	
			土料填筑	
			砂砾料填筑	
			斜(心)墙土料填筑	
			反滤料、过渡料填筑	
			坝体堆石填筑	

续表

I	枢纽工程			
序号	一级项目	二级项目	三级项目	备注
			铺盖填筑 土工膜(布) 沥青混凝土 模板 混凝土 钢筋 防渗墙 灌浆孔 灌浆 排水孔 砌石 喷混凝土 锚杆(索) 面(趾)板止水 细部结构工程	
二	泄洪工程			
1		溢洪道工程	 土方开挖 石方开挖 土石方回填 模板 混凝土 钢筋 灌浆孔 灌浆 排水孔 砌石 喷混凝土 锚杆(索) 启闭机室 温控措施 细部结构工程	

续表

I	枢纽工程			
序号	一级项目	二级项目	三级项目	备注
2		泄洪洞工程		
			土方开挖	
			石方开挖	
			模板	
			混凝土	
			钢筋	
			灌浆孔	
			灌浆	
			排水孔	
			砌石	
			喷混凝土	
			锚杆(索)	
			钢筋网	
			钢拱架、钢格栅	
			细部结构工程	
3		冲砂洞(孔)工程		
4		放空洞工程		
5		泄洪闸工程		
三	引水工程			
1		引水明渠工程		
			土方开挖	
			石方开挖	
			模板	
			混凝土	
			钢筋	
			砌石	
			喷混凝土	
			锚杆(索)	
			细部结构工程	
2		进(取)水口工程		
			土方开挖	
			石方开挖	

续表

I	枢纽工程			
序号	一级项目	二级项目	三级项目	备注
			模板	
			混凝土	
			钢筋	
			砌石	
			锚索(杆)	
			细部结构工程	
3		引水隧洞工程		
			土方开挖	
			石方开挖	
			模板	
			混凝土	
			钢筋	
			灌浆孔	
			灌浆	
			排水孔	
			砌石	
			喷混凝土	
			锚杆(索)	
			钢筋网	
			钢拱架、钢格栅	
			细部结构工程	
4		调压井工程		
			土方开挖	
			石方开挖	
			模板	
			混凝土	
			钢筋	
			灌浆孔	
			灌浆	
			砌石	
			喷混凝土	
			锚索(杆)	
			细部结构工程	

续表

I	枢纽工程			
序号	一级项目	二级项目	三级项目	备注
5		高压管道工程		
			土方开挖	
			石方开挖	
			模板	
			混凝土	
			钢筋	
			灌浆孔	
			砌石	
			锚杆(索)	
			钢筋网	
			钢拱架、钢格栅	
			细部结构工程	
四	发电厂(泵站)工程			
1		地面厂房工程		
			土方开挖	
			石方开挖	
			土石方填筑	
			模板	
			混凝土	
			钢筋	
			灌浆孔	
			灌浆	
			砌石	
			锚索(杆)	
			温控措施	
			厂房建筑	
			细部结构工程	
2		地下厂房工程		
			石方开挖	
			模板	
			混凝土	
			钢筋	

续表

I	枢纽工程			
序号	一级项目	二级项目	三级项目	备注
			灌浆孔	
			灌浆	
			排水孔	
			喷混凝土	
			锚杆(索)	
			钢筋网	
			钢拱架、钢格栅	
			温控措施	
			厂房装修	
			细部结构工程	
3		交通洞工程		
			土方开挖	
			石方开挖	
			模板	
			混凝土	
			钢筋	
			灌浆孔	
			灌浆	
			喷混凝土	
			锚杆(索)	
			钢筋网	
			钢拱架、钢格栅	
			细部结构工程	
4		出线洞(井)工程		
5		通风洞(井)工程		
6		尾水洞工程		
7		尾水调压井工程		
8		尾水渠工程		
			土方开挖	
			石方开挖	

续表

I	枢纽工程			
序号	一级项目	二级项目	三级项目	备注
			土石方回填	
			模板	
			混凝土	
			砌石	
			锚杆(索)	
			细部结构工程	
五	升压变电站工程			
1		变电站工程		
			土方开挖	
			石方开挖	
			土石方回填	
			模板	
			混凝土	
			钢筋	
			砌石	
			钢材	
			细部结构工程	
2		开关站工程		
			土方开挖	
			石方开挖	
			土石方回填	
			模板	
			钢筋	
			混凝土	
			砌石	
			钢材	
			细部结构工程	
六	航运工程			
1		上游引航道工程		
			土方开挖	
			石方开挖	

续表

I	枢纽工程			
序号	一级项目	二级项目	三级项目	备注
			土石方回填 模板 混凝土 砌石 锚杆(索) 细部结构工程	
2		船闸(升船机)工程		
			土方开挖 石方开挖 土石方回填 模板 混凝土 钢筋 灌浆孔 灌浆 锚杆(索) 控制室 温控措施 细部结构工程	
3		下游引航道工程		
七	鱼道工程			
八	交通工程			
1		公路工程		
2		铁路工程		
3		桥梁工程		
4		码头工程		
九	房屋建筑工程			
1 2 3 4 5		辅助生产厂房 仓库 办公用房 值班宿舍及文化福利建筑 室外工程		

续表

I	枢纽工程			
序号	一级项目	二级项目	三级项目	备注
十	供电设备工程			
十一	其他建筑工程			
1		安全监测设施工程		
2		照明线路工程		
3		通信线路工程		
4		厂坝(闸、泵站)区供水、供热、排水等公用设施		
5		劳动安全与工业卫生设施		
6		水文、泥沙监测设施工程		
7		水情自动测报系统工程		
8		其他		
Ⅱ	引水工程			
一	渠(管)道工程			
1		××—××段干渠(管)工程		
			土方开挖	含附属小型建筑物
			石方开挖	
			土石方回填	
			模板	
			混凝土	
			输水管道	各类管道(含钢管)项目较多时可另附表
			砌石	
			抛石	
			钢筋	
			管道附件及阀门	
			管道防腐	
			砌石	
			垫层	
			土工布	
			草皮护坡	
			细部结构工程	
2		××—××段支渠(管)工程		

续表

Ⅱ	引水工程			
序号	一级项目	二级项目	三级项目	备注
二	建筑物工程			
1		泵站工程(扬水站、排灌站)		
			土方开挖	
			石方开挖	
			土石方回填	
			模板	
			混凝土	
			砌石	
			钢筋	
			锚杆	
			厂房建筑	
			细部结构工程	
2		水闸工程		
			土方开挖	
			石方开挖	
			土石方回填	
			模板	
			混凝土	
			防渗墙	
			灌浆孔	
			灌浆	
			砌石	
			钢筋	
			启闭机室	
			细部结构工程	
3		渡槽工程		
			土方开挖	
			石方开挖	
			土石方回填	
			模板	
			混凝土	
			钢筋	
			预应力锚索(筋)	钢绞线、钢丝束、钢筋或高大跨渡槽措施费
			渡槽支撑	
			砌石	
			细部结构工程	

续表

Ⅱ	引水工程			
序号	一级项目	二级项目	三级项目	备注
4		隧洞工程		
			土方开挖	
			石方开挖	
			土石方回填	
			模板	
			混凝土	
			钢筋	
			钻浆孔	
			灌浆	
			砌石	
			喷混凝土	
			锚杆(索)	
			钢筋网	
			钢拱架、钢格栅	
			细部结构工程	
5		倒虹吸工程		含附属调压、检修设施
6		箱涵(暗渠)工程		含附属调压、检修设施
7		跌水工程		
8		动能回收站工程		
9		调蓄水库工程		
10		排水涵(渡槽)		
11		公路交叉(穿越)建筑物		或排洪涵(渡槽)
12		铁路交叉(穿越)建筑物		
13		其他建筑物工程		
三	交通工程			
1		对外公路		
2		运行管理维护道路		
四	房屋建筑工程			
1		辅助生产建筑		
2		仓库		
3		办公用房		

续表

Ⅱ	引水工程			
序号	一级项目	二级项目	三级项目	备注
4		值班宿舍及文化福利建筑		
5		室外工程		
五	供电设施工程			
六	其他建筑工程			
1		安全监测设施工程		
2		照明线路工程		
3		通信线路工程		
4		厂坝(闸、泵站)区供水、供热、排水等公用设施		
5		劳动安全与工业卫生设施		
6		水文、泥沙监测设施工程		
7		水情自动测报系统工程		
8		其他		
Ⅲ	河道工程			
一	河湖整治与堤防工程			
1		××—××段堤防工程		
			土方开挖	
			土石方填筑	
			模板	
			混凝土	
			砌石	
			土工布	根据设计要求计列
			防渗墙	
			灌浆	
			草皮护坡	
			细部结构工程	

续表

Ⅲ	河道工程			
序号	一级项目	二级项目	三级项目	备注
2		××—××段河道（湖泊）整治工程		
3		××—××段河道疏浚工程		
二	灌溉工程			
1		××—××段渠（管）道工程		
			土方开挖	
			土方填筑	
			模板	
			混凝土	
			砌石	
			土工布	
			输水管道	
三	田间工程			
1		××—××段渠（管）道工程		
2		田间土地平整		
四	建筑物工程			
1		水闸工程		
2		泵站工程（扬水站、排灌站）		
3		其他建筑物		
五	交通工程			
六	房屋建筑工程			
1		辅助生产厂房		
2		仓库		
3		办公用房		
4		值班宿舍及文化		
5		福利建筑		
6		室外工程		
七	供电设施工程			

续表

Ⅲ	河道工程			
序号	一级项目	二级项目	三级项目	备注
八	其他建筑工程			
1		安全监测设施工程		
2		照明线路工程		
3		通信线路工程		
4		厂坝（闸、泵站）区供水、供热、排水等公用设施		
5		劳动安全与工业卫生设施		
6		水文、泥沙监测设施工程		
7		其他		

附表 1-2　三级项目划分要求及技术经济指标

序号	三级项目			技术经济指标
	分类	名称示例	说明	
1	土石方开挖			
		土方开挖	土方开挖与砂砾石开挖分列	元/m^3
		石方开挖	明挖与暗挖分列，平洞与斜井、竖井分列	元/m^3
2	土石方回填			
		土方填筑		元/m^3
		石方填筑		元/m^3
		砂砾料填筑		元/m^3
		斜（心）墙土料填筑		元/m^3
		反滤料、过渡料填筑		元/m^3
		坝体（坝址）堆石填筑		元/m^3
		铺盖填筑		元/m^3
		土工膜		元/m^3
		土工布		元/m^3
3	砌石			
		砌石 砖墙	干砌石、浆砌石、抛石、铅丝（钢筋）笼块石等分列	元/m^3 元/m^3
4	混凝土与模板			
		模板 混凝土 沥青混凝土	不同规格形状和材质的模板分列不同工程部位，不同强度等级、不同级配的混凝土分列	元/m^2 元/m^3 元/m^3（m^2）

续表

序号	三级项目			技术经济指标
	分类	名称示例	说明	
5	钻孔与灌浆			
		防渗墙		元/m^2
		灌浆孔	使用不同钻孔机械及钻孔的不同用途分列	元/m
		灌浆	不同灌浆种类分列	元/m(m^2)
		排水孔		元/m
6	锚固工程			
		锚杆		元/根
		锚索		元/束(根)
		喷混凝土		元/m^3
7	钢筋			
		钢筋		元/t
8	钢结构			
		钢衬		元/t
		构架		元/t
9	止水			
		面(趾)板止水		元/m
10	其他			
		启闭机室		元/m^2
		控制室(楼)		元/m^2
		温控措施		元/m^3
		厂房装修		元/m^2
		细部结构工程		元/m^2

附表1-3　第二部分　机电设备及安装工程

I	枢纽工程			
序号	一级项目	二级项目	三级项目	技术经济指标
一	发电设备及安装工程			
1		水轮机设备及安装工程		
			水轮机	元/台
			调整器	元/台
			油压装置	元/台
			自动化元件	元/台
			透平油	元/t

续表

I	枢纽工程			
序号	一级项目	二级项目	三级项目	技术经济指标
2		发电机设备及安装工程		
			发电机	元/台
			励磁装置	元/台套
3		主阀设备及安装工程		
			蝴蝶阀(球阀、锥形阀)	元/台
			油压装置	元/台
4		起重机设备及安装工程		
			桥式起重机	元/台
			转子吊具	元/具
			平衡梁	元/副
			轨道	元/双 10 m
			滑触线	元/三相 10 m
5		水力机械辅助设备及安装工程		
			油系统	
			压气系统	
			水系统	
			水力量测系统	
			管路(管子、附件、阀门)	
6		电气设备及安装工程		
			发电电压装置	
			控制保护系统	
			直流系统	
			厂用电系统	
			电工试验	
			35 kV 及以下动力电缆	
			控制和保护电缆	
			母线	
			电缆架	
			其他	

续表

I	枢纽工程			
序号	一级项目	二级项目	三级项目	技术经济指标
二	升压变电设备及安装工程			
1		主变压器设备及安装工程		
			变压器	元/台
			轨道	元/双10 m
2		高压电气设备及安装工程		
			高压断路器	
			电流互感器	
			电压互感器	
			隔离开关	
			（SF_6全封闭组合电器）	
			（GIS）	
			（高频阻波器）	
			（高压避雷器）	
			110 kV及以上高压电缆	
3		一次拉线及其他安装工程		
三	公用设备及安装工程			
1		通信设备及安装工程		
			卫星通信	
			光缆通信	
			微波通信	
			载波通信	
			生产调度通信	
			行政管理通信	
2		通风采暖设备及安装工程		
			通风机	
			空调机	
			空调系统	
3		机修设备及安装工程		
			机床	
			刨床	
			钻床	

续表

Ⅰ	枢纽工程			
序号	一级项目	二级项目	三级项目	技术经济指标
4		计算机监控系统		
5		管理自动化系统		
6		全厂接地及保护网		
7		电梯设备及安装工程		
			大坝电梯	
			厂房电梯	
8		坝区馈电设备及安装工程	变压器配电装置	
9		厂坝区供水、排水、供热设备及安装工程		
10		水文、泥沙监测设备及安装工程		
11		水情自动测报系统设备及安装工程		
12		外部观测设备及安装工程		
13		消防设备		
14		交通设备		
Ⅱ	引水工程及河道工程			
一	泵站设备及安装工程			
1		水泵设备及安装工程		
2		电动机设备及安装工程		
3		主阀设备及安装工程		
4		起重设备及安装工程		
			桥式起重机	
			平衡梁	
			轨道	
			滑触线	

续表

Ⅱ	引水工程及河道工程			
序号	一级项目	二级项目	三级项目	技术经济指标
5		水力机械辅助设备及安装工程		
			油系统	
			压气系统	
			水系统	
			水力量测系统	
			管路(管子、附件、阀门)	
6		电气设备及安装工程		
			控制保护系统	
			盘柜	
			电缆	
			母线	
二	小水电站设备及安装工程			
三	供变电工程			
		变电站及设备及安装工程		
四	公用设备及安装工程			
1		通信设备及安装工程		
			卫星通信	
			光缆通信	
			微波通信	
			载波通信	
			生产调度通信	
			行政管理通信	

续表

Ⅱ	引水工程及河道工程			
序号	一级项目	二级项目	三级项目	技术经济指标
2		通风采暖设备及安装工程		
			通风机	
			空调机	
			管路系统	
3		机修设备及安装工程		
			车床	
			刨床	
			钻床	
4		计算机监控系统		
5		管理自动化系统		
6		全厂接地及保护网		
7		坝(闸、泵站)区馈电设备及安装工程		
			变压器	
			配电装置	
8		厂坝(闸、泵站)区供水、排水、供热设备及安装工程		
9		水文、泥沙监测设备及安装工程		
10		水情自动测报系统设备及安装工程		
11		外部观测设备及安装工程		
12		消防设备		
13		交通设备		

附表 1-4 第三部分 金属结构设备及安装工程

I	枢纽工程			
序号	一级项目	二级项目	三级项目	技术经济指标
一	挡水工程			
1		闸门设备及安装工程		
			平板门	元/t
			弧形门	元/t
			埋件	元/t
			闸门防腐	元/t
2		启闭设备及安装工程		
			卷扬式启闭机	元/台
			门式启闭机	元/台
			油压启闭机	元/台
			轨道启闭机	元/双 10 m
3		拦污设备及安装工程		
			拦污栅	元/t
			清污机	元/t(台)
二	泄洪工程			
1		闸门设备及安装工程		
2		启闭设备及安装工程		
3		拦污设备及安装工程		
三	引水工程			
1		闸门设备及安装工程		
2		启闭设备及安装工程		
3		拦污设备及安装工程		
4		钢管制作及安装工程		
四	发电厂工程			
1		闸门设备及安装工程		
2		启闭设备及安装工程		
五	航运工程			
1		闸门设备及安装工程		
2		启闭设备及安装工程		
3		升船机设备及安装工程		
六	鱼道工程			

续表

Ⅱ	引水工程及河道工程			
序号	一级项目	二级项目	三级项目	技术经济指标
一	泵站工程			
1		闸门设备及安装工程		
2		启闭设备及安装工程		
3		拦污设备及安装工程		
二	水闸工程			
1		闸门设备及安装工程		
2		启闭设备及安装工程		
3		拦污设备及安装工程		
三	小水电站工程			
1		闸门设备及安装工程		
2		启闭设备及安装工程		
3		拦污设备及安装工程		
4		钢管制作及安装工程		
四	调蓄水库工程			
五	其他建筑物工程			

附表 1-5　第四部分　施工临时工程

序号	一级项目	二级项目	三级项目	技术经济指标
一	导流工程			
1		导流明渠工程		
			土方开挖	元/m^3
			石方开挖	元/m^3
			模板	元/m^2
			混凝土	元/m^3
			钢筋	元/t
			锚杆	元/根
2		导流洞工程		
			土方开挖	元/m^3
			石方开挖	元/m^3
			模板	元/m^2
			混凝土	元/m^3
			灌浆	
			钢筋	元/t
			锚杆(索)	元/束(根)

续表

序号	一级项目	二级项目	三级项目	技术经济指标
3		土石围堰		
			土方开挖	元/m^3
			石方开挖	元/m^3
			堰体填筑	元/m^3
			砌石	元/m^3
			防渗	元/m^3(m^2)
			堰体拆除	元/m^3
			截流	
			其他	
4		混凝土围堰		
			土方开挖	元/m^3
			石方开挖	元/m^3
			模板	元/m^2
			混凝土	元/m^3
			防渗	元/m^3(m^2)
			堰体拆除	元/m^3
			其他	
5		蓄水期下游断流补偿设施工程		
6		金属结构设备及安装工程		
二	施工交通工程			
1		公路工程		元/km
2		铁路工程		元/km
3		桥梁工程		元/km
4		施工支洞工程		元/延米
5		码头工程		
6		转运站工程		
三	施工交通工程			
1		220 kV 供电线路		元/km
2		110 kV 供电线路		元/km
3		35 kV 供电线路		元/km
4		10 kV 供电线路(引水及河道)		元/km
5		变配电设施(场内除外)		元/座
四	房屋建筑工程			
1		施工仓库		
2		办公、生活及文化福利建筑		
五	其他施工临时工程			

注:凡永久与临时相结合的项目列入相应永久工程项目内。

附表 1-6　第五部分　独立费用

序号	一级项目	二级项目	三级项目	技术经济指标
一	建设管理费			
1		项目建设管理费		
			建设单位开办费	
			建设单位经常费	
2		工程建设监理费		
3		联合试运转费		
二	生产准备费			
1		生产及管理单位提前进厂费		
2		生产职工培训费		
3		管理用具购置费		
4		备品备件购置费		
5		工器具及生产家具购置费		
三	科研勘测设计费			
1		工程科学研究试验费		
2		工程勘测设计费		
四	建设及施工场地征用费			
五	其他			
1		定额编制管理费		
2		工程质量监督费		
3		工程保险费		
4		其他税费		

附录二 人工预算单价地区类别划分

一、艰苦边远地区类别划分

(一)新疆维吾尔自治区(99个)

1. 一类区(1个)

乌鲁木齐市:东山区。

2. 二类区(11个)

乌鲁木齐市:天山区、沙依巴克区、新市区、水磨沟区、头屯河区、达坂城区、乌鲁木齐县。

石河子市。

昌吉回族自治州:昌吉市、阜康市、米泉市。

3. 三类区(29个)

五家渠市。

阿拉尔市。

阿克苏地区:阿克苏市、温宿县、库车县、沙雅县。

吐鲁番地区:吐鲁番市、鄯善县。

哈密地区:哈密市。

博尔塔拉蒙古自治州:博乐市、精河县。

克拉玛依市:克拉玛依区、独山子区、白碱滩区、乌尔禾区。

昌吉回族自治州:呼图壁县、玛纳斯县、奇台县、吉木萨尔县。

巴音郭楞蒙古自治州:库尔勒市、轮台县、博湖县、焉耆回族自治县。

伊犁哈萨克自治州:奎屯市、伊宁市、伊宁县。

塔城地区:乌苏市、沙湾县、塔城市。

4. 四类区(37个)

图木舒克市。

喀什地区:喀什市、疏附县、疏勒县、英吉沙县、泽普县、麦盖提县、岳普湖县、伽师县、巴楚县。

阿克苏地区:新和县、拜城县、阿瓦提县、乌什县、柯坪县。

吐鲁番地区:托克逊县。

克孜勒苏柯尔克孜自治州:阿图什市。

博尔塔拉蒙古自治州:温泉县。

昌吉回族自治州:木垒哈萨克自治县。

巴音郭楞蒙古自治州:尉犁县、和硕县、和静县。

伊犁哈萨克自治州:霍城县、巩留县、新源县、察布查尔锡伯自治县、特克斯县、尼勒克县。

塔城地区:额敏县、托里县、裕民县、和布克赛尔蒙古自治县。

阿勒泰地区:阿勒泰市、布尔津县、富蕴县、福海县、哈巴河县。

5. 五类区(16个)

喀什地区:莎车县。

和田地区：和田市、和田县、墨玉县、洛浦县、皮山县、策勒县、于田县、民丰县。

哈密地区：伊吾县、巴里坤哈萨克自治县。

巴音郭楞蒙古自治州：若羌县、且末县。

伊犁哈萨克自治州：昭苏县。

阿勒泰地区：青河县、吉木乃县。

6. 六类区(5个)

克孜勒苏柯尔克孜自治州：阿克陶县、阿合奇县、乌恰县。

喀什地区：塔什库尔干塔吉克自治县、叶城县。

(二)宁夏回族自治区(19个)

1. 一类区(11个)

银川市：兴庆区、灵武市、永宁县、贺兰县。

石嘴山市：大武口区、惠农区、平罗县。

吴忠市：利通区、青铜峡市。

中卫市：沙坡头区、中宁县。

2. 三类区(8个)

吴忠市：盐池县、同心县。

固原市：原州区、西吉县、隆德县、泾源县、彭阳县。

中卫市：海原县。

(三)青海省(43个)

1. 二类区(6个)

西宁市：城中区、城东区、城西区、城北区。

海东地区：乐都县、民和回族土族自治县。

2. 三类区(8个)

西宁市：大通回族土族自治县、湟源县、湟中县。

海东地区：平安县、互助土族自治县、循化撒拉族自治县。

海南藏族自治州：贵德县。

黄南藏族自治州：尖扎县。

3. 四类区(12个)

海东地区：化隆回族自治县。

海北藏族自治州：海晏县、祁连县、门源回族自治县。

海南藏族自治州：共和县、同德县、贵南县。

黄南藏族自治州：同仁县。

海西蒙古族藏族自治州：德令哈市、格尔木市、乌兰县、都兰县。

4. 五类区(10个)

海北藏族自治州：刚察县。

海南藏族自治州：兴海县。

黄南藏族自治州：泽库县、河南蒙古族自治县。

果洛藏族自治州：玛沁县、班玛县、久治县。

玉树藏族自治州：玉树县、囊谦县。

海西蒙古族藏族自治州：天峻县。

5. 六类区(7 个)
果洛藏族自治州:甘德县、达日县、玛多县。
玉树藏族自治州:杂多县、称多县、治多县、曲麻莱县。

(四)甘肃省(83 个)

1. 一类区(14 个)
兰州市:红古区。
白银市:白银区。
天水市:秦州区、麦积区。
庆阳市:西峰区、庆城县、合水县、正宁县、宁县。
平凉市:崆峒区、泾川县、灵台县、崇信县、华亭县。

2. 二类区(40 个)
兰州市:永登县、皋兰县、榆中县。
嘉峪关市。
金昌市:金川区、永昌县。
白银市:平川区、靖远县、会宁县、景泰县。
天水市:清水县、秦安县、甘谷县、武山县。
武威市:凉州区。
酒泉市:肃州区、玉门市、敦煌市。
张掖市:甘州区、临泽县、高台县、山丹县。
定西市:安定区、通渭县、临洮县、漳县、岷县、渭源县、陇西县。
陇南市:武都区、成县、宕昌县、康县、文县、西和县、礼县、两当县、徽县。
临夏回族自治州:临夏市、永靖县。

3. 三类区(18 个)
天水市:张家川回族自治县。
武威市:民勤县、古浪县。
酒泉市:金塔县、安西县。
张掖市:民乐县。
庆阳市:环县、华池县、镇原县。
平凉市:庄浪县、静宁县。
临夏回族自治州:临夏县、康乐县、广河县、和政县。
甘南藏族自治州:临潭县、舟曲县、迭部县。

4. 四类区(9 个)
武威市:天祝藏族自治县。
酒泉市:肃北蒙古族自治县、阿克塞哈萨克族自治县。
张掖市:肃南裕固族自治县。
临夏回族自治州:东乡族自治县、积石山保安族东乡族撒拉族自治县。
甘南藏族自治州:合作市、卓尼县、夏河县。

5. 五类区(2 个)
甘南藏族自治州:玛曲县、碌曲县。

（五）陕西省（48个）

1. 一类区（45个）

延安市：廷长县、延川县、予长县、安塞县、志丹县、吴起县、甘泉县、富县、宜川县。

铜川市：宜君县。

渭南市：白水县。

咸阳市：永寿县、彬县、长武县、旬邑县、淳化县。

宝鸡市：陇县、太白县。

汉中市：宁强县、略阳县、镇巴县、留坝县、佛坪县。

榆林市：榆阳区、神木县、府谷县、横山县、靖边县、绥德县、吴堡县、清涧县、子洲县。

安康市：汉阴县、石泉县、宁陕县、紫阳县、岚皋县、平利县、镇坪县、白河县。

商洛市：商州区、商南县、山阳县、镇安县、柞水县。

2. 二类区（3个）

榆林市：定边县、米脂县、佳县。

（六）云南省（120个）

1. 一类区（36个）

昆明市：东川区、晋宁县、富民县、宜良县、嵩明县、石林彝族自治县。

曲靖市：麒麟区、宣威市、沾益县、陆良县。

玉溪市：江川县、澄江县、通海县、华宁县、易门县。

保山市：隆阳县、昌宁县。

昭通市：水富县。

思茅市：翠云区、澜尔哈尼族彝族自治县、景谷彝族傣族自治县。

临沧市：临翔区、云县。

大理白族自治州：永平县。

楚雄彝族自治州：楚雄市、南华县、姚安县、永仁县、元谋县、武定县、禄丰县。

红河哈尼族彝族自治州：蒙自县、开远市、建水县、弥勒县。

文山壮族苗族自治州：文山县。

2. 二类区（59个）

昆明市：禄劝彝族苗族自治县、寻甸回族自治县。

曲靖市：马龙县、罗平县、师宗县、会泽县。

玉溪市：峨山彝族自治县、新平彝族傣族自治县、元江哈尼族彝族傣族自治县。

保山市：施甸县、腾冲县、龙陵县。

昭通市：昭阳区、绥江县、威信县。

丽江市：古城区、永胜县、华坪县。

思茅市：墨江哈尼族自治县、景东彝族自治县、镇沅彝族哈尼族拉祜族自治县、江城哈尼族彝族自治县、澜沧拉祜族自治县。

临沧市：凤庆县、永德县。

德宏傣族景颇族自治州：潞西市、瑞丽市、梁河县、盈江县、陇川县。

大理白族自治州：祥云县、宾川县、弥渡县、云龙县、洱源县、剑川县、鹤庆县、漾濞彝族自治县、南涧彝族自治县、巍山彝族回族自治县。

楚雄彝族自治州：双柏县、牟定县、大姚县。

红河哈尼族彝族自治州：绿春县、石屏县、泸西县、金平苗族瑶族傣族自治县、河口瑶族自治县、屏边苗族自治县。

文山壮族苗族自治州：砚山县、西畴县、麻栗坡县、马关县、丘北县、广南县、富宁县。

西双版纳傣族自治州：景洪市、勐海县、勐腊县。

3. 三类区(20 个)

曲靖市：富源县。

昭通市：鲁甸县、盐津县、大关县、永善县、镇雄县、彝良县。

丽江市：玉龙纳西族自治县、宁蒗彝族自治县。

思茅市：孟连傣族拉祜族佤族自治县、西盟佤族自治县。

临沧市：镇康县、双江拉祜族佤族布朗族傣族自治县、耿马傣族佤族自治县、沧源佤族自治县。

怒江傈僳族自治州：泸水县、福贡县、兰坪白族普米族自治县。

红河哈尼族彝族自治州：元阳县、红河县。

4. 四类区(3 个)

昭通市：巧家县。

怒江傈僳族自治州：贡山独龙族怒族自治县。

迪庆藏族自治州：维西傈僳族自治县。

5. 五类区(1 个)

迪庆藏族自治州：香格里拉县。

6. 六类区(1 个)

迪庆藏族自治区：德钦县。

(七)贵州省(77 个)

1. 一类区(34 个)

贵阳市：清镇市、开阳县、修文县、息烽县。

六盘水市：六枝特区。

遵义市：赤水市、遵义县、绥阳县、凤冈县、湄潭县、余庆县、习水县。

安顺市：西秀区、平坝县、普定县。

毕节地区：金沙县。

铜仁地区：江口县、石阡县、思南县、松桃苗族自治县。

黔东南苗族侗族自治州：凯里市、黄平县、施秉县、三穗县、镇远县、岑巩县、锦屏县、麻江县。

黔南布依族苗族自治州：都匀市、贵定县、瓮安县、独山县、龙里县。

黔西南布依族苗族自治州：兴义市。

2. 二类区(36 个)

六盘水市：钟山区、盘县。

遵义市：仁怀市、桐梓县、正安县、道真仡佬族苗族自治县、务川仡佬族苗族自治县。

安顺市：关岭布依族苗族自治县、镇宁布依族苗族自治县、紫云苗族布依族自治县。

毕节地区：毕节市、大方县、黔西县。

铜仁地区：德江县、印江土家族苗族自治县、沿河土家族自治县、万山特区。

黔东南苗族侗族自治州：天柱县、剑河县、台江县、黎平县、榕江县、从江县、雷山县、丹寨县。

黔南布依族苗族自治州：荔波县、平塘县、罗甸县、长顺县、惠水县、三都水族自治县。

黔西南布依族苗族自治州：兴仁县、贞丰县、望谟县、册亨县、安龙县。

3. 三类区(7 个)

六盘水市：水城县。

毕节地区:织金县、纳雍县、赫章县、威宁彝族回族苗族自治县。

黔西南布依族苗族自治州:普安县、晴隆县。

(八)四川省(77个)

1. 一类区(24个)

广元市:朝天区、旺苍县、青川县。

泸州市:叙永县、古蔺县。

宜宾市:筠连县、珙县、兴文县、屏山县。

攀枝花市:东区、西区、仁和区、米易县。

巴中市:通江县、南江县。

达州市:万源市、宣汉县。

雅安市:荥经县、石棉县、天全县。

凉山彝族自治州:西昌市、德昌县、会理县、会东县。

2. 二类区(13个)

绵阳市:北川羌族自治县、平武县。

雅安市:汉源县、芦山县、宝兴县。

阿坝藏族羌族自治州、汶川县、理县、茂县。

凉山彝族自治州:宁南县、普格县、喜德县、冕宁县、越西县。

3. 三类区(9个)

乐山市:金口河区、峨边彝族自治县、马边彝族自治县。

攀枝花市:盐边县。

阿坝藏族羌族自治州:九寨沟县。

甘孜藏族自治州:泸定县。

凉山彝族自治州:盐源县、甘洛县、雷波县。

4. 四类区(20个)

阿坝藏族羌族自治州:马尔康县、松潘县、金川县、小金县、黑水县。

甘孜藏族自治州:康定县、丹巴县、九龙县、道孚县、炉霍县、新龙县、德格县、白玉县、巴塘县、乡城县。

凉山彝族自治州:布拖县、金阳县、昭觉县、美姑县、木里藏族自治县。

5. 五类区(8个)

阿坝藏族羌族自治州:壤塘县、阿坝县、若尔盖县、红原县。

甘孜藏族自治州:雅江县、甘孜县、稻城县、得荣县。

6. 六类区(3个)

甘孜藏族自治州:石渠县、色达县、理塘。

(九)重庆市(11个)

1. 一类区(4个)

黔江区、武隆县、巫山县、云阳县。

2. 二类区(7个)

城口县、巫溪县、奉节县、石柱土家族自治县、彭水苗族土家族自治县、酉阳土家族苗族自治县、秀山土家族苗族自治县。

(十)海南省(7个)

一类区(7个):

五指山市、昌江黎族自治县、白沙黎族自治县、琼中黎族苗族自治县、陵水黎族自治县、保亭黎族苗族自治县、乐东黎族自治县。

(十一)广西壮族自治区(58 个)

1. 一类区(36 个)

南宁市:横县、上林县、隆安县、马山县。

桂林市:全州县、灌阳县、资源县、平乐县、恭城瑶族自治县。

柳州市:柳城县、鹿寨县、融安县。

梧州市:蒙山县。

防城港市:上思县。

崇左市:江州区、扶绥县、天等县。

百色市:右江区、田阳县、田东县、平果县、德保县、田林县。

河池市:金城江区、宜州市、南丹县、天峨县、罗城仫佬族自治县、环江毛南族自治县。

来宾市:兴宾区、象州县、武宣县、忻城县。

贺州市:昭平县、钟山县、富川瑶族自治县。

2. 二类区(22 个)

桂林市:龙胜各族自治县。

柳州市:三江侗族自治县、融水苗族自治县。

防城港市:港口区、防城区、东兴市。

崇左市:凭祥市、大新县、宁明县、龙州县。

百色市:靖西县、那坡县、凌云县、乐业县、西林县、隆林各族自治县。

河池市:凤山县、东兰县、巴马瑶族自治县、都安瑶族自治县、大化瑶族自治县。

来宾市:金秀瑶族自治县。

(十二)湖南省(14 个)

1. 一类区(6 个)

张家界市:桑植县。

永州市:江华瑶族自治县。

邵阳市:城步苗族自治县。

怀化市:麻阳苗族自治县、新晃侗族自治县、通道侗族自治县。

2. 二类区(8 个)

湘西土家族苗族自治州:吉首市、泸溪县、凤凰县、花垣县、保靖县、古丈县、永顺县、龙山县。

(十三)湖北省(18 个)

1. 一类区(10 个)

十堰市:郧县、竹山县、房县、郧西县、竹溪县。

宜昌市:兴山县、秭归县、长阳土家族自治县、五峰土家族自治县。

神农架林区。

2. 二类区(8 个)

恩施土家族苗族自治州:恩施市、利川市、建始县、巴东县、宣恩县、咸丰县、来凤县、鹤峰县。

(十四)黑龙江省(104 个)

1. 一类区(32 个)

哈尔滨市:尚志市、五常市、依兰县、方正县、宾县、巴彦县、木兰县、通河县、延寿县。

齐齐哈尔市:龙江县、依安县、富裕县。

大庆市：肇州县、肇源县、林甸县。

伊春市：铁力市。

佳木斯市：富锦市、桦南县、桦川县、汤原县。

双鸭山市：友谊县。

七台河市：勃利县。

牡丹江市：海林市、宁安市、林口县。

绥化市：北林区、安达市、海伦市、望奎县、青冈县、庆安县、绥棱县。

2. 二类区(67 个)

齐齐哈尔市：建华区、龙沙区、铁锋区、昂昂溪区、富拉尔基区、碾子山区、梅里斯达斡尔族区、讷河市、甘南县、克山县、克东县、拜泉县。

黑河市：爱辉区、北安市、五大连池市、嫩江县。

大庆市：杜尔伯特蒙古族自治县。

伊春市：伊春区、南岔区、友好区、西林区、翠峦区、新青区、美溪区、金山屯区、五营区、乌马河区、汤旺河区、带岭区、乌伊岭区、红星区、上甘岭区、嘉荫县。

鹤岗市：兴山区、向阳区、工农区、南山区、兴安区、东山区、萝北县、绥滨县。

佳木斯市：同江市、抚远县。

双鸭山市：尖山区、岭东区、四方台区、宝山区、集贤县、宝清县、饶河县。

七台河市：桃山区、新兴区、茄子河区。

鸡西市：鸡冠区、恒山区、滴道区、梨树区、城子河区、麻山区、虎林市、密山市、鸡东县。

牡丹江市：穆棱市、绥芬河市、东宁县。

绥化市：兰西县、明水县。

3. 三类区(5 个)

黑河区：逊克县、孙吴县。

大兴安岭地区：呼玛县、塔河县、漠河县。

(十五)吉林省(25 个)

1. 一类区(14 个)

长春市：榆树市。

白城市：大安市、镇赉县、通榆县。

松原市：长岭县、乾安县。

吉林市：舒兰市。

四平市：伊通满族自治县。

辽源市：东辽县。

通化市：集安市、柳河县。

白山市：八道江区、临江市、江源县。

2. 二类区(11 个)

白山市：抚松县、靖宇县、长白朝鲜族自治县。

延边朝鲜族自治州：延吉市、图们市、敦化市、珲春市、龙井市、和龙市、汪清县、安图县。

(十六)辽宁省(14 个)

一类区(14 个)：

沈阳市：康平县。

朝阳市：北票市、凌源市、朝阳县、建平县、喀喇沁左翼蒙古族自治县。

阜新市：彰武县、阜新蒙古族自治县。

铁岭市：西丰县、昌图县。

抚顺市：新宾满族自治县。

丹东市：宽甸满族自治县。

锦州市：义县。

葫芦岛市：建昌县。

（十七）内蒙古自治区（95个）

1. 一类区（23个）

呼和浩特市：赛罕区、托克托县、土默特左旗。

包头市：石拐区、九原区、土默特右旗。

赤峰市：红山区、元宝山区、松山区、宁城县、巴林右旗、敖汉旗。

通辽市：科尔沁区、开鲁县、科尔沁左翼后旗。

鄂尔多斯市：东胜区、达拉特旗。

乌兰察布市：集宁区、丰镇市。

巴彦淖尔市：临河区、五原县、磴口县。

兴安盟：乌兰浩特市。

2. 二类区（39个）

呼和浩特市：武川县、和林格尔县、清水河县。

包头市：白云矿区、固阳县。

乌海市：海勃湾区、海南区、乌达区。

赤峰市：林西县、阿鲁科尔沁旗、巴林左旗、克什克腾旗、翁牛特旗、喀喇沁旗。

通辽市：库伦旗、奈曼旗、扎鲁特旗、科尔沁左翼中旗。

呼伦贝尔市：海拉尔区、满州里市、扎兰屯市、阿荣旗。

鄂尔多斯市：准格尔旗、鄂托克旗、杭锦旗、乌审旗、伊金霍洛旗。

乌兰察布市：卓资县、兴和县、凉城县、察哈尔右翼前旗。

巴彦淖尔市：乌拉特前旗、杭锦后旗。

兴安盟：突泉县、科尔沁右翼前旗、科尔沁右翼中旗、扎赉特旗。

锡林郭勒盟：锡林浩特市、二连浩特市。

3. 三类区（24个）

包头市：达尔罕茂明安联合旗。

通辽市：霍林郭勒市。

呼伦贝尔市：牙克石市、额尔古纳市、新巴尔虎右旗、新巴尔虎左旗、陈巴尔虎旗、鄂伦春自治旗、鄂温克族自治旗、莫力达瓦达斡尔旗自治旗。

鄂尔多斯市：鄂托克前旗。

乌兰察布市：化德县、商都县、察哈尔右翼中旗、察哈尔右翼后旗。

巴彦淖尔市：乌拉特中旗。

兴安盟：阿尔山市。

锡林郭勒盟：多伦县、东乌珠穆沁旗、西乌珠穆沁旗、太仆寺旗、镶黄旗、正镶白旗、正蓝旗。

4. 四类区（9个）

呼伦贝尔市：根河市。

乌兰察布市：四子王旗。

巴彦淖尔市:乌拉特后旗。

锡林郭勒盟:阿巴嘎旗、苏尼特左旗、苏尼特右旗。

阿拉善盟:阿拉善左旗、阿拉善右旗、额济纳旗。

(十八)山西省(44个)

1.一类区(41个)

太原市:娄烦县。

大同市:阳高县、灵丘县、浑源县、大同县。

朔州市:平鲁区。

长治市:平顺县、壶关县、武乡县、沁县。

晋城市:陵川县。

忻州市:五台县、代县、繁峙县、宁武县、静乐县、神池县、五寨县、岢岚县、河曲县、保德县、偏关县。

晋中市:榆社县、左权县、和顺县。

临汾市:古县、安泽县、浮山县、吉县、大宁县、永和县、隰县、汾西县。

吕梁市:中阳县、兴县、临县、方山县、柳林县、岚县、交口县、石楼县。

2.二类区(3个)

大同市:天镇县、广灵县。

朔州市:右玉县。

(十九)河北省(28个)

1.一类区(21个)

石家庄市:灵寿县、赞皇县、平山县。

张家口市:宣化县、蔚县、阳原县、怀安县、万全县、怀来县、涿鹿县、赤城县。

承德市:承德县、兴隆县、平泉县、滦平县、隆化县、宽城满族自治县。

秦皇岛市:青龙满旗自治县。

保定市:涞源县、涞水县、阜平县。

2.二类区(4个)

张家口市:张北县、崇礼县。

承德市:丰宁满族自治县、围场满族蒙古族自治县。

3.三类区(3个)

张家口市:康保县、沽源县、尚义县。

二、西藏自治区特殊津贴地区类别

(一)二类区

拉萨市:拉萨市城关区及所属办事处,达孜县,尼木县县驻地、尚日区、吞区、尼木区,曲水县,墨竹工卡县(不含门巴区和直孔区),堆龙德庆县。

昌都地区:昌都县(不含妥坝区、拉多区、面达区),芒康县(不含戈波区),贡觉县县驻地、波洛区、香具区、哈加区,八宿县(不含邦达区、同卡区、夏雅区),左贡县(不含川妥区、美玉区),边坝县(不含恩来格区),洛隆县(不含腊久区),江达县(不含德登区、青泥洞区、字嘎区、邓柯区、生达区),类乌齐县县驻地、桑多区、尚卡区、甲桑卡区、丁青县(不含嘎塔区),察雅县(不含括热区、宗沙区)。

山南地区:乃东县,琼结县(不含加麻区),措美县当巴区、乃西区,加查县,贡嘎县(不含东拉区),洛扎县(不含色区和蒙达区),曲松县(不含贡康沙区、邛多江区),桑日县(不含真纠区),扎囊县,错那县勒布区、觉拉区,隆子县县驻地、加玉区、三安曲林区、新巴区,浪卡子县卡拉区。

日喀则地区:日喀则市,萨迦县孜松区、吉定区,江孜县卡麦区、重孜区,拉孜县拉孜区、扎西岗区、彭错林区,定日县卡选区、绒辖区,聂拉木县县驻地,吉隆县吉隆区,亚东县县驻地、下司马镇、下亚东区、上亚东区,谢通门县县驻地、恰嘎区,仁布县县驻地、仁布区、德吉林区,白朗县(不含汪丹区),南木林县多角区、艾玛岗区、土布加区,樟木口岸。

林芝地区:林芝县,朗县,米林县,察隅县,波密县,工布江达县(不含加兴区、金达乡)。

(二)三类区

拉萨市:林周县,尼木县安岗区、帕古区、麻江区,当雄县(不含纳木错区),墨竹工卡县门巴区、直孔区。

那曲地区:嘉黎县尼屋区,巴青县县驻地、高口区、益塔区、雅安多区,比如县(不含下秋卡区、恰则区),索县。

昌都地区:昌都县妥坝区、拉多区、面达区,芒康县戈波区,贡觉县则巴区、拉妥区、木协区、罗麦区、雄松区,八宿县邦达区、同卡区、夏雅区,左贡县田妥区、美玉区,边坝县恩来格区,洛隆县腊久区,江达县德登区、青泥洞区、字嘎区、邓柯区、生达区,类乌齐县长毛岭区、卡玛多(巴夏)区、类乌齐区,察雅县括热区、宗沙区。

山南地区:琼结县加麻区,措美县县驻地、当许区,洛扎县色区、蒙达区,曲松县贡康沙区、邛多江区,桑日县真纠区,错那县县驻地、洞嘎区、错那区,隆子县甘当区、扎日区、俗坡下区、雪萨区,浪卡子县(不含卡拉区、张达区、林区)。

日喀则地区:定结县县驻地、陈塘区、萨尔区、定结区、金龙区,萨迦县(不含孜松区、吉定区),江孜县(不含卡麦区、重孜区),拉孜县县驻地、曲下区、温泉区、柳区,定日县(不含卡达区、绒辖区),康马县,聂拉木县(不含县驻地),吉隆县(不含吉隆区),亚东县帕里镇、堆纳区,谢通门县塔玛区、查拉区、德来区,昂仁县(不含桑桑区、查孜区、措麦区),萨噶县旦嘎区,仁布县帕当区、然巴区、亚德区,白朗县汪丹区,南木林县(不含多角区、艾玛岗区、土布加区)。

林芝地区:墨脱县,工布江达县加兴区、金达乡。

(三)四类区

拉萨市:当雄县纳木错区。

那曲地区:那曲县,嘉黎县(不含尼屋区),申扎县,巴青县江绵区、仓来区、巴青区、本索区,聂荣县,尼玛县,比如县下秋卡区,恰则区,班戈县,安多县。

昌都地区:丁青县嘎塔区。

山南地区:措美县哲古区,贡嘎县东拉区,隆子县雪萨乡,浪卡子县张达区、林区。

日喀则地区:定结县德吉(日屋区),谢通门县春哲(龙桑)区、南木切区,昂仁县桑桑区、查孜区、措麦区,岗巴县,仲巴县,萨噶县(不含旦嘎区)。

阿里地区:噶尔县,措勤县,普兰县,革吉县,日土县,扎达县,改则县。

附录三　概算表格

一、工程概算总表

工程概算总表是由工程部分的总概算表与建设征地移民补偿、环境保护工程、水土保持工程的总概算表汇总并计算而成的，见附表3-1。

表中Ⅰ是工程部分总概算表，按项目划分的五部分填表并列至一级项目。

表中Ⅱ是建设征地移民补偿总概算表，列至一级项目。

表中Ⅲ是环境保护工程总概算表。

表中Ⅳ是水土保持工程总概算表。

表中Ⅴ包括Ⅰ~Ⅳ项合计静态总投资、价差预备费、建设期融资利息、总投资。

附表3-1　工程概算总表　（单位：万元）

序号	工程或费用名称	建安工程费	设备购置费	独立费用	合计
Ⅰ	工程部分投资				
	第一部分　建筑工程				
	第二部分　机电设备及安装工程				
	第三部分　金属结构设备及安装工程				
	第四部分　施工临时工程				
	第五部分　独立费用				
	一至五部分投资合计				
	基本预备费				
	静态投资				
Ⅱ	建设征地移民补偿投资				
一	农村部分补偿费				
二	城(集)镇部分补偿费				
三	工业企业补偿费				
四	专业项目补偿费				
五	防护工程费				
六	库底清理费				
七	其他费用				
	一至七项合计				
	基本预备费				
	有关税费				
	静态投资				
Ⅲ	环境保护工程投资				
	静态投资				

续表

序号	工程或费用名称	建安工程费	设备购置费	独立费用	合计
Ⅳ	水土保持工程投资 静态投资				
Ⅴ	工程投资总计（Ⅰ～Ⅳ合计）				
	静态总投资				
	价差预备费				
	建设期融资利息				
	总投资				

二、概算表

概算表包括总概算表、建筑工程概算表、设备及安装工程概算表、分年度投资表、资金流量表。

（一）总概算表

按项目划分的五部分填表并列至一级项目。五部分之后的内容为：一至五部分投资合计、基本预备费、静态投资，见附表 3-2。

附表 3-2　总概算表　（单位：万元）

序号	工程或费用名称	建安工程费	设备购置费	独立费用	合计	占一至五部分投资（%）
	各部分投资					
	一至五部分投资合计					
	基本预备费					
	静态投资					

（二）建筑工程概算表

按项目划分列至三级项目。

附表 3-3 适用于编制建筑工程概算、施工临时工程概算和独立费用概算。

附表 3-3　建筑工程概算表

序号	工程或费用名称	单位	数量	单价（元）	合计（元）

（三）设备及安装工程概算表

按项目划分列至三级项目。

附表 3-4 适用于编制机电和金属结构设备及安装工程概算。

附表 3-4　设备及安装工程概算表

序号	名称及规格	单位	数量	单价(元)		合计(元)	
				设备费	安装费	设备费	安装费

(四)分年度投资表

按附表 3-5 编制分年度投资,可视不同情况按项目划分列至一级项目或二级项目。

附表 3-5　分年度投资表

（单位:万元）

序号	项目	合计	建设工期(年)							
			1	2	3	4	5	6	7	…
Ⅰ	工程部分投资									
一	建筑工程									
1	建筑工程									
	×××工程(一级项目)									
2	施工临时工程									
	×××工程(一级项目)									
二	安装工程									
1	机电设备安装工程									
	×××工程(一级项目)									
2	金属结构设备安装工程									
	×××工程(一级项目)									
三	设备购置费									
1	机电设备									
	×××设备									
2	金属结构设备									
	×××设备									
四	独立费用									
1	建设管理费									
2	工程建设监理费									
3	联合试运转费									
4	生产准备费									
5	科研勘测设计费									

续表

序号	项目	合计	建设工期(年)							
			1	2	3	4	5	6	7	…
	其他									
	一至四项合计									
	基本预备费									
	静态投资									
Ⅱ	建设征地移民补偿投资									
	…									
	静态投资									
Ⅲ	环境保护工程投资									
	…									
	静态投资									
Ⅳ	水土保持工程投资									
	…									
	静态投资									
Ⅴ	工程投资总计(Ⅰ~Ⅳ合计)									
	静态总投资									
	价差预备费									
	建设期融资利息									
	总投资									

(五)资金流量表

需要编制资金流量表的项目可按附表3-6编制。

可视不同情况按项目划分列至一级或二级以上项目。项目排列方法同分年度投资表。资金流量表应汇总征地移民、环境保护、水土保持部分投资,并计算总投资。

三、概算附表

概算附表包括建筑工程单价汇总表、安装工程单价汇总表、主要材料预算价格汇总表、次要材料预算价格汇总表、施工机构台时费汇总表、主要工程量汇总表、主要材料量汇总表、工时数量汇总表,如附表3-7~附表3-14所示。

附表 3-6 资金流量表

（单位：万元）

序号	项目	合计	建设工期（年）							
			1	2	3	4	5	6	7	…
Ⅰ	工程部分投资									
一	建筑工程									
（一）	建筑工程									
	×××工程（一级项目）									
（二）	施工临时工程									
	×××工程（一级项目）									
二	安装工程									
（一）	机电设备安装工程									
	×××工程（一级项目）									
（二）	金属结构设备安装工程									
	×××工程（一级项目）									
三	设备购置费									
	…									
四	独立费用									
	…									
	一至四项合计									
	基本预备费									
	静态总投资									
Ⅱ	建设征地移民补偿投资									
	…									
	静态投资									
Ⅲ	环境保护工程投资									
	…									
	静态投资									
Ⅳ	水土保持工程投资									
	…									
	静态投资									
Ⅴ	工程投资总计（Ⅰ～Ⅳ合计）									
	静态总投资									
	价差预备费									
	建设期融资利息									
	总投资									

附表 3-7　建筑工程单价汇总表

单价编号	名称	单位	单价（元）	其中							
				人工费	材料费	机械使用费	其他直接费	间接费	利润	材料补差	税金

附表 3-8　安装工程单价汇总表

序号	名称	单位	单价（元）	其中								
				人工费	材料费	机械使用费	装置性材料费	未计价装置性材料费	措施费	间接费	利润	税金

附表 3-9　主要材料预算价格汇总表

序号	名称及规格	单位	预算价格（元）	其中			
				原价	运杂费	运输保险费	采购及保管费

附表 3-10　次要材料预算价格汇总表

序号	名称及规格	单位	原价（元）	运杂费（元）	合计（元）

附表 3-11　施工机械台时费汇总表

序号	名称及规格	台时费（元）	其中				
			折旧费	修理及替换设备费	安拆费	人工费	动力燃料费

附表 3-12　主要工程量汇总表

序号	项目	土石方明挖（m^3）	石方洞挖（m^3）	土石方填筑（m^3）	混凝土（m^3）	模板（m^2）	钢筋（t）	帷幕灌浆（m）	固结灌浆（m）

注：表中统计的工程类别可根据工程实际情况调整。

附表 3-13 主要材料量汇总表

序号	项目	水泥 (t)	钢筋 (t)	钢材 (t)	木材 (m^3)	炸药 (t)	沥青 (t)	粉煤灰 (t)	汽油 (t)	柴油 (t)

注:表中统计的主要材料种类可根据工程实际情况调整。

附表 3-14 工时数量汇总表

序号	项目	工时数量	备注

四、概算附件附表

概算附件附表包括人工预算单价计算表、主要材料运输费用计算表、主要材料预算价格计算表、混凝土材料单价计算表、建筑工程单价表、安装工程单价表、资金流量计算表、主要技术经济指标表,如附表 3-15 ~ 附表 3-21 所示。

附表 3-15 人工预算单价计算表

艰苦边远地区类别		定额人工等级	
序号	项目	计算公式	单价(元)
1	人工工时预算单价		
2	人工工日预算单价		

附表 3-16 主要材料运输费用计算表

编号	1	2	3	材料名称				材料编号	
交货条件				运输方式	火车	汽车	船运	火车	
交货地点				货物等级				整车	零担
交货比例(%)				装载系数					

续表

编号	运输费用项目	运输起讫地点	运输距离(km)	计算公式	合计(元)
1	铁路运杂费				
	公路运杂费				
	水路运杂费				
	综合运杂费				
2	铁路运杂费				
	公路运杂费				
	水路运杂费				
	综合运杂费				
3	铁路运杂费				
	公路运杂费				
	水路运杂费				
	综合运杂费				
每吨运杂费					

附表 3-17 主要材料预算价格计算表

编号	名称及规格	单位	原价依据	单位毛重(t)	每吨运费(元)	价格(元)				
						原价	运杂费	采购及保管费	运输保险费	预算价格

附表 3-18　混凝土材料单价计算表

编号	名称及规格	单位	预算量	调整系数	单价(元)	合价(元)

注:1."名称及规格"栏要求标明混凝土强度等级及级配、水泥强度等级等。
2."调整系数"为卵石换碎石、粗砂换中砂及其他调整配合比材料用量系数。

附表 3-19　建筑工程单价表

单价编号		项目名称			
定额编号				定额单位	
施工方法:(填写施工方法、土或岩石类别、运距等)					
编号	名称及规格	单位	数量	单价(元)	合计(元)

附表 3-20　安装工程单价表

单价编号		项目名称			
定额编号				定额单位	
型号规格					
编号	名称及规格	单位	数量	单价(元)	合计(元)

可视不同情况按项目划分列至一级或二级以上项目。项目排列方法同分年度投资表。资金流量计算表应汇总移民环境部分投资,并计算总投资,见附表 3-21。

附表 3-21　资金流量计算表

(单位:万元)

序号	项目	合计	建设工期(年)							
			1	2	3	4	5	6	7	8
I	工程部分投资									
一	建筑工程									
(一)	×××工程									
1	分年度完成工作量									
2	预付款									
3	扣回预付款									
4	保留金									
5	偿还保留金									
(二)	×××工程									
	…									
二	安装工程									

续表

序号	项目	合计	建设工期(年)							
			1	2	3	4	5	6	7	8
	…									
三	设备购置费									
	…									
四	独立费用									
	…									
五	一至四项合计									
1	分年度费用									
2	预付款									
3	扣回预付款									
4	保留金									
5	偿还保留金									
	基本预备费									
	静态投资									
Ⅱ	建设征地移民补偿投资									
	…									
	静态投资									
Ⅲ	环境保护工程投资									
	…									
	静态投资									
Ⅳ	水土保持工程投资									
	…									
	静态投资									
Ⅴ	工程投资总计(Ⅰ~Ⅳ合计)									
	静态总投资									
	价差预备费									
	建设期融资利息									
	总投资									

主要技术经济指标表可根据工程具体情况进行编制,反映出主要技术经济指标即可。

五、投资对比分析报告附表

(一)总投资对比表

格式参见附表3-22,可根据工程情况进行调整。可视不同情况按项目划分列至一级或二级以上项目。

附表 3-22 总投资对比表

(单位:元)

序号	工程或费用名称	可研阶段投资	初步设计阶段投资	增减额度	增减幅度(%)	备注
(1)	(2)	(3)	(4)	(4)-(3)	[(4)-(3)]/(3)	
Ⅰ	工程部分投资					
	第一部分　建筑工程					
	第二部分　机电设备及安装工程					
	第三部分　金属结构设备及安装工程					
	第四部分　施工临时工程					
	第五部分　独立费用					
	一至五部分投资合计					
	基本预备费					
	静态投资					
Ⅱ	建设征地移民补偿投资					
一	农村部分补偿费					
二	城(集)镇部分补偿费					
三	工业企业补偿费					
四	专业项目补偿费					
五	防护工程费					
六	库底清理费					
七	其他费用					
	一至七项合计					
	基本预备费					
	有关税费					
	静态投资 WK3,					
Ⅲ	环境保护工程投资					
	静态投资					
Ⅳ	水土保持工程投资					
	静态投资					
Ⅴ	工程投资总计(Ⅰ~Ⅳ合计)					
	静态总投资					
	价差预备费					
	建设期融资利息					
	总投资					

(二)主要工程量对比表

格式参见附表 3-23,可根据工程情况进行调整。应列示主要工程项目的主要工程量。

附表 3-23　主要工程量对比表

序号	工程或费用名称	单位	可研阶段	初步设计阶段	增减数量	增减幅度(%)	备注
(1)	(2)	(3)	(4)	(5)	(5)-(4)	[(5)-(4)]/(4)	
1	挡水工程						
	石方开挖						
	混凝土						
	钢筋						
	…						

(三)主要材料和设备价格对比表

格式参见附表3-24,可根据工程情况进行调整。设备投资较少时,可不附设备价格对比。

附表 3-24　主要材料和设备价格对比表　（单位:元）

序号	工程或费用名称	单位	可研阶段	初步设计阶段	增减数量	增减幅度(%)	备注
(1)	(2)	(3)	(4)	(5)	(5)-(4)	[(5)-(4)]/(4)	
1	主要材料价格						
	水泥						
	油料						
	钢筋						
	…						
2	主要设备价格						
	水轮机						
	…						

六、其他说明

编制概算小数点后位数取定方法:

基础单价、工程单价单位为“元”,计算结果精确到小数点后两位。

第一至第五部分概算表、分年度概算表及总概算表单位为“万元”,计算结果精确到小数点后两位。

计量单位为“m^3”“m^2”“m”的工程量精确到整数位。

附录四　工程投标案例

投标总价

工　程　名　称：南水北调中线一期工程总干××标段

合　同　编　号：HNJ－2010/NY/SG－004

投标总价(小写)：220507959

(大写)：贰亿贰仟零伍拾万柒仟玖佰伍拾玖

投　　标　　人：中国水利水电第×××工程局(单位盖章)

法 定 代 表 人
(或委托代理人)：×××(签字盖章)

编　制　时　间：2010-11-08

工程项目总价表

合同编号:HNJ－2010/NY/SG－004
工程名称:南水北调中线一期工程总干渠陶岔—沙河南(委托建管项目)××段

序号	工程项目名称	金额(元)
一	分类分项工程	207 195 460
1	建筑工程	206 941 335
2	水力机械设备工程	254 125
二	措施项目	11 255 888
三	其他措施项目	2 056 611
	合计	220 507 959

分类分项工程量清单计价表

合同编号:HNJ－2010/NY/SG－004
工程名称:南水北调中线一期工程总干渠陶岔—沙河南(委托建管项目)××段

序号	项目编码	项目名称	单位	工程数量	单价(元)	合价(元)	备注
1		建筑工程				206 941 335	
1.1		渠道工程				123 822 163	
1.1.1		渠道土石方工程				81 152 693	
1.1.1.1	500101030001	表土清除	m^3	297 450	12.53	3 727 049	
1.1.1.2	500101030002	土方开挖	m^3	832 144	11.79	9 810 978	
1.1.1.3	500101030003	硬岩开挖	m^3	62 916	43.95	2 765 158	
1.1.1.4	500101030004	换土挖方	m^3	260 570	12.73	3 317 056	
1.1.1.5	500103001001	土方填筑	m^3	824 940	13.91	11 474 915	
1.1.1.6	500103001002	改性土换土填筑	m^3	143 313.5	88.33	12 658 881	
1.1.1.7	500103001003	非膨胀土换土填筑	m^3	117 256.5	62.04	7 274 593	
1.1.1.8	500103001004	水泥改性土填筑	m^3	341 040	88.33	30 124 063	

续表

序号	项目编码	项目名称	单位	工程数量	单价(元)	合价(元)	备注
1.1.2		渠道衬砌工程				27 502 374	
1.1.2.1	500109001001	C20W6F150 渠坡混凝土衬砌	m^3	27 025	443.90	11 996 398	
1.1.2.2	500109001002	C20W6F150 渠底混凝土衬砌	m^3	9 752	417.26	4 069 120	
1.1.2.3	500109001003	C20W6F150 封顶板混凝土	m^3	458	403.66	184 876	
1.1.2.4	500109001004	C20W6F150 坡脚齿墙混凝土	m^3	5 755	372.05	2 141 148	
1.1.2.5	500109001005	C20W6F150 下渠台阶混凝土	m^3	121	445.20	53 869	
1.1.2.6	500114001001	密封胶填缝	m^3	46.55	48 120.40	2 240 005	
1.1.2.7	500114001002	聚乙烯闭孔泡沫板	m^2	11 697.8	22.60	264 370	
1.1.2.8	500103014001	复合土工膜(两布一膜,576 g/m^2)	m^2	427 994	15.31	6 552 588	
	…						

措施项目清单计价表

合同编号:HNJ - 2010/NY/SG - 004

工程名称:南水北调中线一期工程总干渠陶岔—沙河南(委托建管项目)××段

序号	项目名称	金额(元)	备注
1	临时工程	6 139 541	
1.1	施工导流工程	851 100	总价承包
1.2	施工交通	1 769 421	总价承包
1.3	施工供电系统	1 109 520	总价承包
1.4	施工供水系统	151 000	总价承包
1.5	施工通信系统	35 000	总价承包
1.6	混凝土系统	416 000	总价承包
1.7	仓库	434 600	总价承包
1.8	办公及生活福利房屋	1 122 900	

续表

序号	项目名称	金额(元)	备注
1.9	其他施工临时工程	250 000	总价承包
2	施工期环境保护	377 010	总价承包
3	安全与文明施工措施费	350 000	总价承包
4	质量、进度、安全、文明措施费	4 370 837	不低于分类分项工程量清单报价与措施项目费用中临时工程报价之和的2%,其中0.9%用于激励考核,发包人控制使用
5	施工期安全监测	108 500	总价承包
	合计	11 255 888	

其他项目清单计价表

合同编号:HNJ－2010/NY/SG－004

工程名称:南水北调中线一期工程总干渠陶岔—沙河南(委托建管项目)××段

序号	项目名称	金额(元)	备注
1	施工控制网基准点施测费	337 000	
2	施工区围挡费	1 719 611	暂定金额
	合计	2 056 611	

零星工作项目计价表

合同编号:HNJ－2010/NY/SG－004

工程名称:南水北调中线一期工程总干渠陶岔—沙河南(委托建管项目)××段

序号	名称	型号规格	计量单位	单价(元)	备注
1	人工				
	工长		工时	10.80	
	高级工		工时	10.12	
	中级工		工时	8.74	
	初级工		工时	4.64	
2	材料				
	水泥	42.5	t	459.00	
	水泥	52.5	t	533.25	
	柴油	0#	t	9 450.00	
	汽油	90#	t	11 772.00	
	块石		m^3	62.10	
	碎石		m^3	60.75	
	钢筋	综合	t	5 832.00	
	密封胶		m^3	43 065.00	
	砂子	垫层用砂	m^3	70.20	
	砂子	混凝土骨料用砂	m^3	78.30	
	土工膜	两布一膜,576 g/m^2	m^2	14.31	
3	机械				
	单斗挖掘机	1.0 m^3 液压	台时	242.15	
	单斗挖掘机	2.0 m^3 液压	台时	405.68	
	装载机	3.0 m^3	台时	352.49	
	推土机	74 kW	台时	171.94	
	推土机	103 kW	台时	248.32	
	…				

工程单价汇总表

合同编号：HNJ－2010/NY/SG－004

工程名称：南水北调中线一期工程总干渠陶岔—沙河南(委托建管项目)××段

序号	项目编码	项目名称	计量单位	人工费	材料费	机械使用费	施工管理费	企业利润	其他	税金	合计
1		建筑工程									
1.1		渠道工程									
1.1.1		渠道土石方工程									
1.1.1.1	50010103001	表土清除	m^3	0.09	0.20	9.93	1.10	0.79	0.02	0.39	12.52
1.1.1.2	50010103002	土方开挖	m^3	0.09	0.19	9.34	1.03	0.75	0.02	0.37	11.79
1.1.1.3	50010103003	硬岩开挖	m^3	1.99	9.96	22.58	5.18	2.78	0.09	1.37	43.95
1.1.1.4	50010103004	换土挖方	m^3	0.09	0.40	9.90	1.12	0.81	0.02	0.40	12.74
1.1.1.5	500103001001	土方填筑	m^3	0.60	0.22	10.53	1.22	0.88	0.03	0.43	13.91
1.1.1.6	500103001002	改性土换土填筑	m^3	5.52	30.03	36.51	7.75	5.59	0.17	2.76	88.33
1.1.1.7	500103001003	非膨胀土换土填筑	m^3	0.60	0.99	49.02	5.45	3.92	0.12	1.94	62.04
1.1.1.8	500103001004	水泥改性土填筑	m^3	5.52	30.03	36.51	7.75	5.59	0.17	2.76	88.33
1.1.2		渠道衬砌工程									
1.1.2.1	500109001001	C20W6F150 渠坡混凝土衬砌	m^3	26.53	184.12	144.82	45.64	28.08	0.86	13.85	443.90
1.1.2.2	500109001002	C20W6F150 渠底混凝土衬砌	m^3	26.53	184.12	123.49	42.90	26.39	0.81	13.02	417.26
1.1.2.3	500109001003	C20W6F150 封顶板混凝土	m^3	38.40	233.89	50.96	41.50	25.53	0.78	12.59	403.66
1.1.2.4	500109001004	C20W6F150 坡脚齿墙混凝土	m^3	13.11	228.15	56.68	38.26	23.53	0.72	11.61	372.06
1.1.2.5	500109001005	C20W6F150 下渠台阶混凝土	m^3	26.29	277.19	53.04	45.78	28.16	0.86	13.89	445.21
	…										

工程单价费(税)率汇总表

合同编号:HNJ-2010/NY/SG-004

工程名称:南水北调中线一期工程总干渠陶岔—沙河南(委托建管项目)××段

序号	工程类别	工程单价费(税)率(%)			备注
		施工管理费	企业利润	税金	
一	建筑工程				
1	土方工程	10.76	7	3.22	施工管理费以直接费为取费基数
2	石方工程	15.01	7	3.22	施工管理费以直接费为取费基数
3	混凝土工程	12.84	7	3.22	施工管理费以直接费为取费基数
4	模板工程	15.01	7	3.22	施工管理费以直接费为取费基数
5	钻孔灌浆及锚固工程	17.17	7	3.22	施工管理费以直接费为取费基数
6	其他工程	12.88	7	3.22	施工管理费以直接费为取费基数
二	安装工程	95	7	3.22	施工管理费以人工费为取费基数

投标人生产电、风、水、砂石基础单价汇总表

合同编号:HNJ - 2010/NY/SG - 004

工程名称:南水北调中线一期工程总干渠陶岔—沙河南(委托建管项目)××段

序号	名称	规格型号	计量单位	人工费	材料费	机械使用费	合计	备注
1	电		kWh				0.75	
2	风		m^3				0.13	
3	水		m^3				0.53	

投标人生产混凝土配合比材料费表

合同编号：HNJ－2010/NY/SG－004

工程名称：南水北调中线一期工程总干渠陶岔—沙河南(委托建管项目)××段

序号	工程部位	混凝土强度等级	水泥强度等级	级配	水灰比	预算材料量(kg/m^3)					单价(元)	备注
						水泥	砂	石	水	外加剂		
1	建筑物垫层；植草混凝土	C10	42.5	2	0.75	210.54	882.88	1 412.77	176.55		145.55	
2	截流沟、马道路缘石	C15	42.5	1	0.65	273.30	919.53	1 252.79	200.09		163.82	
3	防护网基座	C20	42.5	1	0.60	346.04	891.51	1 265.26	200.09		187.82	
4	坡面防护、倒虹吸进出口挡墙、通信管道包封	C20	42.5	2	0.60	307.20	816.05	1 429.39	176.55		176.30	
5	渠道衬砌	C20W6F150	42.5	2	0.60	307.20	816.05	1 429.39	176.55		176.30	
6	倒虹吸进出口挡墙、管身	C25	42.5	2	0.55	340.15	790.17	1 435.62	176.55		186.68	
7	桥梁灌注桩	C25	42.5	2	0.55	342.28	690.00	1 344.00	176.55		180.95	
8	桥梁预制混凝土附属结构	C30	42.5	1	0.50	415.48	802.03	1 298.50	200.09		208.90	
9	桥梁帽梁、墩柱、台身	C30	42.5	2	0.50	364.87	753.52	1 442.89	176.55		193.87	
10	桥梁垫石	C40	42.5	1	0.50	513.17	0.50	0.75	0.20		237.00	
11	桥面铺装	C40	42.5	2	0.50	505.00	735.00	1 056.00	150.00		229.90	
12	桥梁预应力混凝土上部结构	C50	42.5	2	0.50	487.00	645.00	1 264.00	176.55		252.95	

投标人自行采购主要材料预算价格汇总表

合同编号:HNJ－2010/NY/SG－004

工程名称:南水北调中线一期工程总干渠陶岔—沙河南(委托建管项目)××段

序号	材料名称	规格型号	计量单位	预算价格(元)	备注
1	水泥	52.5	t	395.00	
2	钢筋	综合	t	4 320.00	
3	砂子	垫层用砂	m^3	52.00	
4	碎石		m^3	45.00	
5	块石		m^3	46.00	
6	柴油		t	7 000.00	
7	汽油		t	8 720.00	
8	水泥	42.5	t	340.00	
9	土工膜	两布一膜,576 g/m^2	m^2	10.60	
10	密封胶填缝		m^3	31 900.00	
11	聚乙烯闭孔泡沫板	90 kg/m^3	m^2	17.00	
12	聚乙烯闭孔泡沫板	120 kg/m^3	m^2	52.00	
13	紫铜片止水	厚1 mm,宽50 cm	kg	60.00	
14	透水软管	ϕ250	m	38.00	
15	砂子	混凝土骨料用砂	m^3	58.00	

投标人自备施工机械台时(班)费汇总表

合同编号:HNJ－2010/NY/SG－004

工程名称:南水北调中线一期工程总干渠陶岔—沙河南(委托建管项目)××段

(单位:元/台时(班))

序号	机械名称	规格型号	一类费用				二类费用							合计
			折旧费	维修费	安拆费	小计	人工	柴油	电	汽油	风	水	小计	
1	单斗挖掘机	1.0 m^3 液压	35.63	25.46	2.18	63.27	11.80	104.30	0	0	0	0	116.10	179.37
2	单斗挖掘机	2.0 m^3 液压	89.06	54.68	3.56	147.3	11.80	141.40	0	0	0	0	153.20	300.50
3	装载机	3.0 m^3	51.15	38.37		89.52	5.68	165.90	0	0	0	0	171.58	261.10
4	推土机	59 kW	10.8	13.02	0.49	24.31	10.49	58.80	0	0	0	0	69.29	93.60
5	推土机	74 kW	19	22.81	0.86	42.67	10.49	74.20	0	0	0	0	84.69	127.36
6	推土机	88 kW	26.72	29.07	1.06	56.85	10.49	88.20	0	0	0	0	98.69	155.54
7	凸块振动碾	13～14 t	74.35	33.46	0	107.81	11.80	114.10	0	0	0	0	125.90	233.71
8	凸块振动碾	20 t	84	36.01	0	120.01	11.80	127.40	0	0	0	0	139.20	259.21
9	自行式振动碾	18 t	80.13	34.35	0	114.48	11.80	104.30	0	0	0	0	116.10	230.58
10	拖式斜坡振动碾	10 t	17.27	6.91	0	24.18	0	59.50	0	0	0	0	59.50	83.68
11	蛙式打夯机	2.8 kW	0.17	1.01	0	1.18	8.74	0	1.88	0	0	0	10.62	11.80
12	刨毛机		13.73	5.89	0	19.62	10.49	51.80	0	0	0	0	62.29	81.91
13	渠道衬砌机		510.86	200.13	17.6	728.59	34.96	215.60	46.73	0	0	0	297.29	1 025.88
14	胶轮车		0.26	0.64	0	0.9	0	0	0	0	0	0	0	0.90
15	混凝土搅拌机	0.4 m^3	3.29	5.34	1.07	9.7	5.68	0	6.45	0	0	0	12.13	21.83
	…													

工程单价计算表

表土清除 工程名称

单价编号:1.1.1.1 定额单位:100 m^3

施工方法:挖装、运输、自卸、空回等。

序号	名称	规格型号	计量单位	数量	单价（元）	合价（元）
1	直接费		元			1 022.38
1.1	人工费					9.07
	工长		工时		5.40	0
	高级工		工时		5.06	0
	中级工		工时		4.37	0
	初级工		工时	3.91	2.32	9.07
1.2	材料费		元			20.05
	零星材料费		元	2.00%	1 002.33	20.05
1.3	机械使用费		元			993.26
	单斗挖掘机	2.0 m^3 液压	台时	0.58	300.50	174.29
	推土机	59 kW	台时	0.29	93.60	27.14
	自卸汽车	15 t	台时	4.66	169.92	791.83
2	施工管理费		元	10.76%	1 022.38	110.01
3	企业利润		元	7.00%	1 132.39	79.27
4	其他					2.42
5	税金		元	3.22%	1 214.08	39.09
	合计		元			1 253.17

工程单价计算表

土方开挖　工程名称

单价编号:1.1.1.2　　定额单位:100 m^3

施工方法:挖装、运输、自卸、空回等。

序号	名称	规格型号	计量单位	数量	单价（元）	合价（元）
1	直接费		元			961.72
1.1	人工费					9.07
	工长		工时		5.40	0
	高级工		工时		5.06	0
	中级工		工时		4.37	0
	初级工		工时	3.91	2.32	9.07
1.2	材料费		元			18.86
	零星材料费		元	2.00%	942.86	18.86
1.3	机械使用费		元			933.79
	单斗挖掘机	2.0 m^3 液压	台时	0.58	300.50	174.29
	推土机	59 kW	台时	0.29	93.60	27.14
	自卸汽车	15 t	台时	4.31	169.92	732.36
2	施工管理费		元	10.76%	961.72	103.48
3	企业利润		元	7.00%	1 065.20	74.56
4	其他					2.28
5	税金		元	3.22%	1 142.04	36.77
	合计		元			1 178.81

人工费单价汇总表

合同编号:HNJ－2010/NY/SG－004

工程名称:南水北调中线一期工程总干渠陶岔—沙河南(委托建管项目)××段

序号	工种	单位	单价(元)	备注
1	工长	工时	5.40	
2	高级工	工时	5.06	
3	中级工	工时	4.37	
4	初级工	工时	2.32	

参考文献

[1] 梁建林.水利水电工程造价与招投标[M].2版.郑州:黄河水利出版社,2009.
[2] 中华人民共和国水利部. 水利建筑工程概算定额[M].郑州:黄河水利出版社,2002.
[3] 中华人民共和国水利部. 水利建筑工程预算定额[M].郑州:黄河水利出版社,2002.
[4] 中华人民共和国水利部. 水利水电设备安装工程预算定额[M].郑州:黄河水利出版社,2002.
[5] 中华人民共和国水利部. 水利水电设备安装工程概算定额[M].郑州:黄河水利出版社,2002.
[6] 中华人民共和国水利部. 水利工程施工机械台时费定额[M].郑州:黄河水利出版社,2002.
[7] 中华人民共和国水利部. 水利工程设计概(估)算编制规定[M].郑州:黄河水利出版社,2014.
[8] 黄士芩,张宝声,尹贻林.水利工程造价[M].北京:中国计划出版社,2002.
[9] 韩佑,王亚星,叶以文. 电力建设造价工程师手册[M].北京:中国水利水电出版社,2001.
[10] 中华人民共和国水利部.水利水电工程标准施工招准文件(2009年版)[M].北京:中国水利水电出版社,2009.
[11] 中华人民共和国水利部、国家电力公司和国家工商行政管理局.水利水电工程施工合同和招标文件示范文本(GF—2000—0208),2000.
[12] 成虎. 建筑工程合同管理与索赔[M].南京:东南大学出版社,2001.
[13] 谷学良,孙波.工程招标投标与合同[M].哈尔滨:黑龙江科学技术出版社,2000.
[14] 刘尔烈. 工程项目招标投标实务[M].北京:人民交通出版社,2000.
[15] 赵冬,张伏林. 水利工程招标与投标[M].郑州:黄河水利出版社,2000.
[16] 王卓甫,杨高升.工程项目管理原理与案例[M].北京:中国水利水电出版社,2005.
[17] 方国华,朱成立,等.水利水电工程概预算[M].郑州:黄河水利出版社,2007.